本书由国家自然科学基金面上项目
《岭南建筑学派现实主义设计理论及其发展研究》（编号 51378212）资助出版

其他支持基金：
广东省普通高校人文社会科学重大攻关项目
《岭南建筑学派与岭南建筑创新研究》（编号 11ZGXM56001）

广东省哲学社会科学规划项目
《岭南建筑师的艺术创作历程与思想研究》（编号 GD14CYS06）

林克明
建筑实践历程与创作特色

Research on the Architectural Practice and Characteristics of Lin Keming

刘虹　著
Liu Hong

中国建筑工业出版社

图书在版编目（CIP）数据

林克明建筑实践历程与创作特色／刘虹著. —北京：
中国建筑工业出版社，2017.9
ISBN 978-7-112-21024-4

Ⅰ.①林…　Ⅱ.①刘…　Ⅲ.①林克明（1900-1999）−
建筑设计−研究　Ⅳ.①TU2

中国版本图书馆CIP数据核字（2017）第174106号

责任编辑：唐　旭　张　华
责任校对：李欣慰　王　烨

林克明建筑实践历程与创作特色
刘虹　著
*

中国建筑工业出版社出版、发行（北京海淀三里河路9号）
各地新华书店、建筑书店经销
北京锋尚制版有限公司制版
大厂回族自治县正兴印务有限公司印刷

*

开本：787×1092毫米　1/16　印张：19　字数：400千字
2017年11月第一版　2017年11月第一次印刷
定价：58.00元
ISBN 978-7-112-21024-4
（30657）

前　言

　　建筑师个体研究是近现代建筑史研究理论化和系统化的重要切入点，建筑师是对建筑史发挥最大主观能动作用的人群，他们的创作实践是建筑发展进程中最生动的内容和最直观的展示。对岭南建筑师实践活动和建筑思想的系统研究将有助于积累史料和素材，完善现有研究内容，为今后建立完备的理论研究体系打下基础，并将有利于岭南建筑创作的当代传承和发展。林克明是岭南近现代建筑师中的代表人物，他在岭南建筑界的工作具有开拓意义，作品多为重要的公共建筑，风格多样，影响深远，他最早在岭南引进现代主义建筑实践，并开创了专业建筑教育的先河，对城市规划研究亦颇多涉猎，在岭南建筑的现代化发展中发挥了重要作用。

　　本书在现有研究基础上，以20世纪中国社会文化状况和建筑发展特点为背景，通过对林克明建筑实践历程的史料挖掘和梳理，分析典型建筑作品的设计特色，从整体上探索和研究林克明建筑设计的方式手法与思想策略，从而明确其建筑创作的历史价值和现实意义。本书的研究内容始终围绕研究对象建筑师林克明的各个方面，首先是对建筑师的成长环境、教育背景、个人经历与设计作品进行编年式的撰写，结合其创作活动的分期，总结各个时期的设计成果和手法特点。在这个过程中，除对已出版文献进行整理和修订外，还广泛搜集散失于旧档案、旧文献中的各种言论、案例和材料，走访、调研建筑师的家属、友人、学生等与之相关人士，考证其生平活动中的细节问题，以求尽可能真实、翔实地反映建筑师生平。其次，对于典型建筑作品进行实地调查和测绘，并还原出比较详细的图纸和建造过程、技术手段等资料，对于现已不存的建筑物，通过档案搜集、文本阅读和人物访谈等方式尽量还原其原貌并进行进一步解读和分析。再次，分析当时流行于建筑师身边的各种艺术文化思潮，并通过对建筑师的代表作品和相关著作的解读探求其思维方式和思想观念的形成，将建筑师个体的思想因素置于时代和城市背景下进行审视，通过比较研究发掘其中蕴涵的历史价值和现实意义。

　　本书在写作结构上以对现有研究的概括和综合分析，以及林克明建筑创作的整体社会背景综述为基础，从历程研究、方法研究和思想研究三个方面，逐步深入，展开对林克明建筑创作历程及其特色的整体研究（见图0-1）：历程研究从时间上分新中国成立前后两个历史阶段进行史料挖掘，并对相关成果进行系统化的整理分类；方法研究包括对典型作品的特征分析和设计手法归纳，以及从广州城市建设发展的角度对林克明的建筑作品与创作特色进行探讨、解读；思想研究是对林克明建筑观念和学术思想的总结与解析，同时，通过与同时代其他建筑师的比较，明确林克明建筑思想的历史定位与学术意义，最终获得对其建筑创作实践的深层认识与当代启示。

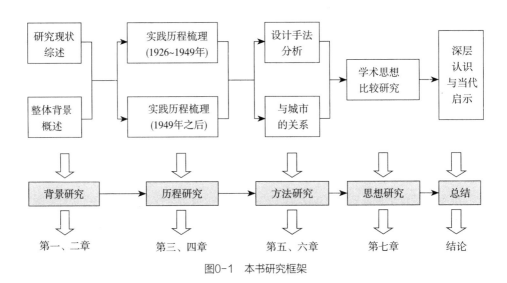

图0-1 本书研究框架

目 录

第一章
绪论

第一节　岭南近现代建筑史及建筑师研究概况

　　中国近代建筑史的研究是学界长久以来重点关注的一个领域，梁思成先生作为中国建筑史研究的开拓者之一，早在1935年撰写的《建筑设计参考图集序》一文中就有关于近代建筑的论述。1956年，梁先生指导当时的研究生刘先觉教授撰写题为《中国近百年建筑》的研究论文，开创了系统研究中国近代建筑的先河。1958年10月，原建筑工程部组织发起全国建筑"三史"①的资料调查和整理编辑，并在此基础上于1959年9月编写出约21万字的《中国近代建筑史》(初稿)，1962年以"初稿"为蓝本的《中国建筑简史·第二册·中国近代建筑简史》作为"高等学校教学用书"正式出版。②1964年徐敬直建筑师的专著《中国建筑之古今》在香港出版，这一著作与《中国近百年建筑》和"简史"可看作中国近代建筑史研究第一阶段的重要成果，之后由于众所周知的原因，中国内地这方面研究工作处于停滞状态。

　　20世纪80年代初日本建筑界对中国近代建筑的研究非常积极，在改革开放的推动下中国知识界日趋活跃，1989年清华大学的汪坦先生发起"中国近代建筑史研究座谈会"，其后在汪坦先生和张复合先生的继续主持下，历届中国近代建筑史研讨会分别于北京、武汉、广州等地召开③，成为国内和国外学者进行中国近代建筑研究交流的平台，学术论文结集出版共计12册，包括汪坦、张复合、刘先觉、侯幼彬、杨秉德、赵国文、村松伸（日）、赵辰、赖德霖、伍江、徐苏斌等学者在内的开拓性研究提交了丰富的学术成果，内容涉及近代建筑理论、历史研究、建筑技术、保护更新、近代城市等众多方面，还有中日合作项目《中国近代建筑总览》丛书16本。这一会议促成了1997年8月中国近代建筑研究的学术组织——"中国建筑学会建筑史学分会中国近代建筑史专业委员会"的成立，形成了重要的研究渠道。在这个中国近代建筑史研究的成熟期，相关研究的广度和深度不断拓展，

1992年赖德霖完成博士论文《中国近代建筑史研究》，他注重从个案中挖掘深刻的社会背景和思想意义，这种研究方式对本书的构思有很大的借鉴作用，而郑时龄的《上海近代建筑风格》和伍江的《上海百年建筑史：1840—1949》是上海近代建筑研究的重要成果，其中所作的全景式研究提供了丰富的背景资料。徐苏斌和赖德霖均对近代建筑教育的发展做了大量细致、有成效的史料工作和研究工作④，徐苏斌女士的博士论文《比较·交往·启示——中日近现代建筑史之研究》是较早从"中西方比较"这一独特视角展开的研究。杨秉德先生则在中国近代时期民族形式的探索和影响渠道等方面有深入探讨。⑤此外，越来越多的年轻学人在这个领域发表了自己的见解和成果，东南大学李海清的博士论文《中国建筑现代转型》通过对近代建筑转型时期的史料搜集和分析来廓清这一复杂、漫长的历史过程中的各种条理脉络，沙永杰的《"西化的历程"——中日建筑近代化过程比较研究》则继续采取与日本学界进行合作的方式来研究中国近代建筑独特的发展历程。20世纪70年代起中国台湾地区的建筑史学者开始关注近代建筑这一领域，代表性的研究包括吴光庭于20世纪80年代末和20世纪90年代初发表的一系列文章、傅朝卿的专著《中国古典式样新建筑——二十世纪中国新建筑官制化的历史研究》以及李乾朗、夏铸九、郭肇立等先生的研究成果。

在近代建筑史研究体系中，本书更关注与近代建筑师或是岭南近代建筑相关的学术成果。对于中国近代建筑师的资料整理工作始于20世纪70年代末《建筑师》杂志"新中国著名建筑师"的专栏介绍，此外较为系统的介绍有伍江关于近代上海中国建筑师的文章⑥、张复合关于近代在北京开业的营造厂的研究⑦和黄遐女士所写的《晚清寓华西洋建筑师述录》等。赖德霖编纂的《中国近代建筑人名录》中搜集到千余位中国近代建筑名人和部分他们的生平材料，并在"近代哲匠录"一文里介绍了其中35位影响较大者，但仍不足以概括近代中国建筑师队伍的全貌。由于中国至今尚无专门档案机构且长期忽视有关史料的保存，记录中国建筑师队伍的整体状况、了解这些建筑师的生平作品和著述的基本情况已属不易，对之进行深入研究则更困难，也更显必要。赖德霖在《中国近代建筑史研究》一书中，有关于中国近代留洋建筑师的专门章节，将之作为一种建筑专业人才的出现来探讨其对于建筑教育的影响。中国台湾学者黄敏德在1985年发表的《中国建筑教育溯往》里也有对建筑师留学问题的研究，指出他们所受到的教育影响和创作倾向等问题。东南大学崔勇的博士论文《中国营造学社研究》一书中则讨论了留洋建筑师对于近代中国形成较为完整的学术机构的积极意义。还有一些学人关注留学生对于中国建筑学体制化的影响，例如山西大学卫莉的硕士学位论文。⑧

2000年同济大学林少宏的硕士论文《毕业于宾夕法尼亚大学的中国第一代建筑师》和2002年东南大学王浩娱的硕士论文《中国近代建筑师执业状况研究》也是对于近代建筑师群体的集中研究。与以上研究相比,本书并不想广泛梳理整个留洋建筑师人群,而是希望通过对典型建筑师的个案研究来揭示他们对于近代建筑发展的作用,且将不仅限于建筑教育领域,而是建筑思想、创作风格、后学传承等多方面的综合影响。

事实上,学界之前对于个体建筑师的专门研究并不少见,目前最深入的研究集中于梁思成和夫人林徽因,既有纪实性的回忆和传记,也有分析性研究,近年来他们的建筑设计和思想也已引起了人们的重视。⑨1990年刘凡发表的有关吕彦直和其作品中山陵的论文是中国建筑界有关这位近代建筑家的第一篇重要研究⑩,其后赖德霖也曾撰文对吕彦直的创作背景和设计语言进行了深入分析。对苏州工专建筑科的创办人柳士英先生的研究以湖南大学的纪念刊物为开端,葛立三、徐苏斌、柳肃和日本的土田充义等对他在日本受教育的情况和建筑活动作了进一步的考察。⑪侯幼彬先生撰写的关于中央大学建筑系主任虞炳烈的回忆文章中有许多这位不太为人所熟知的杰出建筑家的宝贵史料。⑫何重建对中国近代重要的建筑杂志《建筑月刊》主编杜彦耿的研究也极富开创性。⑬杨廷宝是中国近代最杰出的建筑大师,张镈先生晚年的回忆录《我的建筑创作道路》中有大量篇幅是关于杨廷宝和他所在的近代中国最著名的建筑事务所"基泰工程司"的记述,赖德霖也曾根据已出版的《杨廷宝建筑设计作品集》分析了杨廷宝的教育背景和建筑形式语言之间的关系,有关杨先生的研究还有阮昕对他所受中国传统教育和学院派训练之间的关联讨论。⑭此外,赖德霖、郭伟杰、彭长歆、李海清等学者通过发表于众多期刊的多篇学术论文对William Chaund、杨廷宝、杨锡宗、帕内、孙支厦等近代著名建筑师作了系统、深入的资料整理和研究。⑮2012年,杨永生主编《中国建筑名师丛书》,目前已出版《沈理源》、《虞炳烈》、《梁思成》、《杨廷宝》、《陈植》五本,即将出版《朱启钤》、《吕彦直》、《童寯》、《林徽因》、《张镈》和《陈明达》,这是对建筑师相关研究的一次成果总结和汇编。在学位论文方面目前也有较多研究成果,硕士学位论文计有1985年方拥的《童寯先生和中国近代建筑》(其后方拥为童寯研究做了大量基础工作),2002年天津大学沈振森的《中国近代建筑的先驱者——建筑师沈理源研究》,2005年华南理工大学胡惠芳的《建筑大师莫伯治的地域化之路》,2006年东南大学朱振通的《童寯建筑实践历程探究(1931—1949年)》,2007年华南理工大学施亮的《夏昌世生平及其作品研究》,2011年华南理工大学周宇辉的《郑祖良生平及其作品研究》等。香港中文大学郭伟杰（Jeffery Cody）的博士学位论文《亨利·墨菲——一位美国建筑师在中国（1914—1935年）》首次针对特定历史时期在华活动的外国建筑师进行系统研究，揭示他们在中国发挥的独特作用。[16] 2003年东南大学的刘怡完成博士论文《杨廷宝研究——建筑设计思想与建筑教育思想》。华南理工大学庄少庞的博士论文《莫伯治建筑创作历程及思想研究》及其发表于《建筑师》等期刊的相关学术论文则是近两年来关于岭南代表性建筑师研究的深度之作。目前这种个案式的研究方式已成为学界在近代建筑研究上的热点之一。

对于岭南近代建筑的研究最早见于1959年5月"近代建筑史稿"的编撰中关于岭南近代建筑的专题及资料[17]，并在此基础上编写了《中国近代建筑史》（1959年）和《中国近代建筑简史》（1960年）的初稿。与此同时，王绍周等人着手编著的《中国近代建筑图录》是有关岭南近代建筑研究的早期成果，包括广东住宅、澳门建筑、近代广州城市的发展等内容。岭南学界从20世纪80年代开始系统研究本地区的优秀建筑遗产，大体可分为两个阶段[18]，第一阶段始于1986年在北京召开的第一次中国近代建筑史研讨会，以华南工学院建筑系马秀芝等人的研究为代表，岭南近代建筑的研究逐渐系统化、体系化。1992年2月，进行广州近代建筑普查后，马秀芝、张复合、村松伸、田代辉久主编的《中国近代建筑总览·广州篇》作为《中国近代建筑总览》丛书的一部分正式出版。1993年，谢少明以他在华南理工大学完成的硕士学位论文《广州建筑近代化过程研究》为基础撰写了杨秉德主编的《中国近代城市与建筑》中的"广州篇"。20世纪90年代末，在沙面建筑群列为全国重点文物保护单位的推动下，岭南近代建筑研究由资料整理转为以保护和利用为主题的第二阶段，李传义、吴庆洲、程建军、郑力鹏、董黎、汤国华等学者从不同视角和领域对岭南近代建筑进行挖掘，成果日渐丰厚，其中华南理工大学和广州大学建筑系师生通过论文、建筑测绘、保护规划等多种形式完成了大量岭南近代建筑研究工作，内容和结论可见于各学术论文与文本。2000年华南理工大学吴庆洲教授出版的《广州建筑》一书，综合总结了广州近现代优秀建筑的特色和价值，并对林克明这类代表性建筑师的历史定位做出了判断。此外，华南理工大学周霞的博士论文《广州城市形态演进》中有专门章节阐述西方文化对于广州城市形态演进的影响，其他一些学术论文中也零散讨论过留洋建筑师在城市发展中的作用（但较少专门针对广州）。2002年华南理工大学唐孝祥教授在博士论文《近代岭南建筑美学研究》中从哲学和美学角度对岭南建筑的论述是关于岭南近代建筑众多研究中发人深思的新视角，广州大学董黎教授的《岭南近代教会建筑》一书则着重探讨了教会建筑在岭南的起因、发展及其对岭南建筑近代化所产生的影响。华南理工大学彭长歆的博士论文《岭南建筑的近代化历程研究》是近年来近代岭南建筑研究之比较全面者，论文主要着眼于整个岭南建筑体系的近代化过程，涉及面广，资料充实，论述详尽。论文中将林克明作为岭南近代建筑师中的重要一员进行了介绍，所占篇幅虽不算多，但关于林克明创立广东省立勤勤大学的相关资料的叙述非常丰富，对于林克明在新中国成立前的建筑作品中表露出的设计理念和风格手法的分析简洁到位，但因选题原因并未涉及其新中国成立后的经历。论文中关于岭南近代建筑风格的分析、关于近代建筑技术的发展、关于广州城市的演进等章节，都从一些侧面为本书的研究提供了资料上和观念上的参考。此外，地区外的学者近年来在岭南近代建筑研究方面也颇有建树，香港大学的王浩娱和香港中文大学的郭伟杰博士自完成学位论文后仍持续关注中西方建筑师在近代岭南的执业状况。赖德霖在美国芝加哥大学工作期间，从城市格局变化和意识形态表现等方面针对20世纪初广州城市和建筑的发展提出了独到的见解。[19]澳大利亚墨尔本大学的格罗夫斯博士（Derham Groves）对澳籍建筑师帕内（Arthur William Purnell）在广州的设计活动进行了调查，之后彭长歆博士继续了对这个话题的研究和关注。

与大部分近代著名建筑师不同的是，林克明在新中国成立后的实践经历也是他个人职业生涯中的重要部分，由于历史原因，新中国成立后直至改革开放前中国建筑的发展较为缓慢，相关资料保存和分析也并不充分，这一阶段和岭南建筑界相关的话题多集中在岭南学派的讨论和研究上，华南理工大学师生在此方面做了较多工作。燕果的博士论文《珠江三角洲建筑二十年》是关于珠三角地区现代建筑发展的研究和梳理，刘业博士的《现代岭南建筑发展研究》一文则是对1949年至2000年岭南地区建筑发展过程的系统考察，试图揭示出岭南现代建筑发展的规律和特征。2011年王河博士论文《岭南建筑学派研究》是比较完整地研究岭南学派的综合性成果，资料较为详尽丰富，对岭南学派的背景、渊源、特点和新时代发展进行了整理和分析。2013年陈吟的博士论文《岭南建筑学派现实主义创作思想研究》以岭南建筑学派的创作思想为研究对象，阐释其内容、特征、价值与拓展。还有一些硕士论文针对岭南现代建筑发展中的某一些特定因素做了深入探讨，2007年冯健明的硕士论文《广州"旅游设计组"（1964—1983）建筑创作研究》一文研究广州在20世纪60年代因为特殊的外贸活动背景而带来的建筑创作上的独特发展，与之相似的是2015年杨文君的硕士论文《1951年华南土特产展览交流大会建筑研究》。黄惠菁的硕士论文《岭南建筑中的现代性研究》则是基于地域特色的挖掘来对岭南建筑中的技术理性手法进行分析。2010年出版的《岭南近现代优秀建筑1949—1990》一书针对新中国成立后一特定历史时段广泛收集和整理了岭南地区的优秀建筑实例，资料翔实丰富，评价全面客观，具有较强的资料性和参考价值。在一些关于中国建筑发展的综合性论著中，也有对于岭南地区发展历程和特点的介绍，例如顾馥保主编的《中国现代建筑100年》、邹德侬的《中国现代建筑史》中的相关内容亦可作为背景资料。

关于林克明的专题研究目前以资料整理为主，常见成果集中在对重要设计作品的展示上。1991年出版的《中国著名建筑师林克明》是目前对其各时期设计作品所做的相对完整的搜集和整理，包括新中国成立前与新中国成立后重要作品的部分图纸、照片和简介。1995年出版的《世纪回顾——林克明回忆录》以林克明本人的忆述为主，比较全面地记录了他一生的经历和职业历程，《岭南近现代优秀建筑1949—1990》一书中也收录了林克明在新中国成立后的几个重要作品的详细资料。此外，2010年蔡德道先生结合早年经历，与林克明长子林沛克先生一起在《南方建筑》上陆续发表了关于林克明建筑活动年表、文献和自宅设计等内容的第一手研究成果。[20]2012年，华南理工大学出版社出版了《岭南建筑名家系列》丛书，其中一本是由胡荣锦所著的《建筑家林克明》，该书详细介绍了林克明生平以及建筑创作历程，系统梳理了他在建筑设计和建筑教育方面的成就和贡献。张异响、蔡文俊、王旭等人的学术论文是近年来针对林克明的具体作品和设计经历所做的较为集中的研究。[21]除以上学术文章和图文资料外，林克明本人曾发表过的学术论文和学术报告，林克明的同事老建筑师朱朴、麦禹喜、蔡德道等人发表的合作项目论文和回忆文章，均是比较宝贵的第一手资料。

总体而言，关于岭南近代建筑和建筑师的研究目前虽成果累累，但仍有缺憾，表现在学术研究长期以来存在重视类型整理轻视系统研究，重视风格艺术轻视制度观念的倾向，研究分布的不平衡体现在典型建筑考察、传统建筑保护与更新、近代城市形态等话题关注度较高，但关于意识形态、制度发展、技术水平和重要人物事件等方面的挖掘并不深入。对于个体建筑师的研究，尤其是新中国成立后的建筑师，由于政治意识影响下建筑设计领域强调"集体创作"，个体的活动与思想研究并不充分，历史资料的保存也不完善，因而研究多流于平面化，往往限于对具体作品的评述，欠缺系统性分析，对建筑师个性特征的研究不够，对于建筑思想发展演变的历时性研究不足。具体到建筑师林克明的专题研究，目前多集中在个人生平介绍，且大部分仅限于一般性的简介，对作品的解读和设计手法的分析多为整体背景下的片段式图解，较少集中针对完整的设计成果和职业经历进行纵横比较与深入分析，缺乏系统的学术探讨和历史视野上的观照，结果使得鲜活丰富的历史往往被描绘成缺乏时代精神、缺乏错综复杂的社会关系中的关联和冲突、缺乏对科学技术的内在探讨的图片拼贴和形式堆砌，这种状况与这位近现代岭南建筑领军人物的历史地位不相符合，对于他的学术思想、文化背景、风格手法、后续影响乃至于历史局限等方面都还需要进一步深入挖掘，并从中生发出对于中国近现代建筑更广阔、更深厚的历史意义，也有利于岭南建筑创作思想的当代发展与传承。

第二节　研究意义与研究目标

对建筑师的研究是近现代建筑史研究理论化和系统化的重要切入点，因为建筑师是对建筑史发挥最大主观能动作用的人群，他们的思想观念正是建筑史发生、发展、变化的背后对其产生影响的所有思想因素的总和。

林克明在中国第一代建筑师中很有代表性，求学海外而后服务国内，设计、教育、学术皆有参与，同时自身特点鲜明：首先，林克明生活的年代正好横贯整个20世纪，这是中国历史与中国建筑发展迅速、变化复杂、影响重大的一个世纪；其次，林克明参与一线建筑工作时间长，在新中国成立前与新中国成立后均有重要成果，作品类型丰富，公共性强，与官方行为结合紧密，具有较为明显的历史表征性，尤其对于岭南和广州地区的建筑发展研究有重要参考意义。此外，作为岭南近现代最重要的建筑师之一，正如前文所述目前对林克明建筑创作的研究和挖掘并不足够，因地缘关系本书在研究上具有调研、访谈、资料等方面的优势。

综上所述，本书认为相关研究具有如下意义：

首先，研究具有范式意义。对于典型建筑师的研究有利于史料的搜集和积累，对建筑师的个人事迹和相关作品进行彻底调查后能建立起相应的历史档案数据库，为系统整理建筑师及其建筑遗产提供参考，成为今后研究的基础，并为之建立起研究的标准和范式。

其次，研究具有理论意义。在基于史料整理的基础上对建筑师和建筑思潮的发展进行历史解读，能够挖掘出隐藏于现象背后的深层原因，从而为建立完备的理论研究体系打下思想基础。

再次，研究具有现实意义。建筑师在特定历史阶段进行的创作实践，其中所达成的成果、经验和特色均能成为今日建筑创作的有益参考和启示。同时，中国建筑文化在进行现代转型的初始阶段，文化在碰撞、折中和演变过程中发生的种种现象以及它为从业者所带来的影响，能给予今日日益开放的建筑业界以思想启迪，为现在和将来的中国建筑发展提供借鉴。

本书的研究目标包括两个方面，一是详细调查建筑师生平和工作经历，通过文献搜集、现场调查、测绘、访谈等方法挖掘相关资料，完成关于研究对象的完整资料收集和整理。将其建筑作品依据时间、区域、风格、类型等特点进行分类调查和研究，了解建造过程、采用技术和材料等详细内容，并通过绘图、建模等技术手段进行分析表现，归纳设计手法和特点。

二是通过对历史阶段的宏观分析和对研究对象思想因素的解读，从个案展开对社会文化背景变迁与岭南建筑发展历程的深层次探讨，确立研究对象及其作品在中国建筑史上的价值坐标，清楚认识和定位以之为代表的早期建筑师在中国建筑发展过程中所作的探索和努力，明确其对城市发展建设所作的贡献以及历史局限性。

因此，本书对于研究对象不仅止于生平经历和成果整理，还针对具体建筑作品进行了定性定量的绘图、对比和分析，探求作品的共同特征和变化趋势，从而揭示出其隐藏于样式、风格背后的观念性因素。同时，结合宏观层面的城市整体规划发展对个体建筑师作品进行解读和分析，将个人和城市两个维度联系起来，这是本书研究的新视角，也从另一个侧面反映了研究对象的特殊性及其特定的历史贡献，并通过进一步的多方位比较来挖掘其思想内核，探讨其思想策略的根源与发展，最终获得客观的价值定位。

需要注意的是，长期以来在近代史的相关研究中有一种以西方古典建筑学的方法看待中国近代建筑的形式问题，并按照西方建筑学理论框架对中国近代建筑进行简单分类的倾向，这种倾向忽视了中西建筑观念的差异以及中国近代主流与非主流建筑在建筑学领域的不同表述，本书在研究中不仅要涵盖对建筑形式的认识和把握，更重要的是关注形式背后的理念，以及建筑师在文化传统和西洋形式之间进行取舍的初衷与方法。

第三节　研究范围与相关界定

一、时间和空间范围的限定

分期问题其实是如何建构建筑史写作框架的问题，在过去受到意识形态的影

响，建筑史的写作必须与官方政治史的叙述相联系，在这种情况下，如何看待中国
近代建筑发展的整体特征便成为突出问题。与上述学者主张的采用政治史研究的时
期进行分段的观点不同，也有学者认为应根据建筑本身的发展特点分期。[22]一种比
较常见的观点是将中国近代建筑的发展类比为生物现象而分为发生期、发展期、成
熟期和衰退期，这种线性的历史观念在操作上会带来编年式的历史写作方法，虽然
比较系统，条理分明，但它将不同空间背景下的历史活动以时间联序，用先后关系
取代因果逻辑，会导致对建筑和城市问题的描述脱离时空背景，以人为建构的"历
史规律"填充框架，而忽视了建筑自身所具有的历史意义。对此，赖德霖提出，"今
后中国近代建筑史的写作不妨采取'记事本末'的方式，以时空范围都比较明确的
专题研究为主导，兼顾年代先后。各主题在时间上可有重叠，不必遵循看似清晰其
实却简单化的线性编年"。[23]

　　本书研究选题为个体建筑师，因此在范围划定上即遵循上述"以时空范围
都比较明确的专题研究为主导"的思想，时间划定和研究分期均以林克明生平
经历和职业活动的变化为主要依据。林克明1900年出生，1926年从法国留学
归国开始成为建筑师，1949年新中国成立后仍在建筑部门担任重要设计工作，
1999年逝世，他的一生几乎完全贯穿整个20世纪，也可以说亲身经历和参与了
岭南乃至中国20世纪建筑发展的重要历程，因此20世纪是本书研究的宏观时间
范围。

　　此外，林克明活跃的主要时间段包括上文所提及的"近代建筑兴盛期"和新中
国成立后两个时期，在研究阶段的划分上，1949年政权更替是一个重要节点——
无论是否按照部分学者的观点将1949年作为中国近代建筑史的结束（也有一种观
点将1977年改革开放作为结束点[24]），这一时间点从文明冲突和文化传播的角度而
言都是无可争议的巨大转折。林克明在这前后两个时期的实践经历连接了近代建筑
与现代建筑的发展历史，他在这两个阶段中的创作环境、设计任务和社会影响均存
在着明显差异，因此本书将分新中国成立前和新中国成立后两个时间阶段来描述、
考察和研究林克明的设计生涯。同时，从林克明个人的设计经历来看，他几乎从回
国后甫一开始创作实践就进入了自身的成熟期，在设计阶段的细分上似乎不存在明
显的萌芽、发展和高潮的变化过程，本书将以其工作阶段的不同而不是设计思路的
变化作为分期研究的时间节点（表1-1）。

林克明建筑实践活动的时间段划分㉕ 表1-1

新中国成立前	1920~1926年	法国里昂建筑工程学院		留法学习建筑课程
	1926~1932年	广州市工务局时期（包括汕头时期）		完成多项重要的政府公共项目，对"中国固有式"建筑的探索逐渐成熟
	1933~1947年	林克明建筑工程师事务所时期	1933~1937年 抗战爆发前	完成国立中山大学校园建筑设计和多项私人住宅、剧院和学校等设计，创办广东省立勤勤大学建筑工程系，成为岭南现代主义建筑的先锋人物
			1947年 抗战后至新中国成立前	战后的短期执业，以简单的住宅设计为主
新中国成立后	1950年		黄埔建港管理局规划处时期	对黄埔旧港的发展规模、交通设置等方面进行了规划设计
	1951~1952年	新中国成立初期	城市建设计划委员会时期	主持新中国成立初期优秀的现代主义作品华南土特产展览会总体布局和部分建筑设计
	1952~1964年		建筑工程局时期	主持完成中苏友好大厦、华侨大厦、广州体育馆、华侨新村、中国出口商品陈列馆等广州重要建筑设计和"广东十大工程"中的部分建筑设计
	1965年		广州市城市建设委员会时期	以领导工作为主，指导新爱群大厦、广州宾馆等建筑设计
	1972~1975年	"文化大革命"时期	外贸工程设计组时期	建设工程进展缓慢，主持和指导流花宾馆、白云宾馆等外贸工程项目
	1976~1978年	改革开放	广州市基本建设委员会时期	以领导工作为主，参加外地一些重要项目和规划的方案评议
	1979~1986年		华工建筑设计研究院时期	以方案审议和指导工作为主，也完成了中山大学梁铫琚礼堂、佛山科学馆等几个个人设计项目

相对时间范围而言，本书研究的空间范围较为明确。林克明刚回国时于1926~1928年在广东省汕头市政府工务科工作过一段时间（参与了汕头市街区规划和人民公园规划设计），但他很快回到广州，此后一生的建筑生涯几乎全部在广州度过，纵观他最重要的设计作品也几乎全在广州完成。可以说，作为岭南近代最重要的建筑师之一，无论新中国成立前后，林克明与广州城市和建筑的发展均密切相关，以不同的方式影响着这座城市的面貌，这也是他与岭南其他一些建筑师的主要区别之一。本书研究的空间范围以广州为主，但作为岭南中心城市，广州的建筑和文化思潮通常对岭南其他地区有较大影响，因而本书在探讨一些涉及整体社会层面的经济文化和意识形态状况时，也将以岭南地区的整体情况作为研究和讨论的背景与载体。

二、建筑风格的描述与划定

从目前学界对"中国近代建筑"的研究现状来看，不同学者各有侧重，研究方式虽多，但总体来说对建筑个案的研究在方法上仍有不足：一是研究多停留在对基本史实的考证和对外观的介绍描述上，而对于其所体现的社会文化意义的阐释探讨不深；二是一些研究对建筑问题的解释仅仅停留在宏观背景的影响之上，从"宏大叙事"的角度出发，对于历史多样性和建筑创作主体能动作用的重视不够。这些不足同时会涉及和影响到对于近代时期不同建筑风格的描述和认定，第一种不足致使建筑风格的划定仅以外形外貌作为依据，忽视了其背后的构图法则和起支撑作用的文化内核，而第二种不足则会导致对建筑风格定义的简单化和笼统化。例如，对于中国古典风格新建筑，目前论者多以"复古主义"一概而论，但倘若具体分析，则发现许多建筑师所借鉴、参照的古建筑原型并不完全一致，梁思成在设计北平仁立地毯公司时将斗栱作为中国建筑传统的精髓，杨廷宝设计的南京中央体育场是采用牌楼的造型，董大酉则在上海博物馆和图书馆的设计中试图模仿古代城楼，这是不同的设计取向，梁思成着意的是中国建筑要素的装饰性，杨廷宝则强调建筑构图与西方古典柱式构图的相近性，这种多样性反映出中国建筑师个体在探索中国传统风格新建筑过程中的不同追求和美学思考，若仅以一词盖之，则有可能抹杀这种探索的历史意义和现实价值。需要注意的是，在近代建筑史研究中对建筑风格进行判断和描述感到困难，这与外来建筑风格在中国传播的过程中发生变异也有关系，本书中有大量涉及不同时期、不同类型建筑风格的描述性词汇，以下对之进行简要的解释和定义。

1. 古典主义

或称新古典主义风格。近代中国的古典主义建筑风格是由西方建筑师在19世纪60年代首先引入的，其后留学回国的中国建筑师们也设计了许多古典主义建筑物。西方古典主义风格在中国的一个显著特点是多种历史风格的混合和杂糅，包括哥特式、文艺复兴式、巴洛克式和古典复兴等，而且在中国传播的过程中有与中国地方建筑传统融合的趋势，在形式上与完全纯正的西方古典复兴或折中主义风格有一定区别。

2. 中国古典复兴与"中国固有式"

也被称为中国古典或传统风格新建筑，有时简单称为民族式或宫殿式。事实上，这几个词汇指代的建筑风格很相似，但仍有细微差异。中国古典复兴风格是指以西方建筑师为主体的、对教会产业进行的形式上的"中国式"改造，"中国固有式"则特指在官方意识形态指引下，以中国建筑师为主体所做的包括公共建筑、纪念建筑和民用建筑在内的具有民族主义形式特征的建筑物，它们可以被看作同一发展历程的不同阶段。中国古典风格新建筑或中国传统风格新建筑可指代所有具有中国传统建筑形式特征，但以新的设计方式和设计理念完成的新建筑作品。民族式和宫殿式均是从外形出发、对某些具有共同形式特征的建筑的简称，指向意义不如上述词汇明确。

3. 改良的民族式

也可称为简化的民族式或改良/简化的民族主义。它针对"中国固有式"建筑在造价和实用两方面的弱势加以了改进，采用新的材料技术和结构，形式上不再整体模仿传统建筑形式而只在局部上和装饰细节上呼应，也可称之为"简朴实用式略带中国色彩"[20]，其结果是实用性和经济性得到提高，施工也更便利，因而这种形式不仅在近代时期，在新中国成立初的公共建筑设计中也是主流手法之一。

4. 装饰艺术风格

也称Art Deco或艺术装饰风格，它与新古典主义的理念相似，但装饰形式更加简洁。装饰艺术风格源自新艺术运动（Art Nouveau），20世纪初出现在欧洲，它结合了因工业文化而兴起的机械美学，融非洲和东方艺术情调与立体主义于一体，1925年传到美国后因特别适合于摩天大楼而成为一种流行的建筑风格。这种风格具有现代主义简洁明快的特点，又有较强的装饰性，比烦琐的古典式更简明、经济，因而在商业建筑和公共建筑中都较为流行。

5. 摩登式

也有其他类似的称呼如"国际式"、"万国式"、"近代式"或"摩天式"。摩登式是对20世纪30年代以来受欧美现代建筑思想影响、具有现代建筑造型倾向的建筑形式的统称，建筑的"摩登"化是建筑商品化的直接结果，同时也与国际新建筑运动的外部影响密不可分。需要注意的是它与"古典主义"在设计思想上或许并不对立，只是样式更为"摩登"，形式特点是不作或少作装饰，强调对建筑结构构件的视觉效果进行把握和设计。

6. 现代主义

"摩登式"或"万国式"、"国际式"等名称是国际新建筑思想最初传入中国时的称呼，但它们与"现代主义"是两个概念，它们表达了现代主义建筑思想的一部分内容，如强调功能和形式新颖，但未能超越"样式"的层面，现代主义建筑思想中还应包括工业化的生产方式、具有时代性的机器美学和服务大众的宗旨等。20世纪30年代后期现代主义思潮开始流传但时间不长，及至新中国成立后，尽管中国建筑界在苏联的"社会主义内容和民族形式"思想引导下开始新一轮的民族形式复兴，现代主义仍然是建筑师在创作实践中的追求之一，在1950~1970年代的岭南建筑界有突出表现。

文中凡引用其他学者成果之处，皆有明确标注，插图、照片、表格除特别标明外，均为作者本人绘制和拍摄。另外，为求行文简洁，正文中对相关历史人物和前辈一律直呼其名，省去"先生"、"教授"等尊称，特此说明。

[注释]

① 即古代建筑史、近代建筑史、新中国建筑十年成就。

② 详见：张复合. 中国近代建筑史研究之回顾与展望 [M] //杨鸿勋，刘托主编. 建筑历史与理论. 北京：中国建筑工业出版社，1997：58.

③ 具体为1986年北京、1988年武汉、1990年大连、1992年重庆、1996年庐山、1998年太原、2000年广州、2002年宁波、2004年开平、2006年北海、2008年昆明、2010年北京召开会议。

④ 徐苏斌. 近代中国建筑学人留学日本小史 [J]. 建筑师，1997；徐苏斌. 中国近代建筑教育的起始和苏州工专建筑科 [J]. 南方建筑，1994；赖德霖. 关于中国近代建筑教育史的若干史料 [J]. 南方建筑，1994.

⑤ 杨秉德. 关于中国近代建筑史时期民族形式建筑探索历程的整体研究 [J]. 新建筑，2005；杨秉德. 早期西方建筑对中国近代建筑产生影响的三条渠道 [J]. 华中建筑，2005.

⑥ 伍江. 旧上海的外籍建筑师 [J]. 时代建筑，1995（4）.

⑦　张复合. 20世纪初在京活动的外国建筑师及其作品［M］//建筑史论文集. 北京：清华大学出版社，2000.

⑧　卫莉. 留学生与中国近代建筑学的体制化［D］. 太原：山西大学硕士学位论文，2004. 其他期刊论文包括：张捷，张培富. 留学生与中国近代建筑形式的发展［J］. 徐州师范大学学报，2006；王晓莺. 晚清时期岭南出国留学生在中国近代留学史上的地位与作用［J］. 华侨华人历史研究，2003.

⑨　侯幼彬. 中国建筑美学［M］. 黑龙江：黑龙江科学技术出版社，1997；邹德侬. 中国现代建筑理论的解困——五谈引进外国建筑理论的经验教训［M］//潘祖尧，杨永生主编. 现状与出路. 天津：天津科学技术出版社，1998；吴良镛.《梁思成全集》序［M］. 北京：中国建筑工业出版社，2001.

⑩　刘凡. 吕彦直及中山陵建造经过［M］//汪坦，张复合主编. 第三次中国近代建筑史研究讨论会论文集. 北京：中国建筑工业出版社，1991.

⑪　葛立三. 柳士英和芜湖中国银行大楼［C］. 第五次中国近代建筑史研究讨论会论文集；柳肃，土田充义. 柳士英的建筑思想和日本近代建筑的关系［M］//中国近代建筑研究与保护（二）；徐苏斌. 从《学艺》看近代留日学生传播信息的媒介作用［M］//中国近代建筑研究与保护.

⑫　侯幼彬. 一页沉沉的历史——纪念前辈建筑师虞炳烈先生［C］. 第五次中国近代建筑史研究讨论会论文集. 现已出版相关专著：侯幼彬，李婉贞. 虞炳烈［M］. 北京：中国建筑工业出版社，2012.

⑬　何重建. 杜彦耿与《建筑月刊》［M］//汪坦，张复合主编. 第四次中国近代建筑史研究讨论会论文集. 北京：中国建筑工业出版社，1993.

⑭　Ruan Xing. Accidental Affinities: American Beaux-Arts in Twentieth-Century Chinese Architectural Education and Practice［J］. Journal of the Society of Architectural Historians, 2002.

⑮　赖德霖. 阅读吕彦直［J］. 读书，2004；赖德霖. 杨廷宝与路易斯·康［M］//潘祖尧，杨永生主编. 比较与差距. 天津：天津科学技术出版社，1997；彭长歆. 20世纪初澳大利亚建筑师帕内在广州［J］. 新建筑，2009；赖德霖. 梁思成"建筑可译论"之前的中国实践［J］. 建筑师，2009；李海清. 哲匠之路——近代中国建筑师的先驱者孙支厦研究［J］. 华中建筑，1999；郭伟杰（Jeffery Cody）. 建筑界的蝴蝶：William Chaund 关于现代建筑之宣言（1919）［Z］.

⑯　Jeffery Cody, Henry K. Murphy.An American Architect in China, 1914—1935［D］. 康乃尔大学博士学位论文，1989.

⑰　参见：张复合. 中国近代建筑史研究之回顾与展望［M］//杨鸿勋，刘托主编. 建筑历史与理论. 北京：中国建筑工业出版社，1997：58.

⑱　详见：彭长歆. 岭南建筑的近代化历程

研究［D］. 广州：华南理工大学博士论文，2002：9-10.

⑲ 赖德霖. 城市的设施改造、布局改造和空间意义的改造及"城市意志"的表现——二十世纪初期广州的城市和建筑发展［C］."二十世纪与广东美术"国际学术研讨会，2003.

⑳ 蔡德道. 林克明早年建筑活动纪事［J］. 南方建筑，2010（3）；蔡德道. 两座旧住宅的推断复原［J］. 南方建筑，2010（3）；林沛克，蔡德道. 林克明年表及林克明文献目录［J］. 南方建筑，2010（3）.

㉑ 张异响. 林克明国立中山大学法学院与勤勤大学工学院建筑设计法比较研究. 广州：华南理工大学硕士学位论文，2015；蔡文俊. 原国立中山大学法学院建筑手法剖析. 广州：南方建筑，2015（5）；王旭，赵秋菊，董霖. 林克明的建筑造诣与历史成就. 沈阳：兰台世界，2014.

㉒ 陈纲伦. 从"殖民输入"到"古典复兴"——中国近代建筑的历史分期与设计思潮［A］. 第三次中国近代建筑史研究讨论会论文集，1990.

㉓ 赖德霖. 从宏观的叙述到个案的追问：近十五年中国近代建筑史研究评述［J］. 建筑学报，2002（6）：59-61.

㉔ 参见：赵国文的"中国近代建筑史五期说"。赵国文. 中国近代建筑史的分期问题［J］. 华中建筑，1987（2）：13-18.

㉕ 新中国成立后因政府架构调整频繁，林克明的工作职务变换也较多，因此部分时间内工作项目和担任职务之间有重叠或错位的情况，表格以当时林克明主要担任的职务和完成项目进行划分。

㉖ 杜彦耿. 北行报告［J］. 建筑月刊，1934，2.

第二章
林克明建筑创作的时代背景和客观因素

　　20世纪是中国近现代史上波澜壮阔、承前启后的一百年，也是广州城市和建筑业发展迅速、历经剧变的一百年。广州近现代建筑的发展变化在1900年以前已有端倪，当时岭南是西洋建筑最早传入中国的地区，这种中西文化之间的剧烈碰撞成为岭南传统建筑文化近代突变的缘起和表现之一，进入20世纪后，广州的城市建设开始突飞猛进地发展，建筑的近代化和现代化历程就此全面展开。其中，林克明作为一位个体建筑师最令人感兴趣的是他恰好参与了广州20世纪建筑发展中很大一部分重要的建筑活动，因此他的丰富经历和众多成果不仅代表着个人成就，也能从一个侧面见证和反映20世纪广州建筑史的发展。

　　值得注意的是，近现代广州城市建设发展的特殊性与广州的地理位置、历史变革和文化传统相关，尤其是在发展过程中一些特殊的历史因素涌动浮现，成为广州在中国建筑整体发展局势下突显出自身独特性的原因，这些历史因素包括：由民间贸易带来的岭南与西方的早期建筑交流，广州工务局的成立以及由之展开的广州城建新阶段，孙中山开始训政后以及陈济棠西南政务委员会"自治"期间广州城建的飞速发展，新中国成立后20世纪50年代"广交会"引发的一系列建设活动，20世纪60年代岭南的地域性建筑实践，1980年后作为改革开放前沿地的新建设等，对这些历史事件的考察和了解是进行更加深入的个体研究前不可或缺的背景资料概括。

第一节　林克明生平简介

　　1900年7月11日林克明出生于广东省东莞石龙镇，家族中并无人从事建筑。祖父林玉生原本是一个开藤工人，因性格老实获得一日侨商人的资助而得以在香港开设了"孟兴昌"藤铺。林克明的父亲继承产业后经营不善，家道衰落，林克明在8岁时去香港随父生活，并接受私塾的启蒙教育，其后入读了香港圣士提反英文书院，13岁时林克明只身回广州投考高等师范附中，后又跳级，凭借较好的英文和作文功底考入了广东高等师范学校英语系，第二外语选修了法语。[①]1920年7月，林克明赴法国勤工俭学[②]，由于已经具备少许法语基础，抵法后他未花费太长时间学习语言，于1922年进入里昂中法大学（图2-1）。里昂中法大学是一所以法国退还的庚子赔款的余额来设立的海外中国大学，学校本身"并没有什么大学教育的设备，更无所谓专科的讲座。据说凡关于大学分科的功课，都到法国里昂大学以及里昂附近各专门学校去听听，所以该校现只有法文一门"[③]，学生根据自己所选学科，考核进入其他学校学习。据记录中法大学学生中唯一登记选读"建筑学科"的是著名建筑师虞炳烈，而林克明登记的是"文科"，他原本想攻读中国哲学，撰写关于孔子的论文[④]，但当他在里昂美术专科学校接触到建筑学后，就放弃了哲学并在里昂建筑工程学院进修建筑[⑤]，师从当时巴黎著名的建筑师托尼·戛涅（Tony Garnier，1869—1948），该学院为巴黎美术学院在里昂的分院，属于学院派教育，但教师中也有很多具有现代主义建筑思想的先锋人士。

图2-1　青年时期的林克明
（资料来源：里昂中法大学
（1921~1946年）回顾展）

1926年，林克明从里昂建筑工程学院毕业，在巴黎名建筑师AGASCHE建筑设计事务所实习，协助制作施工图和大样图，其间接触到城市扩建方面的工程实践。同年暑假回国，他第一个作品是为友人设计的位于广州下九路的"天喜堂"五层商住楼，后来很长时间内他自己的事务所也设立于此，之后，经人推荐林克明前往汕头担任了汕头市政府工务科科长。

1928年，在广州市工务局局长程天固的积极招揽下，林克明加入工务局担任设计课技士，20世纪30年代广州进入了大规模的城市建设时期，林克明也迎来职业生涯的第一个高峰，不到10年已确立了自己在建筑设计和建筑教育等多方面的突出地位，在岭南建筑史上占据了重要位置。1928年中山图书馆设计是林克明在工务局完成的第一项工作，尽管是首次尝试"中国固有式"风格，但已显得相当成熟。1930年在叔父林直勉的推荐下，林克明受聘为中山纪念堂工程顾问，负责技术审核和管理工作，这进一步引起他对于传统建筑新形式创作的关注和兴趣，通过这一阶段的思考与经验积累，1931年市府合署设计竞赛中林克明再次拔得头筹，将"中国固有式"风格发展得更加成熟，并开始尝试对传统建筑的一些不合理、不经济的做法进行改造，这些经验在国立中山大学石牌校区的设计中有了更明显的体现。

在此期间，除了完成作为政府建筑师的工程项目，林克明从1929年起开始在广东省立工业专门学校兼任教授，1931年省立工专并入广东省立勤勤大学，林克明担任建筑工程系主任，1934年他辞去工务局职务，专任勤勤大学工学院建筑系主任和教授，并在1933年开设了林克明建筑工程师事务所，完成了国立中山大学石牌校区建筑群、勤勤大学石榴岗校区、梅花村高级住宅以及广州多所学校、戏院和住宅的工程设计，事务所至1949年结业。在这一阶段的设计中，脱离政府项目特定风格的局限，林克明表现出对现代主义的敏锐触觉和强烈偏爱，这种倾向性也体现在建筑教学中，由此勤勤大学逐渐形成了工程技术和建筑艺术相结合的教学特点，并通过杂志、展览、著作等多种形式，成为岭南传播现代主义思想的重要阵地。

1937年抗战爆发，后广州沦陷，勤勤大学内迁，并在1938年并入国立中山大学，而从1938年到1945年的几年间，受战争影响林克明被迫辗转于中国广西、云南，以及越南等地，后避居于越南西贡，以开设皮革厂为生。1946年光复后林克明重返广州，同年11月受聘于中山大学建筑工程系担任教职，1947年左右，林克明登记成为广州市甲等建筑师，并自营林克明建筑师事务所。⑥

1949年广州解放后，林克明再次出任政府建筑师，之后长期担任广州城建系统的技术职务，亲身参与和领导了广州众多重要建筑物的设计与建设工作。1950年，林克明出任黄埔建港管理委员会规划处处长，后调任广州市城市建设计划委员会副主任，其间，他规划设计了黄埔港码头工业区和生活区，拟定《广州市城市总体规划初步设想方案及说明书》，也设计了海军医院门诊部和住院部等一系列民用和军用设施，主持了华南土特产展览会、海珠广场、工人住宅小区的设计施工工作。1952年林克明担任广州市建筑工程局设计处处长、副局长、局长等职，后建工局设计处逐步扩建为广州市设计院，他出任院长和总建筑师，在此期间他主持了中山纪念堂等历史建筑物的维修工程，并设计了中苏友好大厦、广州体育馆、华侨大厦、广东科学馆等建筑，主持广州迎国庆"十大工程"的设计与施工。政府工作的影响使得林克明在建筑中表现出的个人特色逐渐减弱，作品风格趋于保守，但从另一方面来说，新中国成立后他能参与设计的建筑数量更多，建筑物的公共性也很强，大部分都是当时最重要的标志性建筑，这使得他对于广州城市建设的影响力并未降低。从1953年开始，林克明出任中国建筑学会常务理事、副理事长，同时他还是1954~1966年广州市第一至第六届市人民代表大会代表、全国第一至第三届人民代

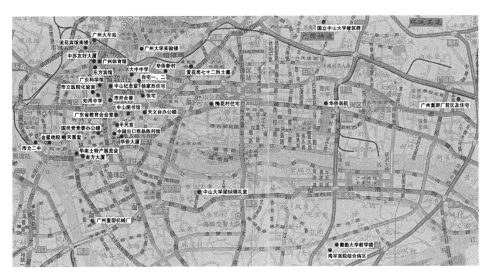

图2-2　林克明主要设计作品分布图

表大会代表，这也是其社会影响加强的体现。1959年，林克明出任广州市城市规划委员会专职副主任，1965~1968年，调任广州市城市建设委员会副主任、广州基本建设委员会副主任，主持了人民大桥的设计和施工，参与了新爱群大厦方案的设计。

　　"文化大革命"结束后，林克明于1972年出任广州市设计院总工程师、副院长，广州外贸工程领导小组成员兼设计组组长，先后主持与指导设计了白云宾馆、广州交易会新展馆、流花宾馆等重点工程，此后他恢复广州市基本建设委员会副主任的职务，主要负责计委列项工程及设计院工程设计的审批工作。1979年，他受聘为华南理工大学（当时称华南工学院）建筑系教授，组建成立华工建筑设计研究院并任首任院长，高龄时仍单独或合作完成了一批设计项目。1983年之后，林克明在广州市设计院从事顾问、方案审定和验收工作，并于1990年退休，获中华人民共和国国务院授予政府特殊津贴，1999年林克明在广州病逝，终年99岁。回顾林克明的一生——生于1900年，卒于1999年，正好与中国历史上波澜壮阔的20世纪之一百年重合，他一生的创作经历也能从一个侧面反映中国建筑在这一个世纪中的发展、变革、创新和挫折（图2-2）。

第二节　近现代广州建筑业发展概况

　　对于广州近现代建筑发展的研究，大体上仍不能完全脱离中国建筑历史整体研究的框架，例如1840年的历史事件对于中国社会生活和传统文化的冲击，1949年政权更替带来的建筑发展的脱节和突变，这些无论之于整个中国还是岭南地区，都具有同样深刻的影响和结果。但是在岭南特殊的地理、政治、经济和文化等条件综合作用下，此地建筑的发展演进也带上了特有的一些印记，例如在1840年甚至更早的时候，因为地理位置的原因岭南即开始与西方发生接触和碰撞，这是当时中国社会最早期的文化融合；近代时期，尤其是20世纪30年代左右，广州城市建设上的巨大发展与宁粤国民政府正统之争以及广州的经济地位密不可分，"南天王"陈济棠带有自治性质的管理更加剧了这种发展的势头；新中国成立后广州依靠独有的地理优势成为中国对外贸易的基地，这一定位和状况对于广州城市建设影响甚大。以上都是岭南和广州20世纪建筑发展历程中的特殊因素，岭南传统文化的特点在某种程度上加深着广州建筑发展的独特性和持续性，这也是不容忽视的一点。

一、背景：中国近现代建筑业发展阶段综述

为了解岭南和广州建筑在20世纪的变化和演进，首先需要廓清的是整个中国建筑业在近现代时期的大致发展分期。中国近代时期和新中国成立后的建筑发展在经历了西方文化的冲击影响和自身政治经济变迁所带来的动荡后，显示出复杂、曲折、易变的特点，但总体上仍有迹可寻，大致可分为几个阶段。第一个阶段为1840年之前，多数学者将1840年作为中国近代史的开端，但若是考虑到具体情况尤其是南方地区例如广州，实际上这种变化在更早之前已经初露端倪——这里早已开始了和西方的交流以及建筑文化的微妙改变：16世纪后海路大通使得东西方之间的联系与交流日增，随着东西方海上贸易的开展，澳门、广州十三行等地都兴建了西式建筑，并且在基督教第三次进入中国后，通过教会建筑的建设促进了这一状况的发展。

1840~1900年是第二个阶段，鸦片战争之后，上海、广州等通商口岸率先开始接受到外来文化的冲击，西方的先进建筑技术和思想从这里传入中国，中国建筑遭受到前所未有的冲击，主要表现为钢和钢筋混凝土的应用以及结构形式的改进，一些新的结构技术如大跨度、多层结构、钢结构等也有使用，新的建筑管理制度开始建立，建筑实践不再是由工匠完全包揽的，租界内的西方人甚至开始推行资本主义的城市自治管理模式，中国社会从观念上对西方文化的情绪从早前的抵触转为羡慕和崇尚。

1900年代之后，由于19世纪末的中日甲午战争以及20世纪初的"庚子之变"，中国进一步对外开放，建筑事业获得了迅速成长，在很短时间内，砖（石）钢骨混凝土结构、砖（石）钢筋混凝土结构等新的技术类型迅速推广，早期的中国建筑师

和土木工程师开始登上历史舞台，在建筑管理制度上中国人也模仿西人开始了自己的尝试。20世纪20~40年代中国近代建筑进入迅速发展后的高潮期，建筑设计、建筑结构、建筑施工和从业人员等方面都有全方位的进展，这也是本书将会重点讨论的林克明新中国成立前建筑实践的活跃期。这一时期开始出现早期的现代建筑，呈现出向现代主义过渡的倾向，同时深受官方意识形态影响的"中国固有式"建筑广泛建造，发展成熟，在近代建筑史上留下了一批创纪录的建筑案例。20世纪30年代前后随着设计实践增多，建筑管理制度上的转变日趋明显，自营建筑设计机构成批建立，专业建筑师不断增加，1929年劳动教育部要求对专业建筑师进行注册[⑦]，1930~1935年在上海市工务局登记开业的建筑师和工程师即有299人。同时，工程监督机制和招标机制普遍推行，行业组织成立，各建筑管理机构加强了法制化的管理，1938年国民政府颁布了中国历史上第一部全国性建筑法规。[⑧]

抗战爆发后直到新中国成立前，由于战乱和政局变动，此阶段建筑活动趋于停滞，仅在简易建筑技术方面有一定发展。新中国成立后建筑发展面临了一个比新中国成立前更加封闭的环境，初期国内主要出现了两种主流设计理念：保留中国形式和崇尚国际式样，其后则是来自苏联建筑界的新风格"社会主义内容和民族形式"深刻影响了新中国建筑的发展，引发了自20世纪30年代以后建筑中新一轮的民族形式复兴——尽管这种复兴无论是从思想根源还是形式表现上都与上一次大相径庭。由于经济形势持续恶化，20世纪50年代中期"大屋顶"风格作为"复古主义"思想被批判，之后中国建筑业出于实际考虑普遍采用了更具工业化和功能性的建造方式，同时对于民族性的追求使当时的建筑多以一种折中的面貌出现。进入20世纪60年代直至"文化大革命"后，中国建筑界仍在现代性和民族性之间寻找着合适的平衡点，但由于众所周知的原因，建筑的实际发展非常缓慢，近于停滞，只有广州在对外贸易活动的要求下产生了一批所谓的外贸工程建筑。岭南建筑界中后来被统称为"岭南建筑学派"的建筑师们在创作实践上对于地域、气候和庭园环境的探索是这一时期为数不多的、令人印象深刻的亮点。新中国成立后建筑业这种思想上发展缓慢、形式上偏于保守的状况一直延续到"文化大革命"结束后的20世纪80年代，"改革开放"带来了新时期建设快速、高效却略显无序的新特征，这是中国社会新的历史阶段，也见证着建筑发展的又一个繁荣时期。

二、广州建筑业的发展背景及影响因素（1900~1949年）

1900年前后广州的建筑设计活动主要集中于沙面，沙面是在1857年英法联军占领广州后寻求用来代替被焚毁的十三行的新的西方租界地，位于广州城区西南珠江岔口白鹅潭畔，原是珠江冲积而成的沙洲，隔离的地理状态使得沙面建设可以独立于传统旧城之外按照西方模式进行。19世纪末20世纪初，香港的西方建筑师事务所开始向沙面派驻分支机构，关于这一时期的资料目前所知不多，已知的有丹备洋行（Danby）沙面分行及其主持建筑师帕内（A. W. Purnell），其后他与美国人伯捷（Charles Souders Paget）合伙开办治平洋行（Purnell & Paget）。⑨辛亥革命前是西洋建筑师全面介入的时期，广州大部分西式建筑由他们设计，几乎垄断了所有外资项目，也设计了该时期官方绝大部分新式建筑。

　　1911年在辛亥革命推动下，广东宣布成立军政府，设工务部专管公共建设事务，程光斗任部长，其间他主张学习西方城市改造的经验，以拆城筑路促进市政改良，但随着1913年桂系军阀龙济光入踞广州，程光斗去职，新的市政建设陷于停顿，城墙被恢复，修筑完成的道路也只有几条。不过与此同时，一些商行和教会建筑仍在建设中，例如长堤的粤海关大楼和永汉路的省财政厅等。1918年广州市政公所成立，下设总务、工程、经界、登陆四科，这是一个具有近代市政管理性质的机构，它所完成的拆城筑路和兴建公园等工作，比起军政府工务部时期具有更加清晰的统筹规划和财务安排，为其后广州的"市政改良"运动打下了较好的实施基础。

　　1920年11月，孙中山驱逐桂系军阀后，任命陈炯明为广东省省长兼粤军总司令，1921年4月孙中山在广州成立国民政府，就任"非常大总统"，南方的革命呈现出民主文明的新气象。1921年在陈炯明的支持下，孙中山之子孙科参照美国体制建立了广州市政厅并任第一任市长。由于曾在美国加州大学学习政治学，孙科在城市建设和管理方面颇有心得，他主政广州期间进行的"市政改良"运动中一个重要举措是成立了工务局及其相关机构，取代市政公所成为管理城市建设的主导。工务局下设设计、建筑、取缔三课，职能涵盖了"公有建筑物和城市街道、公园、市场、沟渠、桥梁、水道等工程的设计和建造、建筑工程事项的管理、建筑法规的制订"⑩等事宜，程天固担任首任局长，1921年还成立了广州市工务局工程设计委员会，"专以规划广州市关于各种工程设计及建筑预算事宜"。⑪工务局成立后对城市所做的整理和改造工作很快收到成效，不仅延续了之前的筑路工作，还对城市的基础设施、公共设施和交通系统等都进行了建构和发展，"使广州从以前的'可怕的臭城市'迅速改观为适合人类居住的理想城市"。⑫工务局下设的设计课作为公办性质的设计机构，负责规划市政道路、桥梁、公园、水道等工程以及绝大部分公有建筑的设计和绘图工作，"所司工程，如平民宫，珠江铁桥，河南公园，石排林场，市立图书馆，及第一期各马路，均在兴筑中，其他如内港，市府合署，本市港务，郊外马路，西关公园，西关中学等"，⑬由于任务繁多，工务局其后增设总务课。⑭
工务局成立后任命了林克明、杨锡宗、陈荣枝、郑校之、梁仍楷等在国外接受过正
统建筑教育的建筑师担任技士或技佐，形成了岭南近代最具创造力和造诣的设计师
群体，他们完成了一批在岭南历史上重要的近代建筑。除上述供职于工务局的建筑
师之外，工务局设计委员会和其他一些官方机构也从民间招揽建筑师和土木工程
师，还有一些建筑师任职于营造厂或自营建筑事务所等。

与这一段时期广州城市建设的力求发展相对应的，是广东乃至全国的政治局势
持续变动，1922年陈炯明与孙中山的政治分歧演变为军事冲突，陈军炮轰观音山
总统府，孙中山避走"永丰"舰，史称"陈炯明叛乱"，其后数年，广州在平叛讨
陈和北伐的战火中飘摇。这种状况也影响到当时一些城建事务的实施，例如建设市
政中枢的计划和茂飞的规划都因之搁置，不过数年后林克明的市府合署从选址到设
计延续和实现了这一设想。1925年3月12日孙中山在北京逝世，7月1日广州国民政
府宣布成立，多年来南北政权的对立状况并没有随着孙中山的逝世而终结，反而以
新的形态更加鲜明地表现出来。这种局势以及由之而来的意识形态诉求对于广州城
市空间格局的改造和纪念性建筑的表征都产生了直接要求和影响，中山纪念堂和中
山图书馆即是在这种情况下紧急开始筹建计划的："粤人拟募集五十万元，建筑一
规模宏大之孙中山纪念堂及图书馆，以纪念元勋"。⑮1926年2月"建筑中山纪念堂
委员会"登报征求建筑图案，⑯共征得26份中外建筑师设计方案，中国建筑师吕彦
直以一个将中西方建筑艺术完美结合的方案获得头奖，开启了中国建筑师对于表现
时代精神的建筑形式的探索之路。

1927年蒋介石通过一系列政治和军事行动确立了在党内及国家的统帅地位，
1928年国民政府定都南京，自辛亥革命以来第一个统一的民族主义国家政体就此
形成，在相对稳定的社会环境和军事独裁的政治环境下，国家民族主义文化日益成
熟。1929年南京市政府制订的《首都计划》中出现了建筑形式"以中国固有之形
式为最宜"的字样，这是学界通常认定的官方文件中最早以"中国固有式"为民族
主义命名的记录，由此"中国固有式"建筑被赋予了和"中国古典复兴"建筑不同
的主观载体和内在要求，尽管它们在外形上相当类似。1931年"西南事变"爆发，
反蒋势力集合广州成立国民政府，宁粤双方为争取"党统"分别决定召开国民党第
四次全国代表大会，这一事件推动了进展缓慢的中山纪念堂加速完工，⑰10月10日
中山纪念堂完工，11月18日广州国民党"四大"在此召开，第二天南京国民党"四
大"也在蒋介石带领下召开并拜谒了中山陵。宁粤之争对于广州建筑的影响体现在
此后某些重要的公共建筑设计中弱化甚至摒弃了岭南地方传统特色，转而追求官式

建筑的形制表达。但值得注意的是，无论采取哪种地域特征，亦无论宁粤政府，在纪念性建筑形式风格的选取上都以民族主义为追求，这种民族主义文化运动在后孙中山时代有了新的发展特点。

作为曾经的政权中心和民族主义建筑在中国最早出现的地方之一，广东民族主义的文化特点和南京完全不同，文献中也罕见对于南京文化政策的提及。如果说南京发展的是基于国家意志的民族主义文化，广东则更偏向于文化的复古，尤其是在陈济棠主粤后的20世纪30年代兴起了"广东复古运动"[18]。陈济棠时期的文化政策比起李济深更为守旧，他继承了李济深的文化政策和对公共建筑的理解，这种倾向在一些重要建筑中表现明显，例如林克明设计的中山图书馆，这是他第一次尝试使用中国传统建筑形式进行设计。之后在官方支持下，越来越多的建筑师参与到中国传统建筑形式的设计中，这一时期岭南的民族主义文化运动以一种比南京更极端的方式展开，固有形式在公共和文教建筑中大量使用。不过，由于造价、施工和实用性等原因，建筑师们逐渐开始检讨和改良"中国固有式"建筑的某些弊端，在林克明完成的国立中山大学石牌校区建筑群第二期设计中，这种改良已经非常明显，这也是他长期进行"中国固有式"建筑设计和施工管理后思考的结果。需要注意的是，随着新建筑思想的传播和建筑观念的进一步发展，陈济棠主粤期间新式公共建筑也开始建设，由他拨款支持兴建的平民宫是岭南地区最早出现的摩登式建筑之一，其后在林克明和胡德元等人创办的广东省立勤勤大学建筑工程系的推动下，现代主义思想开始在岭南传播，各式摩登建筑越来越多，类型包括住宅、商业大楼、学校、银行等，而在风格的选取上，则通常是意识形态色彩强的建筑用固有式样，功能性强的建筑用摩登式样，住宅随意。

尽管陈济棠主粤期间广东的文化倾向为复古主义，但他和西南政务委员会各机构对于城市建设的进取精神和较为开明的态度，使得战前岭南城建发展迅速而蓬勃，尤其是在道路交通和港口建设等方面有务实的工作。1929年广州海珠桥动工，这是20世纪30年代全国闻名的一项重要工程，建筑地点自维新路口直达河南厂前街，"桥长六百余英尺，宽六十英尺，南面斜坡三百八十六英尺，北面引桥斜坡为四百七十六英尺……其上设有机关电掣，能将中段桥面向上开合，使较大轮船可从桥下通过"。[19]海珠桥于1933年竣工后贯通了南北市区（图2-3），对广州经济的平衡发展裨益很大。广州市道路系统的全面规划为刘纪文任广州市市长时进行，"饬令成立城市建设委员会……制订了全市的道路系统和交通规划，并绘成系统图……报省政府批准并转西南政务委员会备案，于1932年向全市公布。市内道路建设，逐年按规划依次序进行。每年开辟一条新路，先由工务局作具体测量和完成技术设计工作"⑳，几年间就修建了马路39万余英尺，完成路线30余条。对于城市内街街道的整理由1930年起开始实行，"定线原则采取因地制宜和根据消防、交通的需要，分别规定整理，街线宽度定为最窄的是2.20m，最宽的是11m"㉑，三年内完成1356条内街街线的整理和扩宽（图2-4）。由于市政府认为广州作为全国重要的港口和南方对外交通总汇，内港建设急待实施，决定将内港建在河南洲头嘴一带，此项工作也是由工务局负责制订章程、技术设计及划定码头位置。此外，陈济棠1933年颁行以发展广东经济为中心的《广东三年施政计划》，这个经济发展规划以广州为中心，顺纵贯南北的粤汉、广三和广九铁路伸展开来，北至南岭，南至高雷钦廉，东至潮汕，西至梧州，体现了陈济棠对广东发展建设的主要思路。

图2-3 海珠桥外观
（资料来源：广州城市建设档案馆网站）

图2-4 广州1947年马路图
（资料来源：《广州古今地图集》）

抗日战争爆发后，广州于1938年沦陷，此后建筑活动几乎完全停止，国内的建设重点转移到四川等后方地区。在战争中建筑师们经历了各自不同的命运，有如林克明一样避走他乡异国的，也有像胡德元那样流离失所后返回家乡的，还有一些在战乱中丧生或行踪不明。抗战结束后三年内战又起，这使得广州的建设发展一直缓慢，从林克明当时完成的作品来看，城市中大型公共建设项目极少，医院、住宅等急需的建筑物有所建设，但在形式做法上以简单、经济为主，文化和意识形态的影响总体趋淡了。

三、新中国成立后广州建筑发展概况分析

1949年中华人民共和国成立，这是中国历史上一次翻天覆地的转折，社会生活的各个方面发生着革命性的变化，前一时期的大部分政治和经济框架被废弃或者从根本上否定，对于文化和建筑艺术领域而言，创作环境和社会要求一时变得与过去截然不同，这种突变和脱节使得本就不够成熟的中国现代建筑陷入不知所措的境

地当中。而且由于政治上的原因，新中国成立后较长一段时期内中国与国际社会之间的接触几乎完全隔绝，其间受到的外来影响仅限于新中国成立初期接受苏联的援助，经济困难、意识形态上的桎梏和欠缺交流都是令中国建筑同国际主流建筑发展距离日远的原因，因而从1949年到1978年左右中国出现的大部分建筑面貌是模糊的和类似的，真正的变化发生在1978年改革开放后，随着对外交流逐渐频繁、经济的全速发展和社会改革的不断推进，带动建筑业开始走向复兴和多元化发展。回顾新中国成立后的历史，由始至终中国建筑的现代化进程都经历了相当多的波折，至今仍在继续探索之中逐步前进。

　　广州作为中国最重要的城市之一，在新中国成立后的建筑发展中扮演着重要角色，而且在几个历史阶段中，岭南地区的建筑实践都是业界建筑活动的亮点。首先，在新中国成立初期的计划经济时代，毗邻港澳的地缘优势使广州成为重要的对外贸易门户，在此期间商品展览用途的建筑是广州建设项目中最引人注目的类型。1951年广州市政府为恢复受战争影响的商业贸易举办了以内贸为主的"华南土特产展览交流会"，需要为此兴建展览场所，包括林克明在内的多位建筑师共同完成了12栋展览建筑，这些建筑后来被称为"文化公园建筑群"（图2-5）。它们最令人印象深刻的除了建筑师团队合作协同工作的成功经验，更在于各展馆几乎全部采用了自由、清新的现代主义建筑风格[22]，这与新中国成立后政府建筑通常采用的民族式、苏联式或是后来的简省风格明显不同，没有过多对于意识形态的宣扬，而是各自展现出建筑师对建筑设计的个人领悟和积极尝试，设计理念完全不落后于当时的国际潮流。这既反映出早年留学西方各国、设计功底扎实的建筑师们仍然保有的建筑创作热情和才华，也表现了广州地区市政领导在设计管理上的宽容尊重和较强的艺术鉴赏力，这一点对于广州其后的建设活动意义尤为重大。

图2-5　华南土特产展览交流会鸟瞰

（资料来源：《岭南近现代优秀建筑1949—1990》）

1957年春季开始举办的中国出口商品交易会（俗称为"广交会"）是广州城建史上一个重要的活动和推动力量。[23]广交会为广州所带来的影响不仅仅是在封闭年代里对外贸易的机会，还有一系列与之相关的建筑工程项目，促进了广州基础建设的相对繁荣。第一届"广交会"在中苏友好大厦举行，该建筑本是为之前的苏联经济文化建设成就展而修建，由林克明负责设计。与四年前建成的文化公园建筑群不同，中苏友好大厦设计于中国建筑界受到苏联影响最强烈的时期，要求按照苏联模式建设，采用苏联建筑的布局方式，在外形上是"日丹诺夫"风格[24]，但设计师并没有完全照搬苏联建筑的规模和装饰，而是融合中国民族装饰特征，以折中的手法完成了一个经济实用的设计。在此之后，由于交易会规模不断扩大，参会人员不断增多，广交会场馆又经过几次易址和建设，建成场馆包括侨光路陈列馆、起义路陈列馆和流花路展览馆。在新中国成立初期广州城市空间形态发展相对缓慢的状况下，这些场馆的建设和交易会的召开促进了海珠广场和流花湖地区的发展以及城市形态格局的形成，以流花湖为中心，广州火车站、电报电话大厦、邮政大楼、广播电视大学等大型公共建筑相继建成，流花地区成为广州市的对外交通枢纽及对外贸易中心，并形成广州旧城的核心区。

一年两届的广交会为广州带来了大量客商，为满足餐饮和住宿要求广州一直在增建宾馆和酒家，持续时间和建设规模超过国内同时期的其他城市，这构成了20世纪60、70年代广州重大建设项目中的一大部分，例如华侨大厦、羊城宾馆、广州宾馆等都是为此修建，还有一批酒家因设计上带有岭南传统园林的特色而闻名，1957年扩建的北园酒家和其后扩建的泮溪酒家、南园酒家均属此类。这些园林酒家在设计中将岭南私家庭园和公共餐饮结合起来，采用南方通透的建筑式样，配合水池、假山、植物和小径的布置，从建筑形式、装饰、空间、景观各方面体现岭南传统特色。这一尝试的最可贵之处在于其中对具有岭南传统特色和符合地域气候特征的设计方式的探索，实际上夏昌世1952~1957年设计的中山医学院教学楼项目中这种探索已经非常深入，他在设计中结合建筑物理的研究方法，引入多种通风、遮阳、隔热设施，通过对广州地区日照变化的科学研究和几年的建筑实践不断调整、检验形成的"夏氏遮阳"理论是岭南地域性建筑研究的重要成果。[25]与此类似的实例还有由莫伯治、吴威亮设计的山庄旅社[26]，这是一个现代主义风格的作品，隐于山林之中，建筑造型简洁收敛，与地势紧密结合，达到与自然相融合的艺术效果，轻巧灵活的造型反映出岭南的建筑传统。在20世纪50年代至20世纪70年代那个苍白的岁月里，以上这些岭南建筑师结合文化传统和地域气候的建筑实践成为罕见的亮丽色彩，在这些灵活随宜的创作背后有建筑师们一贯坚持实践的设计理念，具有岭南风格的设计理念的成熟为其后白天鹅宾馆、白云宾馆等建筑的产生奠定了基础。

1978年年底中国开始了改革开放，这是历史赋予广州的新的时机，由于国家允许外商投资，20世纪80年代后广交会规模继续扩大，推动了一批高级宾馆的设计和建造，其中最突出的设计是位于沙面的白天鹅宾馆，莫伯治等建筑师在此建筑的功能布局和技术运用上颇多创新，实现了"现代生活、地方特色和生活情趣的有机结合"㉗，成为广州著名的标志性建筑。客观地说，比起中国其他主要地域流派，长期以来由地理优势带来的贸易活动致使发生在以广州为中心的珠三角地区的建设活动比较活跃，自新中国成立后重要的设计实践几乎没有间断，其中很大一部分是商业展馆和宾馆等，随着社会经济的进一步发展，其他建筑类型的建设也日益繁多。在被选定为1987年第六届全运会举办地后，广州兴建了天河体育中心，包括体育场、体育馆和游泳馆各一座，并带动天河区地段从一个荒凉的郊区农地逐渐发展成为广州最繁华的商业中心。20世纪80年代末的另一著名设计是西汉南越王墓博物馆，建筑师莫伯治和何镜堂将两千年前的南越王墓穴作为建筑的一部分安排，独特的思路和得宜的空间布局带给博物馆具历史感的参观体验，同时建筑外形兼顾纪念性和岭南特色，体现了尊重历史人文、尊重环境的设计思想。20世纪90年代后广州建筑的发展与全国类似，在高速的变化和进步中也带着一些无序和混乱，开放化、多元化、国际化的特征越来越明显。

1949年后广州建筑业的发展特点和成果，很大程度源于其在国家经济和对外贸易中的重要地位，这固然与广州的地理位置和商业传统关系密切，但也不应忽视岭南地区传统文化思想的影响。岭南地区地处亚热带，气候湿热，植物茂盛，地理环境和气候特点使建筑形成开敞通透的造型，园林景观缤纷丰富，更重视建筑的实际使用而不过于追求外形的严整宏伟，也许是这种生活习惯和环境决定了岭南传统文化中具有"务实"的特性，也许正好相反，对实用的追求导向了岭南人务实的性格。此外，广州远离中原的朝政中心偏居于南方，长期以来中央政府对此地管制相对松散，使得岭南具有比北方更宽松、灵活的环境，且广州历史上一直是重要的通商口岸，对外贸易活动令此地与西方接触交流较多，受西方文化影响大，思想开放、创新，这些因素共同促成了岭南文化兼容并蓄、敢为天下先的特点。新中国成立后或许因为毗邻港澳，严格的政治意识形态控制对广州社会的影响和干扰相对较小，从新中国成立之初直到改革开放时期，广东的各级领导，如叶剑英、陶铸、朱光、曾生、林西等人均鼓励设计师大胆创作，在设计工作上给予了专业人员较大的自由、尊重和支持，使建筑师可以专注于设计本身，贴近现实生活思考创作。更进一步从思潮上来说，广州建筑中的现代主义传统由来已久，由勤勤大学开始，林克明等前辈在建筑教学中就相当重视工程技术和施工，其后夏昌世、陈伯齐等人曾分别留学于德国和日本，均来自重视工程的教育传统，在他们的推进下华南工学院（后华南理工大学）建筑系教学中形成了重实践、重技术的特色并一直延续，新中国成立后广州建筑实践中优秀的现代主义作品层出不穷，思想根源上或可追溯至此。总之，岭南传统文化的特点可简单归结为开放、务实、兼容、创新，这些特点来自岭南人长久以来的传统和活动，它们影响着岭南建筑师的设计，也推动了岭南建筑特色的形成，在作品中具体表现为：适应自然条件和环境、强调理性和实用、艺术折中手法的运用、适应地域气候的技术做法、简秀的艺术风格等，岭南建筑师所具有的独立的设计思想和宽容的艺术态度也是这种文化传统影响的体现之一。

第三节　岭南近现代建筑师

建筑师在中国作为一种职业形态是近代后由西方人引入的。由于自古以来对待建筑的观念区别，东西方建筑业分工方式并不一样。在西方，重要的建筑物被看作是永恒的、神性的产物，掌握其设计的建筑师因而具有相当崇高的地位，19世纪的巴黎美术学院则将建筑师教育完全列入专门的职业精英教育范畴当中。与西方相比，中国古代建筑体系以木构为技术类型，不追求建筑具有"永恒"的外形而更重视使用，"形而上者谓之道，形而下者谓之器"，在这种道器观念影响下建筑在传统文化中具有的是"器物"的特性，工匠也相应被定位为"形而下者"，社会地位不高，与知识层面有相当大的距离。而且，中国传统建筑业中没有明确的职业分工，工匠们既是制定"样式"的设计者，也是建造实施的工程师，这种情况在建筑师登记执业制度确立之前在中国的城市和乡村中普遍存在，至今仍不罕见。建筑师作为独立体系的出现是中国近代建筑发展中的一个飞跃，他们发挥的作用开始与工匠有本质上的区分，"近代建筑师，作为个人对建筑业的参与，他们贡献的是作为精神层面的艺术思维、主观判断、价值取向等，反映在具体的建筑物上，则是形式、风格等高于物质层面的精神价值"[28]，相较于传统工匠，建筑师对促进建筑风格艺术更替发展的作用更加积极、明显，而且有助于改变中国古代建筑营造基本依据"经验"因而不准确、发展慢的弊端。

中国近代建筑师的出现并非自然发展的结果而是外来文化移植的产物，赖德霖在研究中为清末民初中国人接受西方建筑学归纳了四条途径：一是1875年以后一些学校中陆续开办土木工程专业，二是1905年后中国派遣留学生开始学习建筑工程，三是在外国洋行中通过工作实践学习设计技能[29]，四是洋务运动时期派遣留学生学习军事工程——如19世纪70年代左右福州船政学堂派遣留法学生学习造船、土建等[30]，这是通过留学学习建筑的最早溯源。留学是当时中国接受西方建筑学习的主要途径，19世纪中国派遣留学生以赴欧美为主，在日本明治维新后赴日学习随之兴起，1909~1945年间，通过庚子赔款从清华学校毕业赴美学习建筑的情况最为突出，与此同时还有大量的自费留学，其数量远大于"庚款"资助的学生人数。20世纪初期中国建筑师在海外受教育及归国后在租界内的从业过程处于允许个人主义存在的社会环境之中，由于建筑师的出现，西方建筑文化对中国的影响从早期的形式技术的简单移植转为建筑思想的有序导入，作为"思想"的持有者，建筑师通过个人对建筑活动的投入和完成的作品影响着中国建筑的发展，成为建筑近代化历程中最重要的参与者。

20世纪40年代初留学欧洲的中国学生归国，他们带回了西方现代主义建筑和城市规划思想，美国的建筑教育也在此时逐渐摆脱巴黎美术学院的影响而引入了现代主义[31]，但此时清华学校因留美费用骤增、赔款数目不敷支出而停止派出留学生，中国最有组织的留学活动因而错失了与现代主义最直接接触的机会。同时，20世纪40年代初从欧洲归国的年轻一代建筑师回国后恰逢战争时期，建设项目大量收缩停摆，新的现代主义建筑理论由于缺乏实践机会，没有产生广泛的影响。

随着大批留学生归国，在中国兴办建筑教育的条件已经具备，从20世纪20年代初开始至1937年抗日战争爆发之前，中国已经形成了"既有大学又有专科，既有职业学校又有私人事务所，既有国立的又有私立的，既有中国人兴办的又有外国人开设的多层次、多渠道的建筑办学局面"[32]，并且由此出现了中国自己培养的第二代建筑师。东北大学和中央大学的早期毕业生在战时都已开始独立工作，张镈和张开济是其中的代表，1949年后他们成为中国建筑界的重要人物，但从设计思想和风格看并没有超出老师杨廷宝等第一代建筑师的水准。

1949年政权更替为中国建筑的发展带来突变，建筑师的经历若以之为界也可明显分为两个部分，前半部分处于近代时期，从重要建筑师在1949年前的专业经历来看，有建筑师、建筑史家和大学教授三种类型，以建筑师为最主要。近代建筑师属于"自由职业者"，大多数以独立开业的方式存在，建筑师事务所按照西方模式在外国租界环境内建立。从20世纪40年代开始，第一代建筑师的类型和存在方式开始改变，形成大学教授和建筑师两种主要类型，以大学教授为重，并兼建筑史家或建筑师的身份。1949年后，开业建筑师被改编为政府所属建筑公司或建筑设计院的设计人员，存在方式单一化，其后也有少数建筑师在大学内兼任教职，但不似新中国成立前普遍。

岭南建筑师的出现和发展与上述历史情况基本一致，留学海外学习建筑是早期最重要的途径。目前已知庚子赔款留美时期学习建筑的早期粤籍人士有关颂声、巫振英、梁思成等人[33]，但是若从归国后执业所在地看，关和梁等人均服务于岭北地区，祖籍并不代表他们的真正归属。归国后在广州执业的建筑师中，较早的一批大约在20世纪20年代初期回国，例如杨锡宗。林克明1926年回国，亦属较早期者之一，只是他最初并非自主开业成立事务所，而是供职于政府设计机构，这是当时岭南建筑师执业状况的特殊表现。

郭伟杰认为来自广州的W. H. Chaund是首批得益于庚款资助学习建筑的中国留学生之一[34]，这一说法与以上史料并不完全吻合，但从侧面反映了岭南地区的隐性留学状况——即由于地缘优势等原因，当时岭南留学海外的实际人数可能远大于官方公布的留学生数据，这使得对于岭南近代建筑师的考察要从更广泛的层面上展开。早年留学海外的建筑学生，很多并不是以建筑科为首选，例如林克明原本想学哲学，夏昌世原本学习生物，三年级才改学建筑。[35]建筑在当时尽管是一个新兴的学科，但其科学性和艺术性的方面已经开始为国人所认识，社会对于建筑学的理解和职业认同令其成为众多留学生愿意修学的科目。在大批留学生回国从业后，以1925年吕彦直设计中山纪念堂为标志，岭南的华人建筑师逐渐取代西方建筑师担当起城市规划和建筑设计的主责，以林克明、杨锡宗等人为代表的工务局设计师承担了较多的政府项目，陈荣枝等建筑师则主要从事商业项目的设计。战后岭南建筑师主体构成由战前的留学生群体转变为以国内培养的青年建筑师为主，其中大部分是勤勤大学和中山大学培养的具有专业建筑学背景的毕业生，他们是1952年国有设计院制度改革的人才基础。

受到在中国开展业务的西方建筑师执业方式的影响，近代时期中国建筑师比较自然而常见的一种执业状态是作为自由建筑师承揽业务或开设建筑师事务所。早期的自由建筑师如杨锡宗，1921年设计了嘉南堂东、西楼和南华楼，而曾设计国立中山大学文学院的建筑师郑校之1912年获广东工务司批得执业证书自营（广州）郑校之建筑工程师事务所，这或是最早得到政府承认的建筑事务所。[36]随着20世纪20年代广州市政建设的增加，建筑师的设计任务日益饱满，但由于自民国初期以来建筑管理制度和建筑师执业体系还没有建立，导致在实施中建筑师工作职权的划分和取费标准的定立等较为混乱，这一状况促成了20世纪30年代初的建筑师注册登记执业制度，由此自由建筑师被纳入制度管理中，成为

执业建筑师。1932年广州市工务局颁
布《广州市建筑工程师及工程员取缔
章程》，先后成立过建筑事务所的建筑
师包括林克明、胡德元、过元熙、关
以舟、陈逢荣、谭天宋、陈荣枝、黄
森光、雷佑康、梁仍楷等人，还出现
过新建筑工程司（郑梁、黎宁主持）。
1934年广州土木技师技副登记中共有
126位技师与265位技副获得执业资格，
林克明亦有登记（图2-6）[37]，战后进
行的甲等、乙等建筑师登记，甲等建
筑师由一零零一号至一二一六号，共
209位[38]，第一位登记者是刘登，乙等
建筑师由一零零一号至一二九二号共
62位（号数不连续），林克明当时登
记为甲等一一三一号建筑师，登记地
址为小北越秀路三九四号他自己的住

图2-6　1934年林克明技师开业准证证明
（资料来源：林沛克先生提供）

宅，已非之前租用的下九路他为友人所设计的商铺。其他为人熟知的甲等建筑师
包括：一零零四号杜汝俭（地址：文明路一一七号），一零零六号麦禹喜（地址：
惠爱东路三二二号四楼），一零零八号杨锡宗（地址：文德路三十七号），一零
七一号佘畯南（地址：丰宁路一零五号二楼），一零八四号谭天宋（地址：一德
西路四六八号三楼），一零八一号关颂声（地址：长堤一八三号三楼），一一零四
号陈荣枝（地址：惠新东街一四号四楼）等，乙等建筑师中一零一二号余清江和
一二一八号郑校之也是近代广州著名的建筑师（图2-7、图2-8）。[39]

　　除自由执业外，大批优秀建筑师曾先后供职于公立设计机构，这成为岭南近代
建筑发展中的重要推动力。公立设计机构民国初年已有雏形，1920年岭南推行市县
制改革，广州开始了大规模的市政改良运动，此后工务局在市政建设中扮演了重要
的角色，其下属设计课是公立设计机构，主导城市规划和绝大部分重要的公有建设
项目的设计和绘图工作，招募了一批留学海外的专业建筑师和土木工程师入职，例
如林克明和袁梦鸿、郭振声等人，1933年11月17日，陈荣枝被委任为广州市工务局
第一课课长兼技正[40]，1942年过元熙任主任技正。[41]这批服务于公立机构、极具才华
的设计师中包括伍希侣、杨锡宗、林克明、郑校之、陈荣枝、李炳垣、梁仍楷等人，

他们是岭南近代最为出色的建筑师群体，几乎包揽了诸如中央公园、中山图书馆、市府合署、爱群大酒店、迎宾馆等广州近代最重要、最有影响力的建筑设计，这种状况在宁粤对抗时期尤为突出，一直持续到20世纪30年代广州实行建筑工程师登记执业制度之后，这是广州近代城市建设中较少外地建筑师参与的原因之一。除工务局之外当时还有其他公立设计机构或政府机构的设计职位存在，而且公立设计机构的建筑师以自由建筑师身份参与设计活动的现象也很普遍，如林克明以个人名义参与广州市府合署设计竞赛，陈荣枝、李炳恒在任职工务局期间合作设计爱群大厦等[42]，这反映出当时公立设计机构对建筑师的自由职业者身份基本认可，但正式成立个人事务所则不获允许，1934年林克明因此辞去了工务局公职。

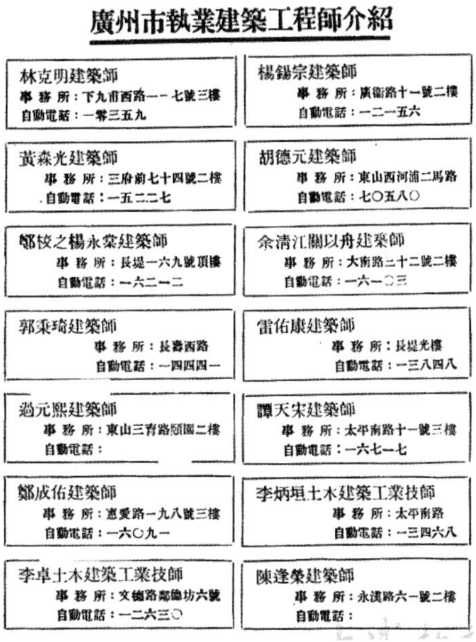

廣州市執業建築工程師介紹

林克明建築師
事務所：下九甫西路一一七號三樓
自動電話：一零三五九

楊錫宗建築師
事務所：廣衛路十一號二樓
自動電話：一二一五六

黃森光建築師
事務所：三府前七十四號二樓
自動電話：一五二二七

胡德元建築師
事務所：東山西河浦二馬路
自動電話：七〇五八〇

鄭校之楊永棠建築師
事務所：長堤一六九號頂樓
自動電話：一六二一二

余清江關以舟建築師
事務所：大南路二十二號二樓
自動電話：一六一〇三

郭秉琦建築師
事務所：長壽西路
自動電話：一四四四一

雷佑康建築師
事務所：長堤光樓
自動電話：一三八四八

過元熙建築師
事務所：東山三育路頤園二樓
自動電話：

譚天宋建築師
事務所：太平南路十一號三樓
自動電話：一六七一七

鄭成佑建築師
事務所：惠愛路一九八號三樓
自動電話：一六〇九一

李炳垣土木建築工業技師
事務所：太平南路
自動電話：一三四六八

李卓土木建築工業技師
事務所：文德路鄰德坊六號
自動電話：一二六三〇

陳逢榮建築師
事務所：永漢路六一號二樓
自動電話：

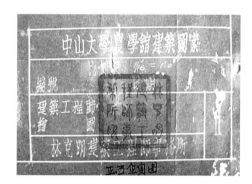

图2-7　广州市执业建筑工程师介绍
（资料来源：《新建筑》1936）

图2-8　林克明建筑工程师事务所印章
（资料来源：华南理工大学档案馆国立中山大学建筑蓝图）

随着近代建筑技术的发展和广泛应用，以及工程报建制度的确立，营造厂和建筑商对于专业设计人员的需求越来越强烈，很多营造厂设立附属设计机构聘请专业建筑工程师来承揽更多业务，而在工务局实行建筑师登记制度后，许多建筑工程师也要挂靠营造厂以维持业务来源，这种互相联系的情况导致了除自由建筑师和公立机构建筑师之外另一种执业形态——营造厂建筑师的大量出现，也从侧面推动了大批普通民用建筑设计水准的提升。

20世纪30年代广东省立勷勤大学的组建和发展是岭南近代建筑发展中一次有着长远意义的事件，有趣的是，很多留学海外学习建筑的学生学成回国后投身于工务局从事政府设计工作，而在勷勤大学组建后，其中一批有留学背景的著名建筑师又担任了教职，包括林克明、胡德元、陈荣枝、过元熙、谭天宋、金泽光、黄玉瑜等人，他们中大部分人没有在战前广州技师技副登记中登记为执业建筑师，但仍开设了个人建筑师或工程师事务所并接受本系学生参加实习，例如林克明、胡德元、过元熙。在教学的同时他们也接揽工程业务，这些拥有教职的职业建筑师是岭南近代建筑史上特殊的建筑师群体，他们对建筑业的贡献不仅限于工程实践还包括建筑教育和建筑理念的传播。战后勤勤大学并入国立中山大学，这种职业建筑师积极参与的教学方式仍在延续，并以林克明、夏昌世、龙庆忠、杜汝俭等人为代表，不同之处在于其中大多数人均在工务局登记成为甲等建筑师。

随着抗日战争和内战等重大历史事件的发生，一些之前活跃于设计界的建筑师命运发生了较大转变，基泰工程司广州事务所1946年向总部的汇报中说："……李炳恒已病故，杨锡宗业已复业，陈荣枝在港，日内正拟回粤，至其他之建筑师均系昔日之营造厂绘图员而已"④，基本反映了当时状况。其时岭南建筑师中一部分如胡德元在抗战后即销声匿迹，行踪不明，一部分如杨锡宗、陈荣枝等人新中国成立后赴香港定居和工作，其后建筑事迹不详，还有如黄玉瑜、虞炳烈、李炳恒等人在战争颠簸中因各种原因去世。林克明1946年回到广州担任中山大学建筑工程系教职，1947年自营林克明建筑师事务所，但设计业务量与战前不可比。新中国成立后，建筑业逐渐走上国有化的道路，一批市立、省立建筑设计院相应成立，建筑师执业环境发生了较大改变。1949年童寯关闭了个人事务所加入到华北建筑工程公司，三年后调至在上海新成立的华东建筑设计研究院，第二代建筑师的代表人物张镈原为基泰工程司的初级合伙人，此时成为北京建筑设计研究院总建筑师，杨廷宝等人则加入了其学院附属的建筑设计单位。林克明新中国成立后继续在广州建筑界活跃，担任市政府技术领导工作，其后加入广州市建筑设计院。建筑的国有化转变形成了这样一个结果，即中国近60个大型建筑设计院几乎每一个都有足够的规模和力量与西方同业者抗衡④，但同时建筑师的执业方式和生存状态趋向统一与单一，建筑设计所受到的官方意识形态的束缚加强，这在一定程度上阻碍了建筑的个性化和多元化发展。

[注释]

① 　林克明. 世纪回顾——林克明回忆录[M]. 广州：广州市政协文史资料委员会编，1995：1.

② 　他经由香港坐长途轮船去法国，历时月余。据说和周恩来同一艘船，但他本人也是直到新中国成立后才知这一巧合，回忆录中未提及。

③ 　恩来. 介绍一篇里昂中法大学海外部之参观记（一）[R]. 益世报，1922-05-01.

④　详见：里昂中法大学（1921~1946年）回顾展［EB/OL］. http://www.bm-lyon.fr/lyonetlachine/vc/linkeming.html

⑤　一说为"里昂建筑学院"，见关于虞炳烈的相关回忆。

⑥　彭长歆. 岭南建筑的近代化历程研究［D］. 广州：华南理工大学博士论文，2002：163.

⑦　彼得·罗，关晟. 承传与交融：探讨中国近代建筑的本质与形式［M］. 北京：中国建筑工业出版社，2004：38.

⑧　李海清. 中国建筑现代转型［M］. 南京：东南大学出版社，2004：232.

⑨　参见：彭长歆. 岭南建筑的近代化历程研究［D］. 广州：华南理工大学博士论文，2002：51. 132~136页有关于这段历史的详细研究。

⑩　彭长歆. 岭南建筑的近代化历程研究［D］. 广州：华南理工大学博士论文，2002：75.

⑪　广州市工程设计委员会简章［M］//谭延闿署. 广州市市政例规章程汇编，1924：38.

⑫　Canton's New Maloos［J］. The Far Eastern Review，1922.

⑬　工务局扩大组织［N］. 广州市政府市政公报，1930（354）：111.

⑭　详见：广州市政府市政公报，1930（354）：111："工务之进行，较前尤为繁重，为措施裕如起见，自非集中人才，变更机制，不足以应现时之需要，闻该局应乘本市改为特别市之后，特拟增设总务课，以资赞襄云"。

⑮　募建孙中山纪念堂之会议纪要［N］. 广州民国日报，1925-03-31.

⑯　悬赏征求建筑孙中山先生纪念堂及纪念碑图案［N］. 广州民国日报，1926-02-23.

⑰　详见：广州市政府市政公报，1930（354）：111：中山纪念堂建筑近讯。"本市中山纪念堂，自前年兴工建筑后，定期三十个月落成，各部分工程，业由建筑管理委员会，督促施工，使宏伟之纪念堂，得以如期落成，而资纪念总理，查该纪念堂建筑工程，异常急进，定期本年四五月，便可完全竣工，建筑经费，亦按月由财厅拨足，至越秀山之纪念碑，自建筑后，亦经加紧施工，刻下全部分皆已工竣，异常宏伟美观云。"实际完工时间更晚至1931年。

⑱　参见：肖自力. 陈济棠［M］. 广州：广东人民出版社，2002：366-405.

⑲　林克明口述，骆钰华整理. 广州市政建设几项重点工程忆述［J］. 广州文史资料?南天岁月，（37）.

⑳　同上。

㉑　同上。

㉒　当建筑群完成时，社会上对其有颇多批评，有人觉得它们形式怪异，是资本主义腐朽思想的体现。但事实上这组建筑表现出很高的设计水平和明快的现代主义风格，至今仍令人赞叹。

㉓　从2007年4月的第101届开始，更名为"中国进出口商品交易会"，成为双向交易平台。

㉔　石安海主编. 岭南近现代优秀建筑1949—1990［M］. 北京：中国建筑工业出版社，2010：15.

㉕　1952年采用建筑南侧露廊遮阳，1953
　　年采用综合式遮阳板（生理生化楼），
　　1954年为双重水平式遮阳板（药物教
　　学楼），1955年结合通风考虑的梭形断
　　面木百叶遮阳板（中山医学院门诊部扩
　　建），1957年为混凝土预制百叶板（工
　　字楼），遮阳板由早期的现场捣制，发
　　展到后来的预制构件和个体综合式的遮
　　阳构件。

㉖　双溪别墅和矿泉客舍也是这一类作品，
　　特点风格与之类似。

㉗　莫伯治．建筑创作的实践与思维［J］.
　　建筑学报，2000（5）.

㉘　彭长歆．岭南建筑的近代化历程研究
　　［D］．广州：华南理工大学博士论文，
　　2002：124.

㉙　1932~1937年在上海租界工部局呈报技
　　副开业的100位建筑师中，有13位出身
　　外国洋行的中国早期建筑师：陈菊泉，
　　沈平洲，施兆光，邱在恩，徐镇藩，何
　　义九如，汪家瑞，凌云洲，王信斋，陆
　　志刚，严有冀，汪敏信，奚轶吾，其中
　　3位出身于汉口的外国洋行。这类技术
　　人员的设计水平处于模仿西式建筑的阶
　　段。详见：沙永杰．西化的历程——中
　　日建筑近代化过程比较研究［M］．上
　　海：上海科学技术出版社，2001：197.

㉚　赖德霖．中国近代建筑史研究［M］．北
　　京：清华大学出版社，2007：128中引
　　《海防档》乙.《福州船厂》（二）.

㉛　1938年为躲避纳粹政权迫害，德国包豪
　　斯学校校长格罗皮乌斯和密斯·凡·德·罗
　　移居美国，分别创办哈佛大学设计研究
　　生院和执掌伊利诺工学院建筑系，奠定

了现代主义建筑教育在美国的主导地位。

㉜　赖德霖．中国近代建筑史研究［M］．北
　　京：清华大学出版社，2007：144.

㉝　赖德霖．中国近代建筑史研究［M］．北
　　京：清华大学出版社，2007.

㉞　郭伟杰．建筑界的蝴蝶——William
　　Chaund关于现代建筑之宣言［M］//赵辰，
　　伍江主编．中国近代建筑学术思想研究．
　　北京：中国建筑工业出版社，2003：9.

㉟　据2012年2月28日访谈蔡德道先生。

㊱　彭长歆．岭南建筑的近代化历程研究
　　［D］．广州：华南理工大学博士论文，
　　2002：155.

㊲　1930年广州建筑工程师登记中未有林克
　　明登记注册的记录，原因不详，但他有
　　1934年技师开业准证，1936年《新建筑》
　　杂志"广州市职业建筑工程师介绍"中
　　第一行即是"林克明建筑师，事务所：
　　下九甫西路——七号三楼"（见图2-7）.

㊳　其中有部分人员有重复，甲等建筑师人
　　数应为200位左右。

㊴　新广州建设概览，33~43页。

㊵　广州市政府委任状［N］．广州市政府市
　　政公报，1933（446）：23.

㊶　广州市工务局1942年4月（民国31年4
　　月）职员表。

㊷　彭长歆．岭南建筑的近代化历程研究
　　［D］．广州：华南理工大学博士论文，
　　2002：156.

㊸　基泰工程司广州事务所致京所函分抄沪
　　所。广州市档案馆，1946年5月。

㊹　中国著名建筑设计院概览出版委员会编．
　　中国著名建筑设计院概览［M］．香港：
　　香港建筑与城市出版社，1995.

第三章
林克明建筑实践历程（1926~1949年）

第一节　政府建筑师时期的建筑创作实践（1926~1933年）

　　林克明的建筑创作生涯，因时势而改变，曾经自主开业，也有任职政府部门的经历，总体而言，依据社会发展和创作环境的变化可分为新中国成立前和新中国成立后两个时期，新中国成立前的建筑创作自1926年由法国学成回国始，其中20世纪30年代是高峰期，设计实践包括工务局政府建筑师和事务所职业建筑师两个不同阶段（图3-1）。

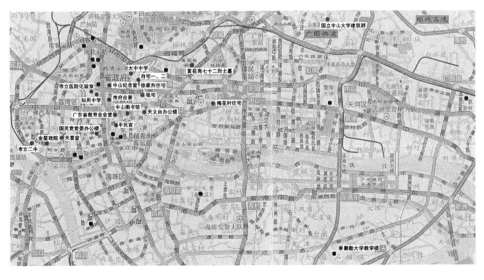

图3-1　林克明新中国成立前主要设计作品分布图

一、留学法国的影响

　　1923年左右林克明入读里昂建筑工程学院，作为学院派建筑教育的大本营——巴黎高等美术学院建筑科的分院，这里也以学院派建筑教育为主流，十分注重美术功底的培养，入读建筑系前要在美术学院进修素描、模型、建筑画等基础课程一年[①]，因此学生普遍具备比较深厚的美术素养和造型能力。尽管关于林克明留学期间的学习情况目前所知不多，但是侯幼彬对另一位前辈建筑师虞炳烈的相关研究可作参照，虞炳烈1923年通过考试进入里昂建筑工程学院，与林克明几乎同年（或略有先后）进校，教学内容应相当接近。虞炳烈留学期间所学建筑设计课的清单中列为"本科建筑设计"的题目有：凡尔赛宫之厅廊，教堂之祈祷处，法院，商会，史前期博物馆，马熊虎狮竞技场，宪兵营，男小学女小学及幼稚园合座，公众拍卖行，山中旅馆，里昂爱奈教堂之研究，里昂市政厅大门之研究，大规模集团住宅，环城铁路车站等14项；列为"高级建筑设计"的题目有：自来水厂及大蓄水池，市政厅，领事馆，天文台，体育馆，农业中心，商业中心，美术中心，江中游泳场，起点车站电钟，意大利式公园及别墅，疗养病院，大学女生宿舍，海军军官俱乐部，公园中之石喷泉，市塔之顶部，大礼堂及交易所，岛中咖啡厅，大学图书馆等19项[②]，设计类型庞杂，专业性强，功能复杂，从中可见对学院派传统建筑设计训练之扎实和严格。从虞炳烈当时的作业图纸中也可看出，建筑形式庄重对称，细节精美，布局严谨，设计功底深厚。与此同时，林克明曾在回忆录中提到，当时的教师中"分成两种学派，一为学院派——专门指导学生按其要求的方法设计，亦步亦趋。另一派则思想较开明，设计方法比较自由，Tony Garnier即属这一派。"[③]这里提到的托尼·戛涅是20世纪著名建筑师和城市规划理论家，出生于里昂，1886~1889年曾先后在里昂和巴黎美术学院就读，可算是"鲍扎"教育体系下的优等生。1897年他的设计在巴黎获得一项"罗马大奖"，有机会去罗马学习四年，四年间他没有按照要求研究古建筑，反而是将大部分时间用来设计自己的理想城市"工业城"，他极具想象力的工业化城市图景尽管有着美妙的未来感和前瞻性，但在当时来看，分明是对强调美术和人文的"鲍扎"传统的离经叛道，可以说，托尼·戛涅虽然出自学院派教育，有深厚的艺术功底——从他的工业城市手绘图即可看出，但他同时也是一个眼光开放、思想深远的人。现代主义建筑大师柯布西耶曾于1915年在巴黎与托尼·戛涅会面，后者对混凝土的运用、关于城市公共空间的构想等给予柯布较大的影响，从柯布西耶后来所做的设计以及"光明城市"理论中都能看到端倪。离开罗马后托尼·戛涅回到里昂，成为里昂市总建筑师和法兰西政府总建筑师，设计了里昂医院、里昂屠场、Gerland体育场等一系列里昂著名建筑物，风格硬朗简洁，多直线条，现代主义风格特征明显，其中他于1925年设计的巴黎艺术装饰与现代工业博览会里昂与圣埃蒂安馆，是法国早期现代主义建筑的经典个案。[④]

　　师从这样一位学院派建筑功底深厚，同时又具敏锐的现代主义触觉、思想开明的导师，林克明本人数次在回忆文章中坦言获益良多。同时，林克明留学法国期间，正是欧洲现代主义实验逐渐进入高潮的时期：19世纪末20世纪初，德意志制造联盟、未来派、风格派、构成主义、表现主义等新艺术流派层出不穷，1919年格罗皮乌斯创立的"包豪斯"开启了工艺美术和建筑革新的大潮。在法国，柯布西耶自1920年起连续在《新精神》杂志上发表倡导建筑改革的文章，这些论文汇集成《走向新建筑》一书于1923年出版，成为宣扬现代主义建筑的最强音。1925年法国"艺术装饰与现代工业国际博览会"上开始流行的装饰艺术风格（Art Deco）令巴黎成为现代艺术的中心和先锋地。以上种种为林克明的现代主义思想启蒙打下了坚实的基础，在他回国后进行建筑创作时，能够迅速表现出成熟的设计手法，能够娴熟地游走于规范严整的古典复兴和简洁自由的现代主义之间，也许和这段学习经历也有不可分割的联系。

　　1926年从里昂建筑工程学院毕业后，林克明在巴黎AGACHE建筑事务所实习了半年，主要从事民用建筑施工图工作，当时事务所正在承担巴黎城市扩建工程，林克明通过这一阶段的实习对城市规划产生了兴趣，尽管在回国后的一段时间内，林克明作为建筑师很少直接参与城市规划的工作，但在某些地标性的建筑设计中，他体现出了对地段、环境和城市的深刻理解，新中国成立后更是直接参与到广州城市发展的规划研究当中。因此，尽管林克明的留学生涯并不十分为研究者所关注，史料较少，但可以肯定的是，留学法国接受学院派教育、受到现代主义思想影响、接触城市规划项目——这些经历为林克明建筑观念的确立打下了全方位的烙印。

二、工务局时期的建筑创作经历

　　1926年暑假林克明回国后，因家庭原因急需稳定的工作，首先在小学同学苏仲明的推荐下前往汕头市任政府工务科科长，其时，汕头市政府工务局刚刚制订通过了"汕头市改造计划"，汕头城市建设进入全面发展时期。林克明的主要工作是参与制订了汕头市街道规划，负责城市道路的扩建工程，并提出了城市发展的初步方案，他主张设立公园，为公共公园（今中山公园）进行选址规划，1928年8月28日公园落成。这一工作经历相对于林克明后来在广州的建筑实践而言并不丰富，但却是他对城市问题的初步思考和首次尝试，表露出他对于城市和建筑的一些基本观点，其一是重视城市环境绿化，其二是对传统建筑文化的关注，这一点可从《汕头市中山公园设计说明书》中看到："年内国内风势所趋，物质建设，崇尚欧美，而尤于营建设园林，不敢脱其窠臼，……固有数千年传来之文明结晶，其奥妙奇特处，有非今日西式之所能企及者，吾跻处于时代，焉可不发扬光大之"⑤，其中流露的民族主义情愫或许是日后进行中国传统复兴建筑设计的先声。

1928年，程天固第二次出任广州市工务局局长，他对工务局人员结构进行了调整，裁减冗员，积极招募有留学经历的建筑师和土木工程师加入，包括林克明、袁梦鸿、郭振声等⑥，林克明的职位为设计课技士。从此，林克明开始了他在广州长达数十年的建筑实践历程，作品分布在广州中心城区的各个位置，成为这座城市历史不可或缺的组成部分之一，其中不乏影响重大之作。从阶段上看，他分别以政府建筑师和执业建筑师的身份开展设计工作，角色的变化在某种程度上影响了设计作品的风格选择。

作为政府建筑师，林克明积极参与了政府倡导的"中国固有式"建筑实践，并几乎从一开始就表现出成熟的个人风格和高超的形式把控能力。1934年林克明辞去工务局职务开设建筑事务所，因此他作为政府建筑师实际上只有6年时间，但是其间完成的几个公共建筑都具有较大影响力。中山图书馆是林克明进入工务局后第一个重要作品，也是对中国传统建筑风格的首次尝试，这个作品虽为传统形式，但从平面布局到立面设计都倾注了设计师在欧洲所形成的建筑观念。

1927年6月，时任代理市政委员长的林云陔提出筹建广州市立中山图书馆，并且"悬额一百万元以五十万元为建筑费，以五十万元为设置费限定四个月为筹款期间"⑦，1927年9月，市政府派出募款专员伍智梅、黄谦益赴美洲募捐，历美利坚、加拿大、古巴、墨西哥四国，共募得款折合毫券30余万元。⑧1928年冬林克明完成了中山图书馆的建筑设计方案，1929年年底工程开始招标⑨，建隆新记投得该项工程并开始施工⑩，后因教忠学校的碑亭拆卸和椿位地点部分在互助医院内的问题，一度工期有所延误⑪，最终定1929年12月10日为开工日期，1930年5月举行奠基典礼，此后工程进展较顺利，在市政公报中对工程详情有记录。⑫同年林云陔市长的年终总结报告中谈到图书馆建设工程"约需费二十万余元，经于十八年底兴工，现计全部工程，已完成十之七八"⑬，"各项工程亦陆续完成，现第一项工程已完竣，第二项工程之上盖瓦面及全部之油垩，刻止赶紧加工，全部落成期间约在二月云"⑭。1932年8月，筹备委员会发觉承造商建隆新记施工进展较慢，"自开工迄今，仅造起全座三合土天面板模"⑮，但若另行招标也烦琐，于是决议由黄参事和林克明每日去工地协同购买材料和指挥工人。历时两年零十个月，1933年10月19日中山图书馆正式开幕，原定建筑费为25万3300余元⑯，后因增加美术工料，增至31万3300余元⑰。建筑"外部采用古宫殿式，内部采用西式，上覆绿瓦，中建八角亭一座，规模壮丽，颇为美观"（图3-2、图3-3）⑱，并邀

图3-2　中山图书馆外观原貌
（资料来源：中山图书馆网站羊城寻旧专栏图片）

图3-3　中山图书馆鸟瞰
（资料来源：《中国著名建筑师林克明》）

请党政军学各界参加开幕礼，此后中山图书馆成为广州市重要的公共设施，时有修葺[19]，其文化功能一直延续至今。[20]

　　图书馆选址在旧广府学宫后空地，府学西街和文德路之间[21]，"北连教忠学校，南接崇圣祠，原日两边围墙均不动，其东西方面，则另建双隅围墙，墙之西，辟门可通府学西街，墙之东，临文德路"。[22]基地内的总平面和建筑布局中轴对称，气象庄严雅致，阅书堂位于建筑布局的正中，三面开设出口，这种布局方式使读者出入更方便，避免拥挤堵塞（图3-4）。[23]中山图书馆建筑为正方形宫殿式，二层砖混、框架结构，高55尺，坐西向东，建筑总体呈正方形布局，边长约41.3m，建筑（含台基）总占地面积约2900m^2[24]，主楼占地面积为1360.6m^2，建筑总面积约3878m^2。[25]主体建筑设置在原高地上，平面为正方形，四角为两层四阿顶角楼，以两层长廊式建筑相连，中部为八角形重檐攒尖顶建筑，二层为钢筋混凝土楼面，中央连廊与四边长廊形成四个大致三角形的天井。作为一个规模不大的公共建筑，中山图书馆平面布局紧凑，围绕着藏书和阅览两个部分组织，区分了中外文图书的不同馆藏和阅览区域，能较好地完成借、阅、还的整个流程。一层平面主要布置中外文图书藏阅处（图3-5）[26]，二层平面的"宽长尺寸，及全部面积大小，适与地下平面图同，其所异者，只布置之情形而已"[27]，布置有中山纪念文库、市政文库、美术陈列室和管理办公室。[28]

　　中山图书馆采取中国传统建筑形式，"气象庄严，规模壮丽，纯然一中国古典宫殿式"，"全座上盖，悉用绿油瓦脊、瓦筒、瓦龙、瓦狗，及上等白泥"[29]，图书馆的天面采用了亭阁式，不是西式的天面，"其桁桷纵横错杂，排列方法，根据乘力大小而支配，外座天面，全用杉桁……如遇天面起弯处，则用双层杉桷造成弯度，全座飞檐部分，所有弯角，悉用山樟木造成……长度大小，则照飞檐深度而

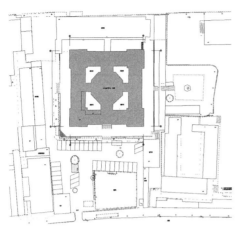

图3-4　中山图书馆总平面图
（资料来源：中山图书馆修复工程测绘图）

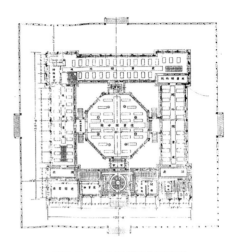

图3-5　中山图书馆首层平面
（资料来源：《广州市立中山图书馆特刊》）

定"（图3-6）。[30]由于建筑外形为传统式样，屋架做法非常重要，需要体现出造型上的特殊要求，"外座瓦面，全用山樟木金字架乘之……四方亭瓦面，亦用山樟木金字架乘之"[31]，从剖面图上看，屋面举折处理得当，三角形支架结构简单有效，但空间上则显浪费（图3-7）。从记录中可知，中山图书馆的批荡施工公司和后期的市府合署、国立中山大学等建筑同为吴翘记营造厂，该营造厂是当时"南中国营造界之权威"[32]，施工极为精良，为建筑增色不少（图3-8）。

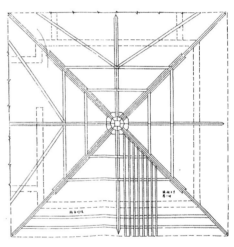

图3-6　中山图书馆天面
（资料来源：《广州市立中山图书馆特刊》）

　　1930年4月，在叔父林直勉的引荐下，林克明受邀担任中山纪念堂工程顾问，负责技术审核和现场监理工作（图3-9），每周两次去工地开会，从开工直到完成参与了整个建设和施工管理过程[33]，这一经历令他有更多机会接触和思索"中国传统建筑形式在新建筑中的运用"[34]，因此在其后的市府合署设计中，"中国固有式"风格更加成熟，并开始对传统形式进行改良的尝试。

　　广州要修建合署的想法由来已久，早在1921年美国建筑师茂飞就完成了一个"中国式"的广州市政中枢的设计，在形式和风格上延续了他在教会大学中发展起

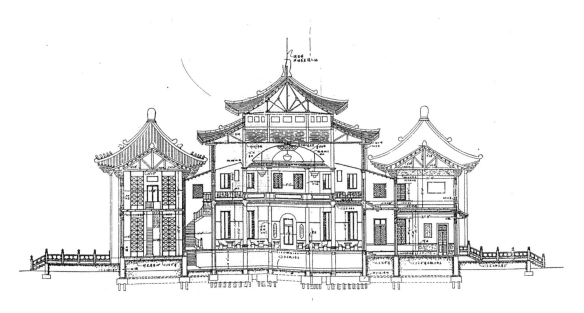

图3-7　中山图书馆剖面
（资料来源：《广州市立中山图书馆特刊》）

图3-8　吴翘记营造广告
（资料来源：新建筑，1946）

图3-9　中山纪念堂建筑管理委员会邀请函
（资料来源：《中国著名建筑师林克明》）

来的中国古典复兴手法，甚至希望将中国传统建筑的院落空间运用到设计中。这一计划1922年由广州市行政委员会决议通过，但之后不久发生陈炯明叛乱事件，市政中枢的建设由于财政原因被搁置。1929年重新开始的市府合署是计划在三年内建设的广州市"十大工程"之压轴作，由工务局局长程天固提议建设，以惠爱中路旧法领事署原址为建筑地点，拟分期建筑，并登报有奖征求设计图案。[35]市府合署的建设不同于一般的公共性建筑，它对城市的运转和发展起到至关重要的作用，这种当时欧美各国流行的将各局各部门集中一处的做法在中国尚不多见，因此工务局局长程天固将之作为先进经验介绍，特别提及其对吏治清明、行政效率和经济的作用。㊱在广州市政府合署征求图案条例中，提出此次系征求建筑第一、二期广州市市政府六局合署及礼堂全座（或分座）图案，以能表现本国美术建筑之观念而气象庄严、性质永久者为宗旨，此外还有几个要求，例如要预留第二期发展用地，预留图书馆建设用地，并保留地段内原有领事署建筑及树木㊲，且条例中的"本国美术建筑之观念"为建筑设计定下了中国古典复兴的基调。市长刘纪文也曾指出："最重要的是符合合署办公的意旨，所以取合座式。其次是要表现东方艺术的精神，所以取中国式"。㊳"中国式"成为广州市府合署的既定样式，这也是国民党政府倡导下的民族主义文化观念的一种体现。当时，"中国固有之形式"是政府主导的公共建筑选定的建筑风格，它的概念在1929年的南京《首都计划》中首次正式提出："要以采用中国固有之形式为最宜，而公署及公共建筑物尤当尽量采用"㊴，"政治区之建筑物，宜尽量采用中国固有之形式，凡古代宫殿之优点，务当一一施用。"《首都计划》令南京诞生了一批中国古典复兴建筑，也使得建筑师在一些需要反映意识形态影响的重要城市公共场所的设计中，通常会选择采用大量传统建筑的语言，中山图书馆如此，市府合署则更有此必要。至截止期10月31日（后11月7日前邮寄到亦属有效），共征得图样11份，应征人为余清江、高大钧、郭日初、陈立洲、周程万、刘既漂/李宗侃、何想、林克明、杨锡宗，另有两份未署名，原定"由市长、工务局长、省厅技士、建设厅技士、市厅技士、工务局技士、城市设计委员会代表、工程学会代表、美术界代表共九人"组成图样评判委员会，评判标准以"实用，经济，美观"为原则。㊵

1929年12月，程天固提请市政会议讨论更改市府合署的选址，改择中央公园后部为署址，改变选址后，一不必收用民地，二可保存绿化，增加公园，第三点最为重要，"地位居全市之至中"，"北枕越秀，南临珠江，东连东山，西控西关，百道交会"㊶，此时建筑的选址被置于城市层面上来考量，相应地建筑本身也对城市公共空间形态产生了影响，这一点本书第六章会专门分析。合署地址改变后，为表公正评委会仍以旧法领署地址及原定六局范围为评判根据，优胜者负责修改图样以适合新地段，1930年年初，广州市市长林云陔、工务局局长程天固、市府评判代表袁梦鸿、工务局代表梁仍楷、城市设计委员会代表李泰初、工程学会代表刘鞠可、美术界代表冯钢百七人组成评判委员会，历时一个月分两次对方案进行评定，最终林克明获得第一名（15分，第二名余清江9分，第三名高大钧6分见图3-10）。林克明的方案发展了在中山图书馆中运用熟练的中国古典复兴的做法，与同时代大

多数建筑师以建筑单体为基础进行风格
转化的做法不同的是，林克明在设计中
表现出对合院平面的重视，不清楚其中
是否有茂飞设想的影子，或许更主要的
是来自两方面的影响：一是留学所在的
法国的"鲍扎"式建筑常用以轴线控制
建筑平面的手法，二是中国建筑的合院
传统，只是和传统中国合院不同（尽管
平面布局和形状相仿），合署并非向内
院开门窗，而是在四面均有显著的对外

图3-10　市府合署设计获奖证明
（资料来源：林沛克先生提供）

入口，朝向城市和街道开窗，因此表现出了和西方城市公共建筑相似的开放性。[42]

　　林克明的设计融合了传统样式及合署精神，采用台座式结构，合署中各局门
户独立，内部纵横交通极为便捷，便于各局之间沟通及与市长直接联系。工程因
资金不足分为三期建设，前座为第一期，中间的大礼堂为第二期，后座为第三
期，每期工需两年，建筑费共约120万元，一期建成（正面前座及两旁之前座），
后续部分因政局变动而搁置，未能按照原方案完成。1930年9月市府合署第一期
工程开标，文化公司59万4000元投得，后因物料上涨，无力完成，改由南生公司
以文化公司价格加价5万元承建，于1931年4月动工，1935年竣工，后两期工程因
资金短缺和政局原因未实施。[43]设计中按照计划保留了公园内原有的古树和古迹，
公园前部亦无更动，"建筑采用中国式，而内容则参以新建筑法，全部建筑，综
合市府各局、各委员会、各职员等办公处及大礼堂等为全府，而各建门户，市府
办公厅在计划前座中央一连五层（外观只得三层），由地面至顶，高一百尺，为
全部建筑最高之处，设升降机一座，以便上落，市长室及其会客室则设顶楼，大
礼堂部居全部之中央，高四十余尺，内部为半月圆形，圆顶能透光，描绘中国图
案画景，四周密设窗户，光线与空气极充足"。[44]合署全座（连同飞檐）均采用钢
筋混凝三合土建造，内部的装饰系由意大利彩式批荡批成传统图案，由吴翘记营
造厂承接工程，圆柱及柱脚则用石刻成图案镶成，内外均极壮丽（图3-11）。[45]
建筑"上下两层，能容千五百人，各局办公处职员较多，且接近市民出入，为利
便计，故计划只三四层，各局均独立门户，内部亦可相通，各设楼梯、厕所、号
房及收发处等，高度由地面至顶五十八英尺，至各局所占面积多少，将视职员人
数而定，合署四面围筑马路，正面为大马路，经花园出惠爱路，右通广卫路，后
达司后街，车马往来，可直达署内各局之正门，合署正面布置大花园，园前部

图3-11　市府合署外观
（资料来源：《图解中国近代建筑史》）

用中国式栏杆，园中设纪念碑及旗台，汽车房及电油储藏室，则设于园之本部，与合署分离，以防发生危险，统计全部建筑，均用钢筋三合土、白石、东莞大青砖及绿油瓦筒建造云"。[46]林克明通过中山纪念堂工程的历练，在合署设计中对传统建筑的某些做法进行了革新，例如屋架材料的改变和对屋顶空间的利用等。

就在筹建市府合署的同时，由于"年来物价日高，人口繁殖，外来人口，亦日益增加。于是地价亦因而高涨，一般贫民对于住之问题，时虞不足"[47]，1929年陈济棠拨款6万元与市政府兴建平民宫，这是当时广州的"十大工程"之一，同时是林克明在工务局期间完成的又一重要作品，但风格则与前不同，是现代手法的初次尝试，这座造价低廉的钢筋混凝土结构建筑第一次向人们展示了"形式上既庄严而又不失平民气象"的摩登形象。

工务局划定大南路高第街前军事厅为建筑平民宫地址（图3-12），规划"宫内设置多数床铺，以广收容，并设最新式之厕所、浴室、图书室、阅报室、半夜学校、游戏运动之器具场所"[48]，因为要求紧迫，设计及施工时间俱短，1929年8月陈济棠拨款，同年年底设计方案完成，1930年3月开投施工工程，最终开源公司取价最低投得，建筑时间约六个月完成[49]。1930年6月平民宫奠基，预计"需款七万一千余元，可容四百余人居住……工程约七月间，当可竣工云云"[50]，1931年8月工程竣工，时值中国国民党第四次全国人民代表大会在广州召开，平民宫用作各代表临时招待所，12月15日，平民宫正式开幕，设正副主任各一人及助理，管理宫内

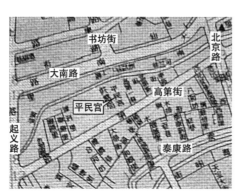

图3-12　平民宫位置示意图

事务（图3-13）。[51]

广州市政府对于平民宫建设相当重视，因为"平民宫之意义，即普通平民住宿所……系供一般普通人民之无能力批屋住，或无钱住客栈者居住，尤其是一般贫苦工人，使之能不费钱而得住宿，同时亦为训练普通人民之自治精神，在广州市此等建筑，尚属创见……

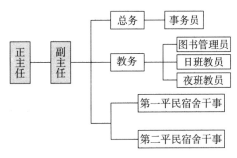

图3-13　平民宫组织结构图
（资料来源：根据1932年《广州指南》相关内容绘制）

政府建立平民宫，使一般平民不费钱而得屋住，亦不过为民生主义中之一部，希望今后市民，协助政府，继续建筑无数之平民宫，使人人有屋住"，"建筑平民宫，不但为中国所无，亦即全世界所未有"。[52]从这里可看出，平民宫的建设不仅是改善市民生活的举措，而且是一个样板和示范工程，同时它也是一种首创，在建筑形式和风格上没有制约，林克明因此没有采用花费大、施工麻烦且形式过于华丽的中国固有式，而设计了一座简洁实用、造价经济的建筑物，来吻合平民宫的性质功用和可复制要求。

平民宫是对市民开放的公共场所，前后开辟花园，内设有公共图书室、公共阅报室、公共膳室、公共浴室、平民结婚礼堂、贸易部和乒乓球室等，后又开设有平民学校，分日夜两班，供贫家子弟就学。[53]建筑风格为简洁的现代式，高三层，局部四层，钢筋混凝土结构。据记载，"查该宫为洋楼式，连地窖共五层，逐层细上，以尾层为最细，约及二层五分之三，预定地窖一层为厨房、饭堂、浴室，二层以上则租于平民居住，取阁极低廉之租价，计共可容五百人，各层楼内皆以木板间隔，楼之外舷四周，装以红毛泥铁枝心栏杆，自来水喉管附设于内，以免另装有碍雅观，内墙批以白灰，间隔木板饰以白油，自地而上，楼梯均作螺旋式，以红毛泥石镶筑而成，梯之栏杆则改装铁枝，作各种花式，一切务求美观、庄伟"[54]，广州市设计院副总工程师蔡德道先生曾现场记录过此建筑如下："立面下虚（开敞）上实（封闭），首层略增高。为柱廊、外墙后退有玻璃门，柱细长，顶有小梁托，似中国传统雀替、栏杆图案有中国传统特色。二、三层为不宽的玻璃窗与大面积墙面成虚实对比；四层三开间，窗加宽，两侧有飘檐，平天台用钢管栏杆。中轴突出，首层为实体门廊，与两侧柱廊有别，上有露台、招牌、钢管栏杆；三层为玻璃门及弧形阳台，立面未见虚饰"（图3-14）。[55]蔡先生记录的是平民宫之一个立面，另一立面从现存图片中可见，形式简洁，开设三个拱门，据程天固回忆录所记述是取"三民主义"之意，两边开竖向窗，呈斜向上升排列，除此外并无额外装饰，设计功力完全体现在虚实对比、比例控制和

图3-14　平民宫正立面
（资料来源：Edward Bing-shuey Lee.Modern Canton）

图3-15　平民宫背立面
（资料来源：《广州指南》，1932年）

开窗变化上（图3-15）。建筑整体造型简单，但比例合宜，风格平实，"外观轻快可喜"⑤⑥，是广州"摩登式"建筑风格佳作，也是最早的新建筑作品，可以说，林克明以实物将新风格带到了广州。

尽管在政府推行民族形式的大趋势下，林克明在工务局工作期间有影响力的作品多为"中国固有式"，但作为一个接受了西方先进建筑教育并接触过国际上流行的现代思潮的建筑师，林克明一直保持着对现代主义建筑风格的关注和呼应，继平民宫后，在勷勤大学石榴岗校区规划设计中，他又一次展现了这种趋势。

广东省立勷勤大学筹建于1931年，原本择定蟠龙冈螺冈石壁及附近的田地作为建校地址，陈荣枝进行了校园规划和建筑设计，但是并没有付诸实施，其后校址改在河南石榴岗，由林克明对校园的规划设计进行了修改，于是有了我们现在所知的两份总平面图。

比较两份总平面图，二者规划思想的差异显而易见（图3-16）。未实施的那一份，采用的是巴洛克式的古典构图，主要建筑对称排布，轴线突出，道路呈几何布局，严谨规整，形式感强，是典型的西方古典主义风格。而第二份总平面图，也就是勷勤大学最终实施建成的那一份图纸，采用了完全不同于之前的规划构图，建筑依据地势自由布局，完全适应地形环境，体现了明显的现代主义风格。为何做出这种修改？除了可见的地形变化之外，林克明没有留下相关的文字说明，只能判断他最终倾向了一种更加摩登的风格而不是古典主义风格。这种变化与他在留学期间接触现代建筑的经历有关，也与当时建筑界思想潮流的变化有关。⑤⑦

除规划校园总平面外，林克明还设计了勷大工学院、教育学院、第一及第二宿舍，以及未实施的工学院化学实验室和商学院教学楼等，在建筑风格上无一例外地采用了实用经济的现代式（图3-17、图3-18），他在勷勤大学的建筑设计"均以实用经济为原则，故不取华丽之装饰，只求工料之坚实及适合应用"⑤⑧，力求符合现代主义

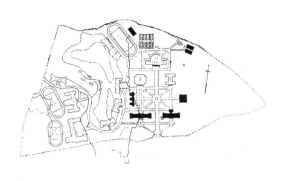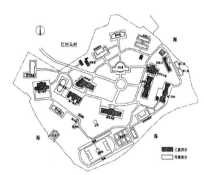

图3-16 广东省立勤勤大学总平面图（未实施/实施）
（资料来源：《中国著名建筑师林克明》）

图3-17 勤勤大学工学院外观	图3-18 勤勤大学学生宿舍外观
（资料来源：《广东省立勤勤大学概览》，1937年）	（资料来源：《广东省立勤勤大学概览》，1937年）

的功能性原则，不作多余装饰，建筑造型均为简洁的平屋顶和横向带形长窗。

更加值得一提的是，林克明自省立工专时期始即在建筑工程系任教，后来甚至辞去工务局的工作以专心教职，因此他在勤勤大学的设计必然不仅止于营建房屋，其中还有更多深意。作为日常生活的场所，建筑本身带有文化属性，它会在朝夕相见间潜移默化地影响生活于其中的人的思想观念，因此林克明选择刚开始流行的现代风格来设计校园建筑，应是希望能对学生起到一定的示范和指引作用，这一点，从后来勤勤大学工学院建筑教育表现出的强烈的现代性中也能得到印证。

在这一时期，广州市立二中教学楼是另一个值得关注的项目，尽管它规模不大，但却是林克明设计作品中比较罕见的纯正西洋古典风格。1930年由于学生日益增多且西关地理位置较偏，学校较少，广州市政府决定增设市立二中一所，选址在黄沙连庆新街附近，由工务局完成设计，1931年开始施工，1932年完工。[59] 这个建筑"楼高三层，分课室十五间，其余礼堂、图书馆、成绩陈列室、办事室等一概俱全……所有柱阵楼面，均用士敏三合土建造"[60]，设计中林克明运用了自己在法国留学受教的古典学院派设计技巧，建筑有两个侧翼呈"凹"字形，上盖坡顶（现已拆除），立面为三段式构图，中段下部有拱券，上为巴洛克式爱奥尼双柱，冠盖着山花，门窗比较简洁。现在市立二中变更成为广州市第一中学，教学楼经过一些改造和装修，大体风貌犹存（图3-19），总体而言，建筑的西洋古典风格比较明显，但细部有概括和简化。

图3-19　市立二中教学楼现状外观

黄花岗七十二烈士墓是林克明在工务局后期的一个重要作品，他参与了整体规划和牌楼设计。黄花岗七十二烈士墓的主体建筑包括合葬墓和记功坊，1917~1926年设计，建筑师不详。这两个构筑物在形式上带有明显的仿美式纪念物的痕迹，如钟形亭盖和方尖碑类似美国费城的"自由钟"和华盛顿纪念碑，而墓顶的雕像则极其类似于自由女神像（图3-20）[61]，这种形式的选择明显体现出从造型母题上表现美国式自由民主精神的意识倾向。后由于七十二烈士墓日久失修，1932年中国国民党委员会委托建筑师杨锡宗和林克明作为工程顾问，负责规划和设计。新建的黄花岗七十二烈士牌楼整体造型稳重庄严，比例协调，反映出建筑师深厚的古典建筑造型功底，或许是为了与墓园主体建筑的风格更加协调，形式上没有采用传统的中式牌坊，而是选择了简洁的新古典主义风格（图3-21）。与林克明不同的是，不独此处，合作者杨锡宗的其他作品中也普遍带有比较明显的西洋古典风格。

图3-20　黄花岗七十二烈士墓主体建筑
（资料来源：《良友画报》，1926年）

图3-21　黄花岗七十二烈士墓门楼
（资料来源：《中国著名建筑师林克明》）

1934年9月，林克明以"专任勤大教授"为由向工务局请辞[62]，后成立自己的建筑事务所。据统计，从1926年回国直至离开工务局，林克明以政府建筑师的身份参与和完成作品16项，其中14项在广州（表3-1）。因限于政府建筑师的身份，这一期间的作品在风格上以中国传统复兴为主，但也不乏广州最早的摩登建筑的实践，作品数量上虽不及他开业后完成的项目，但影响力和重要性更胜一筹，在数年间即确立了自己"中国固有式"设计的成熟风格和对摩登建筑的开拓性实践。

林克明汕头市政府工务科和广州市工务局工作期间作品一览表　　　表3-1

项目名称	设计时间	地点	风格	职务	备注
汕头市政府工务科时期（及之前）					
天喜堂商店	1926年	广州市下九路117号	传统式	设计	回国后第一个设计。5间铺位5层的商住楼，现址为荔湾广场
汕头市公园规划	1926~1927年	汕头市	—	参与设计与选址	今中山公园
汕头街区规划	1926~1928年	汕头市	—	参与设计	调研后认为当时沿街退缩的方式不可取
广州市工务局时期					
中山图书馆	1928年	广州市文德路	中国固有式	设计	原广府学宫旧址
中山纪念堂	1927年	广州市东风中路	中国固有式	技术审核及施工监理	设计者为吕彦直
广州市府合署	1929年	广州市越秀区府前路	中国固有式	设计	设计竞赛第一名今市府大楼
平民宫	1929年	大南路高第街旧军事厅	摩登式	设计	尚存，面貌改动较大
天文台办公楼	1930年	广州市	摩登式	设计	
市立二中教学楼	1930年	广州市黄沙大道54号	西洋古典	设计	今广州市第一中学。现广州二中则是原市立一中，校址互换

续表

项目名称	设计时间	地点	风格	职务	备注
市立医院化验室	1932年	广州市盘福路1号	不详	设计	已拆。1952年市立医院与方便医院合并为今广州市第一人民医院
唐拾义商店之一	1932年	广州市下九路	不详	设计	
黄花岗七十二烈士墓规划	1932年	广州市先烈中路黄花岗	—	参与设计	
黄花岗七十二烈士墓牌楼	1932年	广州市先烈中路黄花岗	新古典	参与设计	
勤勤大学工学院教学楼	1933年	广州市海珠区石榴岗	摩登式	设计	此外，还设计了校园总体规划。现为军事禁区
勤勤大学师范学院教学楼	1933年	广州市海珠区石榴岗	摩登式	设计	
勤勤大学第一第二宿舍	1933年	广州市海珠区石榴岗	摩登式	设计	

资料来源：作者根据《中国著名建筑师林克明》、《世纪回顾——林克明回忆录》、《林克明年表及林克明文献目录》、《林克明早年建筑活动纪事（1920—1938）》以及实地调研整理绘制。

第二节　林克明建筑工程师事务所的设计实践（1933~1947年）

1933年林克明成立了以自己名字命名的事务所对外承接设计工程，后因工务局不允许在职工程师成立事务所，以及勤勤大学教学工作繁重，林克明在1934年辞去工职，开始了以事务所开业建筑师身份进行建筑创作的新阶段。林克明事务所的工程量一直比较饱满，从成立直到抗战爆发前是高峰期，抗战爆发后林克明避走越南，回国后至新中国成立前由于时局不稳，完成项目较少。

1930年广州建筑工程师登记中未有林克明注册的记录，但他在1934年土木技师技副登记中登记注册为第60号。此外，1936年12月《新建筑》杂志第2期"广州市职业建筑工程师介绍"中，第一行即是"林克明建筑师，事务所：下九甫西路

——七号三楼"[63]，由地址推断此为林克明1926年回国后为友人设计的天喜堂商店，他后来长期租用作为自己的事务所。开设事务所期间是林克明建筑生涯的又一高峰，虽然不似工务局时期可以接触当时最重要的公共项目，但无论工程数量还是风格把控上都出现了新的提升，其中也不乏国立中山大学这样影响深远的作品。

一、国立中山大学建筑设计

国立中山大学为岭南著名大学，前身为成立于1924年的国立广东大学[64]，为纪念孙中山先生，在他逝世后改为现名。1936年教育部又将国立广东法学院及广东省立勤勤大学教育学院和工学院分别归并入中山大学相应学院，规模更为扩大。学校原位于广州市文明路前清贡院旧址，根据孙先生的愿望，以及校长邹鲁一贯将大学迁离市中心的建校主张[65]，1933年在市郊石牌创建新校舍，可惜未能全部完成抗战即爆发。1938年10月广州沦陷，中大内迁，一路历经艰辛，图书、仪器等大多散失，至抗战结束后迁回石牌新校内，文明路旧校舍作为附设中学之用，石牌校舍虽曾为日军占用，但建筑物无恙。学校共设7个学院，每个学院有大厦一栋，内包括全部教室、礼堂、办公厅、会议室、图书馆和研究室等。[66]

国立中大石牌新校址位于五山地区，"以地积言合市制尺九千五百亩"，最初计划建设"分三期，每期二年，限六年完成。合计费需两千零一十九万元"。[67]新校址本在1924年已基本择定，但一直未实行，后筹集到建筑资金于1933年3月兴工建筑，到1934年9月，已完工"总理铜像一座，农学院之农学馆一座，简易蚕室调桑室及附属房舍数座，稻作场办公室及附属房舍数座，理学院之化学教室一座，工学院之电气工程、机械工程教室共一座，土木工程教室一座，男宿舍六座，女宿舍一座，膳堂两座"[68]，全校通车公路70余里。1934年复工继续建设"大门石牌坊一座，文学院全座，法学院全座，农学院之农林化学馆一座，园艺温室一座，农场总务股办事处一座，森林股办事处一座，农场贮藏室一座，蚕学馆一座，乳牛房一座，理学院之数学天文物理教室共一座，生物地质地理教室共一座，工学院之化学工程教室一座，工厂数座，宿舍数座"[69]，预计竣工为1935年7月，礼堂、图书馆、博物馆、天文台、体育馆、总办公厅、农学院之林学馆、农林植物研究所、蚕种冷藏库、职教员宿舍等则计划1935年开始建筑，最终这些建筑物大部分建成，少数未实施。

在邹校长的计划中，学校的各个学院自成一区（图3-22），"分途发展，而不相仿焉"，从整体形势而言，"白云山环其侧，珠江绕其前，校内岗峦起伏，池沼荡漾，分划区段"[70]，同时以我国各省份以及省内的山川湖泊的名字命名校园内的各区和山

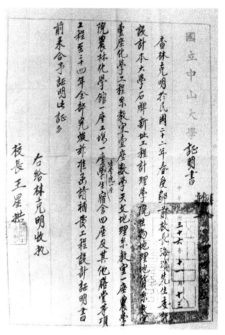

图3-22　国立中山大学校舍全图　　　　图3-23　林克明为中山大学设计校舍证明
（资料来源：广州市档案馆）　　　　　　（资料来源：林沛克先生提供）

冈池沼，用意是希望入校者能生爱国之心，负兴国之责。"全校建筑物之位置，礼堂居中，左为文学院，右为法学院，礼堂正北为农学院，其东南为理学院，西南为工学院，礼堂之南则总理铜像巍然在目。像东为图书馆，西为博物院，礼堂东南高峰为天文台，其西南则为大门，门之左为稻作场，礼堂之西北隅，湖光潋滟，湖之东为女生宿舍，湖之西南为蚕学馆调桑室，男生宿舍则居礼堂东北隅。据数平冈，错若置基，教职员宿舍则攒踞图书馆东南隅，运动场、游泳场则散居各处"。[71]

　　新校舍的总体规划和第一期工程由建筑师杨锡宗设计，他采用了仿宫殿式的民族风格，共完成农学院教学大楼一座，工学院教学大楼两座，门楼一座以及学生宿舍等。[72]因为造价过高，第二期工程邹鲁委托林克明设计（图3-23），从1933年到1935年，林克明完成了农学院教学楼、理学院教学楼、法学院教学楼以及学生宿舍、膳堂、教职员宿舍等若干座（表3-2）[73]，建筑以红墙绿瓦为基调，在形式上与杨锡宗的设计相协调，也是中国传统风格，但发展了他在市府合署中的经验，对形式和结构做法进行了革新，使建筑施工更为经济、易行，第二期工程的总投资为毫券200万元。国立中山大学石牌校区建筑群是林克明自主开业后的第一个重要项目，也令人再一次看到他在"中国固有式"建筑设计中的技巧，简化的装饰手法、合理经济的结构、协调大气的造型均表现出他对这种样式的掌握已经达到相当成熟的高度（图3-24~图3-26）。

林克明国立中山大学石牌校区设计项目一览表　　　　表3-2

序号	原名	现名	地点	立约时间	承建商	备注
1	农学院农林化学馆	华南农业大学第2号楼	今华南农业大学工程学院	1934年10月19日	锡源公司	1938年曾被日军炸弹击中，屋顶被毁。西侧有卷棚顶小屋一座，造价含温室及农林产制造工场
2	理学院物理数学天文教室	华南农业大学第4号楼	今华南农业大学生物系	1934年10月19日	合泰公司	
3	理学院生物地质地理教室	华南农业大学第5号楼	今华南农业大学资源环境学院	1934年10月19日	兴兴公司	
4	农林产制造工场	广东汽车维修工考试中心	今华南农业大学工程学院	1934年10月19日	锡源公司	造价见农林化学馆，现闲置
5	法学院	华南理工大学12号楼	位于华南理工大学西山东路	1933年10月10日，1935年竣工	合泰公司	用以纪念海外同胞同志捐资建校
6	理学院化学教室	华南理工大学6号楼	今华南理工大学建筑学院	1933年3月1日，1934年10月竣工	合泰公司	设计者有争议，一说为林克明，一说为杨锡宗
7	理学院化学工程教室	华南理工大学7号楼	今华南理工大学建筑学院	1933年3月1日，1934年10月竣工	宏益公司	
8	化学馆煤气机房	—	已不存在，具体位置未明	—	—	
9	温室	—	已不存在，原址在华南农业大学广东省汽车维修工考试中心西南	—	—	
10	稻作场堆肥室	—	已不存在，原址在农科院内			

序号	原名	现名	地点	立约时间	承建商	备注
11	乙种教职员住宅	—	位于华南理工大学松花江路13号	1936年5月20日	锡源公司	现作为教职工住宅
12	乙种教职员住宅	—	位于华南理工大学松花江路17号	1936年5月20日	锡源公司	现作为教职工住宅
13	乙种教职员住宅	—	位于华南理工大学辽河路26号	1936年5月20日	锡源公司	现作为教职工住宅
14	乙种教职员住宅（4座）	—	已不存在，原址在今华南理工大学凤凰新村	1936年5月20日	锡源公司	
15	男生第六宿舍（第六宿舍）	华南农业大学学生第一宿舍	—	1934年5月19日	锡源公司	胡文虎、胡文豹先生捐毫洋5万元建筑，故又名"虎豹宿舍"
16	男生第七宿舍（第七宿舍）	华南农业大学学生第二宿舍	—	1934年5月19日	锡源公司	
17	男生第八宿舍（第八宿舍）	华南农业大学学生第三宿舍	—	1934年5月19日	锡源公司	
18	男生第九宿舍（第九宿舍）	华南农业大学学生第四宿舍	—	1935年4月15日	兴兴公司	
19	甲组膳堂	—	已不存在，原址在华南理工大学东12宿舍东面	—	—	
20	乙组膳堂	华南农业大学香园咖啡馆	今华南农业大学第一至第四宿舍北	1934年	锡源公司	已被改造及加建
21	丙组膳堂	华南理工大学医院门诊楼（底层）	位于今华南理工大学五台山路	—	—	屋顶已拆除，加建二层、三层，内外皆已改造
22	启新亭	启新亭	位于华南理工大学西南区十三栋西侧	1935年	—	2002年重修，现亭内地面较原状加高约0.4m

续表

序号	原名	现名	地点	立约时间	承建商	备注
23	农学院教学楼	拟建于农学馆和农林化学馆北面	未实施	—	—	

资料来源：华南理工大学档案馆、华南农业大学档案馆及实地调研。

图3-24　国立中大全貌　　　　图3-25　启新亭　　　图3-26　理学院生物地质地理教室
（资料来源：广州市档案馆）　（资料来源：华南理工　（资料来源：《华南农业大学百年图史
　　　　　　　　　　　　　　大学档案馆）　　　　　　　　1909—2009》）

二、事务所其他作品

在国立中大的"中国固有式"设计后，自1933年起林克明完成了一系列高级住宅项目，地址位于广州市梅花村，起因是为堂哥林直勉在新开发的住宅区设计私宅。这座建筑位于陈济棠公馆东侧，1991年建住宅楼时已被拆除，原貌不详，只知道是现代式样的，其后他又在梅花村为李扬敬、蒋光鼐、刘纪文和黄居素设计了住宅，显然之前的现代式设计受到欢迎。1934年，林克明在广州其他地方为卢德等人设计了住宅，可惜具体式样均不详。同时自1934年起，林克明完成了6座影剧院设计，这在当时属于科技含量比较高的建筑类型，不仅要考虑放映要求和观众观演的需要，还要规划进退场和疏散交通，其中他设计的金声电影院是当年广州最佳电影院之一，观众厅室内设计雅致。这些建筑在新中国成立后广州的城市建设大潮中多数已拆除，仅剩金星电影院拆除后剩余沿街立面（图3-27），以及教育南路原广东省教育会会堂，但原貌已改。从现存建筑和老图片中可见，建筑物风格多为摩登式或装饰艺术风格，简洁，线条挺拔，表现出当时的建筑新风尚（图3-28）。

1935年林克明在越秀北路394号买下一块地皮盖自宅，幸运的是这个建筑至今仍存，室内有较大改动但外观基本维持原貌，令我们可以清楚窥见林克明的现代

图3-27　金星戏院现状外观

图3-28　大德戏院外观

（资料来源：《中国著名建筑师林克明》）

图3-29　越秀北路394号住宅外观

（资料来源：《中国著名建筑师林克明》）

图3-31　越秀北路394号住宅室内楼梯

图3-30　越秀北路394号住宅入口

主义创作锋芒（图3-29、图3-30）。基地有明显高差，建筑物依地势而起，造型稳重，外观为简洁的平屋顶，有跌落平台和弧形阳台，设钢管栏杆，现代感很强。开窗不太大，窗户尺度与位置根据平面功能确定，没有带形窗，但转角窗的大量使用，使建筑造型显得轻盈、时尚。各窗装有规则曲线形金属窗格，窗框无线脚装饰，只在窗台处出挑一匹砖。立面形象简练，无额外装饰，造型变化主要通过弧形和方形的体量对比以及材质色彩的区别来显现，大部分墙面为拉毛粉刷，质感粗糙，与门口处的少量清水红砖墙形成对比，阳台弧形屋檐处有横向线条，阳台本身出挑较多，隐梁式设计，更显现代简洁之风，阳台下的开敞式车库现已改为临街商铺。室内部分楼梯保持较好，木制三段式，造型流畅，栏杆有简洁的几何线条装饰（图3-31），其他部分则已重新分隔，改为不同功能，难见原貌。幸得蔡德道先生曾根据去林宅参观的记忆和现场状况推断绘制过建筑平面，他记录下的平面布局如下："（一）……正面却无门，右侧却有两门，前门待客，后门自家人用，互不干扰，各得其所。（二）门厅、客厅与餐厅同在一大空间中，因平面形状有变化，而自成"角落"，这是当年欧洲已采用多年的做法，将类同相关的空间同纳，显得宽敞开阔而有流动感。（三）首层有两个封闭空间，一是林克明的书房，摆放回国时所带的书籍、资料，因兼任教职，需在家中备课，另一是夫人林焕仪（教师）在家备课、改作业及练习钢琴。（四）平台及阳台。半地下室厨房外有服务平台，因当年尚无家用电器，大量家务劳动（如洗衣、晾衣等）都要在户外做，二层主卧室外有半圆弧形飘阳台，后面的居室外有休息平台，可俯视东濠涌，通过螺旋形钢铁扶梯可上平天台。（五）平面形状是简单矩形，但有变化。正面有小钢管柱支承带半圆形飘阳台的主卧室（下为敞开的小汽车库），正面右侧卧室飘出1M，使增至合理深度，使首层正面清水砖墙形成阴影。右侧卧室错开，都能开转角窗，以纳入来自正南面的凉风"（图3-32）。[74]从记录中可见该建筑平面布局依功能而定，空间流动通透，具典型的现代主义风格，是一个非常优秀的现代建筑作品，反映出林克明高超的设计造诣和先锋的设计思想（图3-33~图3-36）。

1935年林克明在省府合署设计竞赛中中标，这又是一个"中国固有式"的设计，但限于时局最终没有实施。同年，他做了几所中学教学楼的设计，知用中学和市立女子中学均为现代式（图3-37），至今仍存，但市立女中现为军事区，难以见到实物。大中中学（今广州市第17中学）教学楼为较典型的装饰艺术风格，外表为红色黏土砖（现改为面砖）和米色粉刷，装饰有简练的竖向线条和阶梯状几何体块，形体简单但比例和尺度控制较好（图3-38、图3-39）。抗战爆发前林克明还为邹爱孚设计了两座住宅，具体情况不详。

抗战爆发后，各项建设事业停顿，林克明也受到影响辗转颠簸，1937年后的约10年间，林克明没有进行建筑创作。1946年林克明重返广州，登记成为广州市甲等建筑师自营林克明建筑师事务所直至新中国成立。1947年，他在广州市和平

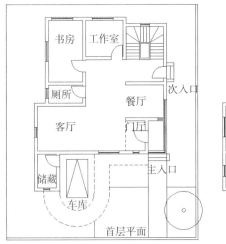

图3-32　越秀北路394号住宅平面图
（资料来源：实测绘制）

图3-33　越秀北路394号住宅阳台细节　　　　图3-34　越秀北路394号住宅转角窗细节

图3-35　越秀北路394号住宅平台　　　　图3-36　越秀北路394号室内
（资料来源：林沛克先生提供）　　　　（资料来源：林沛克先生提供）

图3-37　知用中学教学楼外观

（资料来源：林沛克先生提供）

图3-38　大中中学教学楼现状外观

图3-39　大中中学教学楼入口

岗设计了平房式的唐太平医院，并为一个巴西华侨学生徐家烈家设计了住宅[75]，位于越秀北路243号，然后以所获设计费500美元在越秀北路400号以前购买的地块处兴建一座平房居住。这两座住宅现在都已不存，但蔡德道先生曾回忆并绘制越秀北路243号徐宅的平立面图，根据图纸和他的记录，这是一栋非常具有现代风格的住宅，场地条件比394号林克明自宅要好，面宽22m，纵深30m，呈前宽后窄的钝角三角形，建筑"高三层（因首层为支柱层升起，实为四层），早年林宅只有小支柱层作停放小汽车用，而徐宅的首层是大部分升起，只有门厅、楼梯间及小工作室为实体，只见10根不大的圆柱，使整个庭院一望到底，值得提及的是后排柱中跨加大

图3-40　越秀北路243号徐宅外观
（资料来源：《南方建筑》，2010年第3期）

图3-41　越秀北路243号徐宅后部外观
（资料来源：林沛克先生提供）

一倍，使更见宽敞……首层（即二层）客厅是两面相通，视野及穿堂风均好，南面
为深近4m与客厅同宽的大平台，以大面积玻璃分隔，三个卧室均有两面开窗，穿
堂风良好，餐厅外墙为半圆形大面积玻璃窗……各层平面不同，逐层缩小，形成两
层平台与深远的庭院相呼应，两层平台上均有花架，作地面绿化的延伸"。[76]和394
号自宅一样，这栋建筑也使用了转角窗、弧形窗、钢管栏杆、跌落平台和大面积墙
面材质对比等手法，但建筑造型更加丰富多变，首层架空更加彻底，与柯布西耶体
现于萨伏伊别墅中的"新建筑五点"原则吻合，上部形体则凹凸错落有致，平台上
的钢筋混凝土花架更增添了空间层次。尽管除了墙面上的方格线外整个建筑无太多
装饰，但形体组合丰富，比例控制合宜，体现出较强的设计感和现代感（图3-40、
图3-41）。

　　1947年设计的豪贤路48号张宗谔住宅[77]，是有记录的林克明事务所新中国成立
前最后一个作品，该建筑目前仍存，但荒废较久，状况不太好。建筑形式风格与
越秀北路394号接近，只是整体更加简单、粗糙一些。建筑的突出特点是弧形外墙
和弧形大窗，与平行的阳台形成了形状
与虚实上的对比。立面上仍然采用了拉
毛粉刷和砖墙两种材料，但可看出细节
不如394号和徐宅那么丰富，比如现代
味道浓厚的转角窗和钢管栏杆都没有采
用，虽同为现代风格的作品，但外观相
对显得刻板、传统（图3-42）。

　　根据资料统计，林克明在成立事务
所直至新中国成立前这段时期内，作为

图3-42　豪贤路48号张宗谔住宅现状外观

开业建筑师完成作品，约有42项之多（部分小作品未计入内），其中1933年至1937年抗战爆发前是高峰期，有30多项作品，风格上既有革新后的"中国固有式"，也有更为成熟的现代设计（表3-3）。林克明的作品体现出对两种不同风格的熟练运用——既是"中国固有式"建筑的旗手，也是岭南摩登建筑的开拓者，他在两者之间得心应手地转换，一方面反映出扎实的设计功底，另一方面也体现了岭南人务实、灵活的特点。

此外，在这一时期，林克明的一个重要工作和贡献是创办了广东省立勤勤大学建筑工程学系，以及在中山大学建筑工程系担任教职。关于他对岭南近代建筑教育所作的贡献，下一节将专门论述分析，此处暂且不表。

林克明建筑工程师事务所期间主要作品一览表　　　　表3-3

序号	项目名称	设计时间	地点	风格	备注
			抗战前		
1	国立中大农学院教学楼	1933年	广州市石牌	中国固有式	未实施。还有部分小建筑此处未列，详见表3-2
2	国立中大农学院农林化学馆	1934年	广州市石牌	中国固有式	今华南农业大学工程学院2号楼，工程学院
3	国立中大理学院化学教室	1933年	广州市石牌	中国固有式	今华南理工大学建筑红楼6号楼。一说非林克明作品，因图纸不存，难证实
4	国立中大理学院生物地质地理教室	1934年	广州市石牌	中国固有式	今华南农业大学5号楼，环境资源学院
5	国立中大理学院物理数学天文教室	1934年	广州市石牌	中国固有式	今华南农业大学生物系4号楼，生物系
6	国立中大理学院化学工程教室	1933年	广州市石牌	中国固有式	今华南理工大学7号楼
7	国立中大法学院教学楼	1933年	广州市石牌	中国固有式	今华南理工大学12号楼

续表

序号	项目名称	设计时间	地点	风格	备注
8	国立中大男生宿舍	1934年	广州市石牌	中国固有式（有简化）	今华南农业大学学生第一、第二、第三、第四宿舍
9	国立中大膳堂	1934年	广州市石牌	中国固有式	今华南农业大学香园咖啡馆
10	林直勉住宅	1933年	广州市梅花村	现代	已拆，原址位于陈济棠公馆东侧，1991年拆除建住宅楼
11	李扬敬住宅	1933年	广州市梅花村	现代	已拆，原址位于陈济棠公馆西南侧
12	蒋光鼐住宅	1933年	广州市梅花村	现代	已拆
13	刘纪文住宅	1933年	广州市梅花村	现代	已拆
14	黄居素住宅	1933年	广州市梅花村	现代	已拆
15	张景陶住宅	1933年	广州市竹丝岗	—	
16	卢德住宅	1933年	广州市新河埔	—	
17	黄巽住宅	1933年	广州市	—	
18	何炽昌住宅	1934年	广州市西关	—	
19	麦韶住宅	1934年	广州市共和路	—	
20	国民党党委办公楼	1934年	广州市	—	未实施
21	唐拾义商店之一	1934年	广州市西濠口	—	
22	留法同学会	1934年	广州市文德路	现代	曾改作广东省文联办公用
23	金星戏院	1934年	广州市恩宁路265号	装饰艺术风格	后改名为金声电影院，现拆除后剩沿街立面
24	模范戏院	1934年	广州市第十甫	—	已拆
25	大德戏院	1934年	广州市解放南路	装饰艺术风格	已拆
26	新星戏院	1934年	广州市中山五路与起义路交界处	—	1994年地铁1号线建设时已拆

续表

序号	项目名称	设计时间	地点	风格	备注
27	东乐戏院	1934年	广州市中山四路，文德路对面	—	已拆。后改为红旗剧场，演出粤剧
28	广东省教育会会堂	1935年	广州市教育路	现代	今南方剧院，面貌已改
29	林克明住宅之一	1935年	广州市越秀北路394号	现代	广州私人住宅设防空室之首创，仍存
30	知用中学教学楼	1935年	广州市百灵路83号	现代	
31	知用中学实验楼	1935年	广州市百灵路83号	现代	
32	市立女子中学	1935年	广州市小北路	现代	今广州空军驻地，军事区
33	广东省府合署	1935年	广州市石牌	中国固有式	设计竞赛金牌奖，未实施
34	大中中学校舍	1936年	广州市越秀区小北路216号	装饰艺术风格	今广州市第17中学。外墙原为黏土红砖，现改为贴面砖
35	邹爱孚住宅之一	1936年	广州市德政中横街	—	
36	邹爱孚住宅之二	1936年	广州市德政中横街	—	
37	林克明某住宅	1937年	广州市农林下路	—	因林克明其后自己不愿提起，关于此处建筑情况不详
			抗战爆发后至新中国成立前		
38	翟瑞元住宅	1947年	广州市	—	
39	唐太平医院	1947年	广州市和尚岗	—	平房式
40	徐家烈住宅	1947年	广州市越秀北路243号	现代	已拆。多处文献记为1937年，后从回忆录中分析是在医院之后建，从蔡德道处证实

序号	项目名称	设计时间	地点	风格	备注
41	林克明住宅之三	1947年	广州市越秀北路400号	—	已拆。瓦屋面砖木结构平房，后林克明长期居住于此
42	张宗谔住宅	1947年	广州市豪贤路48号	现代	风格类似于394号住宅，但更简陋一些

资料来源：作者根据《中国著名建筑师林克明》、《世纪回顾——林克明回忆录》、《林克明年表及林克明文献目录》、《林克明早年建筑活动纪事（1920—1938）》以及实地调研整理绘制。

第三节   林克明在建筑教育方面的活动和贡献

在林克明的职业生涯中，除承担各种工程项目完成方案设计外，投身教育、教书育人、推广新的建筑理念和思想也是他长期工作的重点，尤其是在新中国成立前岭南建筑教育还很不发达的情况下，林克明与其他几位留洋建筑师一起创办的广东省立勷勤大学建筑工程系，为岭南的专业建筑教育奠定了基础，开启了道路。在建系办学的过程中林克明一方面得以实现自己对现代主义建筑思想的情结，一方面也为岭南地区培养了大量的专业技术人才，对岭南建筑教育体系和办学方向的影响一直延续至今。

一、勷勤大学建筑工程系创建始末

岭南近代建筑教育的发展首先源自军事需要，晚清时期岭南建筑教育开始萌芽，但早期求学者多选择土木工程技术而非建筑设计，学习途径以留学海外为主，辛亥革命后这批专业人员相继回国参与了岭南1920年代至1930年代的城市建设，同时也带回了国外先进的建筑教育理念。1930年后岭南建筑教育开始实质性的发展，由于技术的普适性首先获得推广的仍然是土木工程教育，当时岭南大学、广东国民大学、广东省立工专等几所学校几乎同时设立了土木工程专业，并形成了各具特色的办学方向。

林克明1926年回国后经短期辗转即一直供职于广州市工务局从事政府项目的建筑设计，1929年起他在广东省立工业专门学校做兼职教授（图3-43），因成立勷勤大学的机缘得以参与到岭南近代建筑教育最重要的发展过程当中。广东省立勷勤大学筹建于1931年年底，创建初衷是为了纪念去世的国民党元老古应芬[78]，古应芬

字勤勤（湘芹），早年曾参加同盟会并追随孙中山
先生从事民主革命运动，他与主政广东的陈济棠渊
源颇深，对之多有扶持[79]，故当他去世后，陈济棠
在国民党第四次全国代表大会上提出倡议筹办勤勤
大学，以表悼念和尊崇。此外，当时广州市虽为西
南文化中心，教育方面日益进展，且"本市各大学
规模伟大，设备完善者，须属不少"，"但对于工商
人才之深造，职业师资之养成，尚属有限"，因此
为"多造技术人才，实现总理实业计划"也是勤勤
大学成立的动因之一。[80]

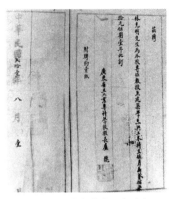

图3-43　广东省立工专聘书
（资料来源：林沛克先生提供）

勤勤大学由广东省政府和广州市政府共同设立，筹建计划中提出需筹备费10
万元，校址购置费10万元，校舍建筑费110万元，其他用具及图书仪器购置费杂费
等100余万元[81]，当时的广东省长林云陔对此倡议响应积极，立即从省库中拨出200
余万元作为开办费。学校由"省立工业学校，及市立师范学校，提高程度，加以
扩充"而成[82]，设立师范学院、工学院（由工改办）、商学院，及附设高中师范
科（即原市师）[83]，林励儒任教务长，校长由林云陔兼任。勤勤大学初创之时林克
明正在省立工业学校任教，卢德院长因此委托他筹建建筑工程系（图3-44）。当时
设有建筑系的大学并不多，在岭南的中山大学和岭南大学两校都只是设置土木工程
系，因而林克明在筹建中较全面地考虑了建系的可能性、方式和教学方法等问题，
例如针对师资问题他考虑"工学院的一部分教授大多是工民建（工业与民用建筑）
教授，如胡德元教授是留学日本的，而工务局工程师也有不少搞建筑的人才，可以
吸收来担任教师"。[84]1933年8月，省立工专完成改组，并入勤勤大学成为工学院。
在勤勤大学工学院、师范学院先后开课之后，商学院于1934年7月1日正式开学，

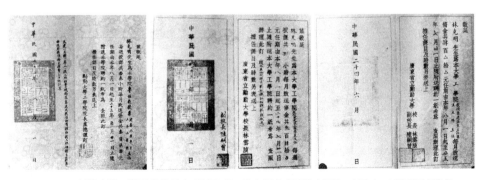

图3-44　勤勤大学工学院发给林克明的聘书：从左至右分别为1933、1934、1935年的聘书
（资料来源：林沛克先生提供）

至此，广东省立勤勤大学整合完成。

勤勤大学工学院原计划下辖三个系，分别是土木工程学系、机械工程学系和化学工程学系[85]，而实际开办后增加建筑工程学系，系主任正是林克明。[86]建筑工程系的成立是岭南建筑近代化发展下的必然结果和最终趋势，其时在陈济棠振兴地方经济的政策督导下，岭南的城市规划、市政建设和地方房地产均发展兴旺，一些大型公共建筑也建设完成，建筑文化的发展日益成熟，这使得社会对于建筑艺术的要求提高。当时的状况是土木工程专业教育发展得较好，留学海外的学子在选择专业时土木工程也较建筑为多，这种不平衡的状态在城市建筑发展得相对成熟、对建筑设计要求日增的情况下显得很不合理。《广东省立工专校刊》在阐述建筑系创设目的时明确指出"建筑工程学系为适应我国社会需要而设"，之后进一步论述社会需求和现状之间的矛盾："……建筑、土木两种人才在建设上之需要，均属迫切，按西欧文明国家，此两种人才之数量，颇为相等，而我国各大学则以设立土木工程科为多，其设立建筑工程科者尚少，就本省论，如中大岭南民大等校，均有土木科设立，且有相当成绩；唯建筑科则阙如。故目前求建筑人才，仅有海外留学毕业生数十人而已。在此情形之下，省内求学者即欲研究是科，亦无从学习"，这种状况不仅令土木工程和建筑教育发展不平衡，还在实践中产生不良后果，因社会上通常对二者区分不明，"往往以建筑事业委托土木工程师办理，而土木工程之执业者，遂兼为建筑工程之事业"。[87]由此可见，当时建筑系创办的初始目的在于解决社会需求和发展不平衡的状况。此外，在1930年代的中国，经过反封建反帝国主义的斗争后，社会上民族意识和国民精神日益高涨，民众对于建筑在意识形态领域的表现和本土化的艺术诉求逐渐明晰，官方也希望新的建筑物能够从形式和艺术的角度弘扬传统文化与民族精神，因而对建筑师尤其是本土建筑师的培养显得格外迫切。林克明在广东省立勤勤大学建筑图案展览会特刊发刊词中指出："建筑事业是文明社会的冠冕，其效用不仅为繁盛都市表面上的壮观，而尤足以为一国的国民精神上一种有力的表现"[88]，这段话反映的正是建筑的精神性属性，可看做创办建筑教育的深层次原因。

勤勤大学成立之初学校授课地点分布于不同区域，师范学院院址在永汉路市师原址，由省立工业专科学校改建的工学院院址在西村增埗，新设的商学院院址在光孝路。此时，由于学校教室不敷使用，有了建筑新校舍的需要，加之为便于管理，更有必要筹建校舍将各学院集中一处。在筹建计划中，校址原本计划在芳村、东西朗和坑口，后设计委员会"因该地点离市太远，将来聘请教员及筹办进行多所不便"提请改变[89]，以蟠龙冈螺冈石壁及附近一带田地约五六百亩为校址，由陈荣枝完成了规划和建筑设计，但是这份设计并没有实施，而且勤勤大学的校址后来也因故改在了河南石榴岗。[90]1934年7月林云陔以"建校地址，既经改定，则建筑工程必随地形而变更"为由"饬建校工程处就石榴岗地势重新计划，拟定章程图纸"[91]，林克明对校园的规划设计进行了修改（图3-45），他和陈荣枝等人共同完成的勤勤大学石榴岗校舍设计是当时岭南最"摩登"的建筑群（图3-46）。1936年秋石榴岗新校舍完工，各学院迁入后学生总数共达到1000多人。

在经过一段时期的平稳发展后，由于政局改变和派系斗争，勤勤大学处境日渐艰难。[92]1937年"七七事变"后，学校受战争威胁不能正常上课，三个学院先后内迁，师范学院1937年9月改称广东省立教育学院，10月疏散于广西梧州市，1938年9月改称广东省立文理学院，迁藤县后再迁融县，工学院迁云浮县上课，商学院初迁遂溪，后迁信宜，再迁广西容县。[93]1938年上学期教育部调整各大学，拟裁撤勤勤大学[94]，同年夏，工学院被并入国立中山大学工学院，原有商学院已改名为广东省立勤勤商学院，与师范学院（此时已改称为广东省立文理学院）合并为独立学院。[95]岭南近代建筑教育中最轰轰烈烈的一段历程就此宣告结束，尽管时间并不算

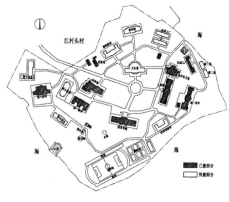

图3-45　勤勤大学石榴岗校区现状航片与原设计方案对照

图3-46　勤勤大学石榴岗校区建筑群
（资料来源：《广东省立勤勤大学概览》，1937年）

长，仅历时数年，有两届毕业生，但这段历史对岭南地区的建筑人才培育和学科长远发展具有重要意义和深远影响。

二、勷勤大学建筑工程系教育特色研究

在勷勤大学开设建筑系之前，国内仅有苏州工业专门学校、东北大学和中央大学等为数不多的学校设有此专业，在课程设置上并无统一安排，例如梁思成创办东北大学建筑系是"悉仿美国费城本雪文尼亚大学建筑科"[96]，中央大学的情况也与东北大学类似，苏州工专则因老师留学日本，在教学体系和内容上模仿日本。总体来说当时中国建筑教育中以欧美盛行的学院派折中主义思潮占据了主流，这与中国第一代建筑师中留学欧美者为数最众有关，回国后投身新兴的建筑教育事业也是以他们为主力，因此建筑系创办过程中教学体系的制订普遍受到师资背景的影响。

若单从创始人的学缘背景考察，则勷勤大学建筑系的主要创办者林克明和胡德元二人并不相同。胡德元毕业于日本东京工业大学建筑科，这所大学建筑教学的特点为注重实践，注重工程教育，培养目标为能担负从设计到施工整个工程的全面人才，关于这方面的情况徐苏斌有过深入研究和论述。胡德元的教育背景与其后勷勤大学建筑工程系表现出来的重技术、重实践的教学模式是吻合的，也符合以上一般大学的创办模式，但是林克明则并非出自具有这种教育理念的国度和学校。他本人早年留学法国时接受的是强调艺术修养和古典法则的"学院派"建筑教育，但他在建系之初即明确指出："作为一个新创立的系……不能全盘采用法国那套纯建筑的教学方法，必须适合我国当时的实际情况。不能单考虑纯美术的建筑师，要培养较全面的人才，结构方面也一定要兼学"[97]，这种观念的形成或可从几个方面得到解释。

首先，林克明留学的法国里昂建筑工程学院尽管是学院派教学，但老师中也有不少开明的现代派，包括著名的早期现代主义建筑师托尼·戛涅，林克明本人在回忆文章中曾说他设计的建筑比较先进，"经常让学生到工地实习"，"指导思想是……从实际出发，要考虑环境"[98]，这种思想对林克明树立建筑教学观念产生了积极影响。更重要的是，林克明留学的法国是当时欧洲先进文化的中心，从1920年代开始，格罗皮乌斯、柯布西耶等人纷纷通过自己的实践和文章推行着现代主义建筑思想，巴黎更是成为了现代先锋艺术的中心。除了学校教育外，林克明得以从社会流行的思潮中吸取到各种前卫的艺术文化养分，这种环境氛围比起当时学院派建筑思想根深蒂固的美国要宽松得多，因而林克明回国后无论是在个人设计还是教学观念

上都没有被学院派思想所束缚。

此外，当时人们已经认识到"建筑工程学为美术与科学之合体，两者不能偏废"这个道理，由此勤勤大学建筑系在教学中并没有过于偏向艺术培养而荒废科学知识的教育。勤大建筑系的前身省立工专曾确立课程设置的原则为"尊重我国现行教育法规，斟酌国情，根据社会需要，及参考外国工科大学课程而设定"[99]，可见是否满足社会需要是相当重要的衡量标准，林克明在实际工作中对于专业办学如何适应"社会需要"积累了现实的考虑：勤勤大学创办之时正值岭南城市各项建设事业发展迅猛，但专业的工程技术人员却相对缺乏，1929年林克明参与了工务局组织的工程技术人员培训工作[100]，想必他深知这一现状，也深知培养实践型、技术型建筑师的必要性和紧迫性。1932年实施的广州市建筑工程师登记制度对建筑师在材料、结构、构造等方面的知识技能进一步提出了清晰而明确的要求，这也从一个方面促使勤勤大学建筑系的办学理念向着重技术、重工程的方向发展。

勤勤大学建筑工程系教学方向的选择通过其课程设置体现，并形成以此为特征的教学体系。早在1932年省立工专时期建筑系教学课程已经确定，1935年9月课程设置又进行了一次调整和修订（表3-4），与前相比新的课程体系中材料构造和结构设计课程有所强化和整合，也就是说从课程门类上构造与结构类课程似有减少，但涉及的知识内容却有增无减，同时1935年的新课程设置加强了建筑史论课的分量，这与1933年国际现代主义建筑思潮的传入以及其时新思潮蓬勃发展的社会现状有一定关系。

1933年广东省立工专、1935年勤勤大学建筑系课程设置比较　　表3-4

类别	学年	省立工专建筑系		勤勤大学建筑系	
		课程名称（学分）	总学分	课程名称（学分）	总学分
公共课程	一	英文（4），数学（4），物理（4）	12	国文（2），英文（8），数学（4），物理（3），化学（3）	20
	二	英文（4），微积分（4）	8	数学（6）	6
	三	英文（4）	4	—	
	四	英文（4）	4	—	

续表

类别	学年	省立工专建筑系		勷勤大学建筑系	
		课程名称（学分）	总学分	课程名称（学分）	总学分
专业基础课程	一	画法几何（4），阴影学（1）	5	画法几何（4），阴影学（1）	5
	二	透视学（2），测量（4）	6	透视学（2），测量（4）	6
	三	—		—	
	四	—		—	
美术课程	一	自在画（3），模型（2），图案画（4）	9	自在画（3），模型（2），图案画（2）	7
	二	—		水彩画（2）	2
	三	—		—	
	四	—		—	
建筑史论课程	一	建筑学史（2）	2		
	二	—		外国建筑史学（4）	4
	三	—		中国建筑史学（2）	2
	四	—		—	
材料构造与结构设计课程	一	材料强弱学（2）	2	—	
	二	材料强弱学（4），应用力学（4）	8	—	
	三	建筑构造（8），建筑材料及实验（4），构造分析（4），构造详细制图（4），钢筋三合土学（4）	24	力学及材料强弱（8），建筑构造学（8），建筑材料及实验（4），钢铁构造（4），钢筋混凝土原理（4），地基学（4）	32
	四	构造详细制图（4），钢筋三合土学（6）	10	钢筋混凝土构造（6）	6
建筑设备课程	一	—		—	
	二	—		—	
	三	—		—	
	四	水道概要（2）	2	应用物理学（4），渠道学概要（2）	6

续表

类别	学年	省立工专建筑系		勤勤大学建筑系	
		课程名称（学分）	总学分	课程名称（学分）	总学分
建筑设计课程	一	建筑学原理（4）， 建筑图案设计（3）	7	建筑图案（2）， 建筑学原理（4）， 建筑图案设计（2）	8
	二	建筑学图案（3）， 建筑学原理（6）， 建筑图案设计（8）	17	建筑学原理（6）， 建筑图案设计（8）	22
	三	建筑图案设计（8）	8	建筑图案设计（8）	8
	四	建筑图案设计（8）， 都市设计（4）	12	建筑图案设计（12）， 都市计划（4）， 内部装饰（4）， 防空建筑	20
建筑师业务	一	—		—	
	二	—		—	
	三	—		建筑管理法（2）	2
	四	估价（2）， 建筑管理法（2）， 建筑师执业概要（2）	6	施工及估价（2）， 建筑师业务概要（2）	4
学分总计	全年	146		152	

资料来源：作者根据《广东省立工专校刊》（1933年7月）、《勤大旬刊》（1935年9月第二期）整理绘制，参考彭长歆博士论文中的相关研究内容。

　　从以上表格可见，省立工专时期和勤勤大学时期的课程设置尽管有如前所述的调整和转变，但总体来说基本原则仍是延续的，在各类课程中材料构造、结构设计和建筑设计课程占据了最大的权重，对于英文、数学等公共课程也比较重视，这体现出学校重技术、重工程的教学特点能够贯彻始终，教学思想明确，教学体系相对稳定。在彭长歆的博士论文《岭南建筑的近代化历程研究》中，更进一步将勤勤大学的课程设置与中央大学进行了比较，发现主要区别在于两点：一是中央大学必修课中美术类课程比重大，二是两校建筑设计课程尽管学分权重相似，但中央大学课程中建筑图案课的比重特别大。[①]此两点实际上都反映出中央大学在教学中更加强调艺术培养和绘图基本功的训练，更接近学院派教学方式，而勤勤大学对材料构造、结构和实验课的偏重则明显受到了胡德元曾经留学的日本建筑教育的影响。此外，林克明在勤勤大学创系之初也曾提及："……（教学）利用工务局的结构工程师兼任……该系有钢筋混凝土教授梁启寿、陈锦松等，教师班子很有实践经验"。[102] 梁启寿曾参与设计过珠江上的第一座桥梁海珠桥，工程经验丰富，这样的师资力量使勤大建筑系的结构和工程知识教育具有比较高的起点和要求。胡德元曾回忆过由于学校课程艰深，1936年建筑系只毕业了10人[103]，当然他认为这与课程设置不够全面和完善也有关系，但从另一个侧面也反映了学校的教学重心。

勤勤大学建筑工程系的教学特点其实并非当时中国建筑教育的主流，但若从历史的发展眼光来看却正是代表着先进建筑思想的发展方向，这种重视实践、重视技术的学术风气与国际新建筑思潮中强调建构真实性的结构理性思想相吻合，令勤勤大学在中国传播现代主义建筑思想的过程中扮演了重要角色，其中系主任林克明对现代主义不遗余力的推广颇有成效。与上海等地由西方建筑师介绍和引入现代主义不同，林克明在作为建筑师的工作中对摩登式建筑风格已经进行了先期尝试和实践，是当时岭南建筑界摩登建筑设计的先锋人物——这一点前文已有论述，但除去设计实践外，他以勤勤大学建筑系为大本营传播现代主义学术思想，冲击了笼罩于中国建筑学领域的形式主义迷雾，开启了现代主义在岭南发展的新篇章。

1933年7月，林克明在《广东省立工专校刊》中刊发了"什么是摩登建筑"一文，这是他最早发表的一篇学术文章，文中受柯布西耶建筑思想的影响，对"摩登建筑"的形式、特点和手法均进行了详细分析与总结，现在看来它宣告了勤勤大学建筑系现代主义学术思潮的出现，并持续影响了在校青年学生的思考和研究。1935年，在林克明的主持下，建筑工程系将建系三年来的教育成果在市立中山图书馆举办了建筑设计图案展览会[104]，并刊发了《广东省立勤勤大学工学院特刊》，林克明撰写了前言《此次展览的意义》，指出举办展览是"为使社会上人士明了及提倡房屋建筑之革新意见"和"鼓励同学之努力，及引起社会人士对于新建筑事业之注视耳……现代之建筑新事业，当有其现代艺术之生命在"。[105]当时这种展览会是首次举办，引起了接受学院派教育的中央大学建筑系学生的参观和好评，尽管关于展览会图案的详情目前已不可查，但从1938年7月在《新建筑》杂志上发表的一幅勤勤大学建筑工程系三年级学生作业来推测（图3-47），展览图案应该均是令人耳目一新的现代式设计，这进一步确立了勤大建筑系的教学特点，也推动了现代主义建筑运动在岭南的发展。除林克明外，勤大建筑系的另一元老胡德元从建筑史学的角度介入了对现代主义思想的推广。彭长歆博士在研究中发现，胡德元在勤勤大学教学时以美国人弗莱彻（B.Fletcher，1866~1953年）的专著《比较建筑史》为蓝本编写了《建筑史学讲义》，此书当属中国建筑教育最早的建筑史学教材之一，行文准确、严谨，图案清晰。他本人还通过撰写文章积极介绍西方各种建筑思潮的背景特点和发展历程，从而为现代主义基于建筑历史发展的合理性和革新性找寻了理论基础。

胡德元和林克明自省立工专时期即任教于建筑科，是当时仅有的两位建筑教师，1934~1935年又有过元熙、谭天宋等五位留学美国的建筑师加入到队伍中，之后教师人员仍有增加，彭长歆博士调查总结了1932~1938年间担任过建筑系教师的人员名单，发现建筑科教员中除林克明外，几乎无人出自学院派教育体系[⑩]，勤勤大学建筑工程系能形成重实践、重技术的学术风气，现代主义教育能在此获

图3-47　勤勤大学建筑系学生作业
（资料来源：《新建筑》，1938年第7期）

得全面而深入的发展，与教师的学术背景和价值取向密切相关。青年学子在老师的影响和带动下逐渐深入思考相关问题，由大学第二年起每年寒暑假学生均被派遣到市内著名建筑师事务所实习，这些建筑师大多亦在系里担任教职，有利于教学与实践的结合。[⑩]1935年左右研究现代主义思想的学生社团开始成立，甚至在1936年创办了中国近代建筑史上最重要的现代主义刊物《新建筑》，学生的论文和著述成为勤勤大学现代主义学术思想研究的重要组成部分和极具价值的延续。

三、勤勤大学建筑工程系的学术传承与后续发展

勤勤大学建筑工程系的现代主义学术风尚通过林克明、胡德元、过元熙等创始人和教师的不断努力得以确立和发展，并深刻影响了在校学生的建筑观念，其中以青年学生郑祖良、黎抡杰、霍云鹤等人的学术活动为代表。

郑祖良是勤勤大学建筑系1937年的毕业生，曾用笔名郑梁，在他读书期间勤大建筑系系主任一直是林克明，二人交往颇为密切，大一时他还结识了莫伯治。郑祖良在读书期间即积极投身对现代主义建筑思想的探索和研究中，热情非常高涨，当时勤勤大学工学院成立了学生自治会并自办学术刊物《工学生》，作为学生交流和研究的平台，郑祖良、黎抡杰等人均为学生自治会出版委员会成员。[⑩]1935年1月郑祖良撰写"建筑的配色问题"并发表于《工学生》，这是他的第一篇论文，尽管并不是探讨现代建筑的核心思想，但显示出他对于新建筑和现代主义的浓厚兴趣。1935年郑祖良在勤勤大学建筑系图案展览会上发表了论文"新兴建筑在中国"，文中对中国新建筑的发展方向做出了科学精神的预

图3-48 《新建筑》杂志封面
（资料来源：广东省立中山图书馆）

判，1936年5月《工学生》第二期中他又发表了"新兴建筑思潮"一文，其中关于现代主义运动的开端和发展以及国际建筑样式的诞生等问题论述详尽、客观，较之1935年图案展览会的文章更显理性、成熟。1935年年底，勤勤大学学生发起创立了现代主义研究的学生社团——建筑工程学社⑩，郑祖良、黎抡杰等人均积极参与，裘同怡是主席。彭长歆博士在研究中指出这一社团的成立与勤勤大学建筑系图案展览会有必然联系，从时间上看即使不是直接的因果关系，也充分体现了当时在勤大建筑系内关于现代主义的讨论和研究进展得如火如荼。1936年郑祖良和黎抡杰等7名同学一起参加了中山县政府举办的监狱建筑工程设计图案比赛并获得第一名⑪，其后工学院组织新建筑月刊社，还是这7人参加，并由林克明和胡德元任编辑顾问，共同创办了中国近代建筑史上传播和研究现代主义最重要的刊物之一《新建筑》杂志（图3-48），扉页上写着杂志的宗旨是："反抗现存因袭的建筑样式，创造适合于机能性、目的性的新建筑"。原本郑祖良打算毕业后继续把杂志办下去，但由于战争的原因，杂志停办，后转移

图3-49 《新建筑》胜利版封面与扉页
（资料来源：重庆市图书馆）

到重庆，1946年在广州复刊的《新建筑》（胜利版）扉页上仍然写着同样一段话（图3-49），杂志的宗旨和理念一直贯彻。

郑祖良从勤勤大学毕业后，按照林克明的建议留校任助教，这段时期的自我学习对他理论造诣上的提升很有帮助，他在《新建筑》杂志上陆续发表了"论新建筑与实业计划的住居

工业"（1941年）和"现代建筑的特性与建筑工学"（1942年，与黎抡杰合著）等文。1946年《新建筑》复刊后，他继续担任主编，翻译发表了"建筑家与住宅计划"[⑪]，此外也撰有著作，1943年出版《新建筑之起源》一书，翻译《到新建筑之路》，并与黎抡杰合著《苏联的新建筑》。[⑫]郑祖良一生共发表论文和著述60余篇，通过对现代主义的研究与推广，成为岭南近代重要的建筑理论家。抗战期间郑祖良与夏昌世等人在重庆开办友联建筑工程师事务所，这是他作为职业建筑师的开端，1942年他在重庆登记成为建筑技师（证书号：工字第492号），积极推动新建筑风格的传播，1943年曾组织"中国新建筑造型展"，战后郑祖良在广州登记成为建筑师并创办新建筑工程司，继续新建筑的创作实践。新中国成立后郑祖良在职业岗位上经过一番变动，最终任职于广州市建设局设计科，与林克明、莫伯治、夏昌世等人在工作上互有往来，合作频繁。1970年代建设局中的园林科独立成为园林局，郑祖良调至园林局任工程师，研究方向转为风景园林，后因长期从事园林设计工作，善于设计园亭并有多达100多个作品，被人尊称为"亭王"。

　　郑祖良早年与林克明交往较多，关系非常密切，因此可以推测当时郑祖良所发表的激进的现代主义言论多少能反映出林克明本人对于现代主义思想的认同和推崇，也正是在他这种思想主导下，勤大建筑系的众多学生均在现代主义的研究和传播上不遗余力。除郑祖良外，他的室友兼同学黎抡杰（曾用名黎宁）在学期间也是勤大现代主义研究的中坚力量，在前文所述的勤勤大学建筑系图案展览会、建筑工程学社的组建和《新建筑》杂志的创办中，他都有积极的工作和表现。他是《新建筑》杂志在重庆复刊时的两位主编之一，在杂志上先后发表了"纯粹主义者Le Corbusier之介绍"、"色彩建筑家Bruno Taut"、"苏联新建筑之批判"、"5年来的中国新建筑运动"、"论'国力'与国土防空"、"防空都市论"、"论近代都市与空袭纵火"、"现代建筑的特性与建筑工学"等文。[⑬]1939年勤勤大学工学院并入中山大学后，黎抡杰受聘担任国立中山大学建筑学系助教，在此期间翻译《现代建筑》一书，并撰写了"防空都市计划"、"现代建筑造型理论之基础"等文章[⑭]，战后回到广州与郑祖良一起继续从事新建筑的设计工作。

　　勤勤大学建筑工程系的学术风尚通过郑祖良、黎抡杰等代表学生的论著和成果得以基本体现，而通过学生社团和其他人的各种活动令人可知当时勤大建筑系的学生们已经广泛参与到现代主义思潮的学术交流和研究当中（图3-50），1935年间裘同怡发表了"建筑的霸权时代"和"建筑的时代性"，李楚白发表了"建筑设计上的风水问题"，杨蔚然发表了"住宅的摩登化"等文章，各自从理论和设计角度讨论了建筑的现代化问题。勤大后期过元熙加入到教师队伍中，着重关注现代主义建筑中的技术策略问题，他对建筑适应广州气候的研究是具有岭南地域特色的建筑设计观念的起始，并以此指导学生考察和改进民居建筑，当时学生提出的研究成果显示出普遍在思想观念上强调材料与构造技术在建筑改良中的重要作用[115]，这既是过元熙本人以现代建筑理念改造中国建筑的技术性思路的影响，也反映了勤勤大学建筑教育方向的传承和延续。

1937年后勤勤大学受战争影响而流离颠沛，并在1938年被教育部裁撤并入国立中山大学，此时建筑系已转为胡德元领导，在他的带领下全系三个年级共计约70人进行了移交[116]，新的中山大学建筑工程系由胡德元继续任系主任，教学思路和体系也得以持续，直至1940年年底胡德元辞职回川。这段时期因抗战趋于激烈，中山大学的发展也较为动荡，建筑系在1940年迁回广东后才相对稳定，此间师资组成发生了较大变化，开设了新的课程，教师组成不再是以粤籍人士为主，而来自系主任胡德元母校东京工业大学的毕业者也大幅增多。1940~1945年期间中山大学在粤北坪石经历了困难的时期，经费短缺，师资流失，新任系主任虞炳烈（1940~1941年期间担任系主任，曾做坪石建校规划和设计）希望加强建筑系的教学力量，但限于时势庞大的聘任计划最终却难以实现。不过在师生的共同努力下，建筑系的教学计划和学术特点仍在继续，并在1942年再次举办了建筑图案展览会[117]，反响很好。

抗战胜利后中山大学各学院于1945年陆续迁回广州石牌校区，之后三位重要

图3-50　郑祖良、梁启杰等人组织的教育部西北艺术文化
考察团（1940~1945年）
（资料来源：华南理工大学建筑学系系史展览）

图3-51　1948年林克明在中山大学建筑
工程系和学生讨论
（资料来源：华南理工大学建筑学系系史
展览）

的教授夏昌世、陈伯齐和龙庆忠来到中大，他们建构起中山大学建筑系战后的新教学体系，从总体特点上来说新体系其实并未偏离勤大建筑系最初创建时的教学思路，那就是不采用学院派教育模式，重功能和实用，轻美术，提倡现代风格。从学缘背景看，陈伯齐毕业于日本东京工业大学，并在其后赴德国柏林工业大学学习，夏昌世毕业于德国卡尔斯鲁厄工业大学建筑系，龙庆忠则留学于日本东京工业大学建筑科，三人均来自具有重视技术和工程教育传统的国家。学者杨永生曾从战争时期的轴心国（德、意、日）和同盟国（美、英、苏、中、法）的政治对立中研究中国建筑学教育所受到的不同影响，从事实来看这种说法并非没有道理。[18]陈伯齐和夏昌世留德期间受现代主义思想影响较深，回国后在重庆大学任职期间采取的与学院派不同的教学方式受到了排挤和学生的非议，来到具有相似教学理念的中山大学应非偶然，而中大建筑系自勤勤大学以来的重技术、重工程实践的教学传统也因而获得继续发展和强化。

　　1946年11月林克明回到中山大学任教（图3-52），教授建筑设计、都市计划、建筑计划和近代建筑，与他此前在勤勤大学任教时教授的课程类似（当时教授的是建筑设计、建筑原理和城市规划）。据一位1947年入读中山大学的学生回忆，林克明在教学中很注意向学生传达实用、经济的建筑创作观，强调要注重经济效益，注重建筑与环境的协调关系，这种观点不仅贯穿在林克明自己的设计工作中，也是他教学的指导思想，且林克明精通英语和法语，熟知各国建筑新动向，授课新颖，很受欢迎（图3-51）。这一时期中大建筑系发展较为平稳，调整了战时因资金和师资短缺而精简的课程，除延续传统外，在史学领域尤其是中国建筑史的教学上有了新的拓展，结构设计课程转向重视实用技术，其他课程的设置也更为全面，有必修和选修科目之区分。据1944年入学的中山大学学生蔡德道回忆，在中大读书期间一年级要学高等数学，二年级要学微分方程，都非常艰深难懂，目的是为学三维的钢结构作准备，同时他也回忆到当时学生学习的参考书中有三本最为重要，一本是绘图标准，一本是平面设计，一本是美国建筑师路易斯·柯蒂斯（Louis Curtiss）写的《Architectural Composition》，当时称为"建筑构图原理"，这反映出中大的教育并非只重技术不重视美术和绘图，而是各有侧重，教学体系和课程的设置相对完善、合理，长期以来强调科学与理性的办学理念也得以

图3-52　林克明国立中大聘书
（资料来源：林沛克先生提供）

一脉相承。

　　林克明在新中国成立后离开中山大学投身于政府从事城市建设工作，他认为在当时的情势下这样更有利于发挥专长做出成绩，他曾说"我个人的志愿在于参加城市建设的实际工作"。[18]中山大学建筑系其后在夏昌世等人的带领下继续发展，1952年全国院系大调整时并入华南工学院，后更名为华南理工大学，成为南中国最重要的建筑教育和专业培养基地，在这个过程中原有的教育理念和发展方向一直得到坚持和延续，并形成了华工独树一帜的教学特色。1979年林克明回到华南工学院建筑系任教授并招收硕士研究生，从他晚年经历来看，尽管新中国成立后将主要精力放在了城市建设上，对教学的直接参与偏少，但他对于建筑教育的发展仍很关注，多次撰文讨论教育方式和人才培养方面的问题。

　　纵观中国建筑教育的发展历程，其开端来自于第一代留洋建筑学生学成归国后的自主创建，或许是受到教育背景的影响，中国近代建筑教育体系普遍源自欧美学院派，将建筑作为艺术来传授，强化建筑样式训练，这与近代中国建筑设计的状况也有一些类似，即在"建筑形式"上成就较大，技术水准相比同时期的外国建筑作品则仍有差距。但是值得关注的是，岭南的建筑学专业教育自近代创立后并没有陷入中国建筑教育发展的窠臼之中，而是形成了鲜明的自身特点和学术传统：首先岭南的建筑教育理念从广东省立勷勤大学建筑工程系时期开始，即没有采用当时流行的古典学院派教学，而是更注重技术和工程实践，提倡现代主义思想，这是一种先进建筑教育观念的体现，同时，在勷勤大学到华南理工大学的组建变革过程中，这一教育观念和教学方向一直得以延续，发展相对平稳。[19]从根本上来说，这种比较理想的局面缘于勷勤大学建筑系从创建之初即走在一条正确的发展道路上，缘于建筑系的创建者们以及全体师生所作出的不懈努力。作为勷勤大学建筑系最初的主要创始人，林克明的贡献不仅在于为岭南创建了第一个建筑院系，而且在他和胡德元、过元熙、陈荣枝等人的共同努力下，引入了国际先进的教育理念和建筑思想，使勷大建筑系发展出有别于陈旧的学院派教育的新教学体系和现代主义学术风尚。尽管在勷大后期以及华南工学院时期林克明对于教学事务的直接参与和投入减少，甚至也存在对其过于注重工程师事务的非议和质疑，但客观来说林克明为岭南建筑教育事业做出的贡献是具有开创性的，他在最初的教学路线规划中为岭南建筑教育的持续发展选择了正确的方向并奠定了基础，这是岭南建筑教育良性发展之根本，也是林克明建筑职业生涯中最重要的活动和贡献之一。

［注释］

① 林克明．世纪回顾——林克明回忆录
　 ［M］．广州：广州市政协文史资料委员
　 会编，1995：7．

② 侯幼彬，李婉贞．一页沉沉的历史——
　 纪念前辈建筑师虞炳烈先生［M］//汪坦
　 克，张复合主编．第五次中国近代建筑
　 史研究讨论会论文集．北京：中国建筑
　 工业出版社，1998：180-187．

③ 林克明．世纪回顾——林克明回忆录
　 ［M］．广州：广州市政协文史资料委员
　 会编，1995：8．

④ 详见彭长歆．中国近代建筑教育一个
　 非"鲍扎"个案的形成：勤勤大学建筑
　 工程学系的现代教育与探索［J］．建筑
　 师，2010（2）：90．

⑤ 参见：汕头市政厅编辑股［J］．新汕
　 头，1928：105．

⑥ 参见：程天固．程天固回忆录［M］．香
　 港：龙门书店有限公司，1978：165．

⑦ 筹办中山图书馆案［N］．广州市政府市
　 政公报，1927（266-267）：44．

⑧ 林克明．广州市政建设几项重点工程忆
　 述——中山图书馆、中山纪念堂、市政
　 府大楼、海珠桥、中山大学及全市交通
　 系统规划［M］//南天岁月——陈济棠
　 主粤时期见闻实录．广州文史资料第
　 三十七辑专辑：210．

⑨ 开投市立图书馆之建筑工程［M］．广州
　 市政府市政公报，1930（344）：48．

⑩ 最初建隆新记以十万八千八百元投得该
　 项目．

⑪ 市立中山图书馆之进行情形［M］．广州
　 市政府市政公报，1930（351）：47．

⑫ 广州市政府市政公报，1930（344）：
　 48：开投市立图书馆之建筑工程："建筑
　 市立图书馆，其工程已经规划完妥，今
　 十八日在局开投，查该图书馆地址，系
　 在本市惠福东路，原日大佛寺内大雄宝
　 殿前面空地，深阔俱一百三十五尺六寸，
　 中心建八角亭一座，全座俱建楼一层，
　 馆之四围，另建地台一座，连地台共阔
　 一百八十二尺，深一百六十二尺，四围
　 安设铁筋士敏三合土栏杆，石级三度，
　 全座外面建筑式样，俱采用中国式，内
　 部建筑式样，俱采用西式，由开工之日
　 起计，限十二个月内，全座工程，完全
　 竣工，全座地台，用白蛮石造石级三度，
　 天门口及穿堂，用白蛮石造石级各一度，
　 全座楼下大门口、行门口、地面上，俱
　 安设擢甲石一条，楼下大堂，两旁墙壁，
　 八角阅书亭内墙壁各墙脚，俱镶云石片，
　 水高四尺，该石片须起顶线及脚线一度，
　 楼下大堂地图，全幅俱砌什色小洋阶砖，
　 所有全座方圆柱横阵及柱脚，以及楼面、
　 楼梯、飞檐莲花托地台栏杆，四周砌墙，
　 俱用铁筋士敏三合土造成，大门口用士
　 敏砂浆，批挂对线一度，大门顶用士敏
　 砂浆托横额一方，半圆直衬柱与横半圆
　 衬阵相交处，用士敏士砂浆造挣角花一
　 幅，横半圆衬阵上，用士敏土砂浆，每
　 柱造横花一幅，该挣角花及横花，雇佣
　 雕刻家制造，大门顶用铁筋士砂三合土

造狗骨架一度，以便铺砌绿瓦，全座上盖之绿油瓦脊、瓦筒、瓦龙、瓦狗等，以土窑所烧，色泽一律，瓦面飞檐部分，其弯角俱用山樟木造成，各窗门口顶，砌结砖拱一度，楼下窗门口顶，用砖料砌凸花一幅，全座除藏书及水厕等处地方外，其余向内之墙壁上，俱用红砖砌结，挂画线一线，全座楼下地面，及二楼面，除去藏书地方大堂走廊、厕所等，及八角阅书亭二楼面各地方外，其余地面及楼面，一律铺造土制花阶砖一层，八角阅书亭地下铺砌土窑白泥阶砖，二楼面，钉柚木楼面一层，二楼井口，用杂木造栏杆一幅，高三尺，外面起池线及花纹，二楼顶俱用铁网白灰批烫，中座中心顶，建为锅底形，正中镶玻璃军一度，楼顶天花则建为尖抉形，瓦面金字架，俱用角殃建造，打底用三寸角铁两条，八字及顶洞用二寸半角铁两条，其余用二寸半角铁，各角铁接口处，俱铁板窝钉码实，亭内天花底中心处，建造铁架玻璃军一座，以通光线，该窗骨格络俱用甬铁制成，镶砌一分半厚磨砂玻璃，亭顶中心，安设避雷针一枝，该针须用粗铁线一条，由针脚起，引至入楼下地内，以为引电之用，其方柱圆极，外墙衬柱，俱用批烫外座瓦面，全用山樟木金字架承托，至于正面柚木大门，以价值十五元以上之耶路铜锁，其他行门，每配磁珠插心锁一把，藏书楼部分，造铁楼梯四度，每度阔二尺半，梯及板阔三寸半，厚半寸，用生铁铸成，楼梯扶手用六分圆铁条，楼下建大小水厕两座，大座可容两人，小座可容一人，厕

内建尿槽二度，槽面俱镶砌白洋瓷阶砖，水厕内配合最新式水柜、水喉等件，厕所附近，并建造化粪池两个，该池容量，每日能容三十人以上之大解。"

⑬　林市长报告去年广州市政设施要点［N］.广州市政府市政公报，1932（376）：1.

⑭　市立中山图书馆建筑近讯［N］.广州市政府市政公报，1932（376）：36.

⑮　市立图书馆工程之急进［N］.广州市政府市政公报，1932（400）：115.

⑯　这是林克明自己的回忆，根据文献资料一说为19万余元，见：广州市立图书馆概况［J］.广州大学图书馆季刊，1934.

⑰　林克明.广州市政建设几项重点工程忆述［M］//南天岁月——陈济棠主粤时期见闻实录.广州文史资料第三十七辑专辑：210.

⑱　市立中山图书馆定期开幕［N］.广州市政府市政公报，1933（442-443）：40.

⑲　广州市档案馆.档案第4-01.7.474号：涂饰市府合署、中图等工程［Z］.

⑳　1938年，日军侵华，广州沦陷停馆，馆舍被日本海军武官府霸占。1946年3月11日复馆开放。新中国成立后经短期整顿，更名为广州市中山文献馆。1955年5月，与广东人民文献馆合并，称广东省中山文献馆。此后，这里一直是中山文献馆的主要部分，通常称"北馆"。1986年位于文明路的中山文献馆新馆落成，这里成为广东文献专藏所在地。1989年正式改称孙中山文献馆。2002年7月，中山图书馆被列为广州市第六批文物保护单位。

㉑　馆址初定文德路教育厅旧址，因该地已由省政府指定为广东修志馆，乃改觅西湖街惠济仓，或西瓜园同学会余地，或

惠福东路大佛寺前空地，但此三处均不适用，最后乃由程天固择定文德路广府学宫地址。

㉒　《广州市立中山图书馆特刊》，广东省立中山图书馆藏。

㉓　《广州市立中山图书馆特刊》："中央之正方嵌入八角形者则阅书堂也，四周种植林木，苍翠环绕，东西南各面，各建阶一度，阅书者可从三面升进，挤拥之弊，自可脱免。"

㉔　林克明自己回忆全馆占地面积为一万八千二百余平方尺，详见：林克明. 广州市政建设几项重点工程忆述 [M] // 南天岁月——陈济棠主粤时期见闻实录. 广州文史资料第三十七辑专辑：210.

㉕　《广州市立中山图书馆特刊》，广东省立中山图书馆藏。

㉖　参见《广州市立中山图书馆特刊》："由西面正门递升两阶之进，则为大堂，堂之北一为挂号处，一为号房，再左则为大楼梯与厕所，在楼梯与厕所之背，则为走廊，堂之南，一为办事处，一为查书目处，在查书目处之背，又为走廊，由大堂向西直进，此中央之八角亭，即阅中国书籍处也，其十字形之东端为穿堂，西端为楼梯，南端为取中国书处，北端现尚未指定作何用，复于南北两端，各就东西方面，建阶一度，为上落之途径，亭之南，则为阅外国书处，亭之北，则为藏中国书处，由此八角亭再向西进，中部为藏外国书处，左前为取外国书处，右前，一为厕所，一为修补书室，此地下一层之结构与布置之大略也。"

㉗　《广州市立中山图书馆特刊》，广东省立

中山图书馆藏。

㉘　广州市立图书馆概况 [J]. 广州大学图书馆季刊，1934：415.

㉙　《广州市立中山图书馆特刊》，广东省立中山图书馆藏。

㉚　同上。

㉛　同上。

㉜　新建筑，1936（2）.

㉝　林克明. 世纪回顾——林克明回忆录 [M]. 广州：广州市政协文史资料委员会编，1995：12.

㉞　林克明. 建筑教育、建筑创作实践六十二年 [J]. 南方建筑，1995（2）：45.

㉟　图案奖金首名三千元、二名一千元、三名五百元。详见：广州市档案馆，广州市政府市行政会议，市府合署案（4-01.1.17），1929年7月（民国18年7月）：提议筹建广州市政府合署意见书。

㊱　广州市政府市政公报，1930（374）：1：辟怀疑建筑市府合署于中央公园者见解之谬误，其中也提到集合办公的合署建设可令市政府每月省开支银2万元。

㊲　广州市档案馆，广州市政府市行政会议，市府合署案（4-01.1.17）：广州市政府合署征求图案条例。

㊳　广州市政府. 广州市市政公报，1934（479）：135.

㊴　国都设计技术专员办事处编. 首都计划 [Z]，1929.

㊵　具体而言包括建筑各部分布置要与功能相适应，联络便利，礼堂容量应足够，有二期建筑拓展之余地，符合预算，且吻合本国美术建筑观念，气象宏丽。详见：广州市档案馆，广州市政府市行

政会议，市府合署案（4-01.1.17），1929年12月（民国18年12月）：工务局提议组织市府合署图样评判委员会案。

㊶ 程天固．论建筑广州市府合署及其地点[N]．广州市政府市政公报．

㊷ 参见：赖德霖．中国近代建筑史研究[M]．北京：清华大学出版社，2007：382.

㊸ 参见：广州市政府．广州市政府新署落成纪念专刊，1934：2-3.

㊹ 广州市政府市政公报，1930（354）：109：行将建筑之本府合署。另见：广州市政府．广州市政府新署落成纪念专刊，1934：2-3："查合署图案，系规定采用中国建筑式，故其设计系根据中国建筑式及合署的精神，为设计之要素。合署的实用，在联络及增加行政效能，故同时又采用合座式。但中间留出充分之空地与伟大之广场。各局布置及所占面积，系根据章程之需要而分配之，内部交通，极为方便，东西两便，均用圆柱长廊式，颇合中国式之美观。礼堂居全部之中，预计可容纳两千人，内部均采纯粹中国式装饰，全座窗户阔度，能使光线及空气，非常充足。关于合署外观，则正面中央之一为最高。内分五层，在外观之，只若三层，其余各座，各为四层，外观上亦只见三层，正面侧面，均为五个个体，布局匀称。其四围所用中国式之圆柱石栏屋檐隔椽及窗格子与月台阶梯等，俱能使各部发生崇伟整齐之美感，且深符合合署之精神。"

㊺ 广州的建筑[J]．中国建筑，1934（5）：109-110.

㊻ 行将建筑之本府合署[N]．广州市政府市政公报，1930（354）：109.

㊼ 广州指南，1932（12）：261.

㊽ 实行建筑平民宫[N]．广州市政府市政公报，1929（341）：52.

㊾ 拟开投建筑平民宫工程．广州市政府市政公报，1930（346）：19.

㊿ 平民宫举行奠基典礼详情[N]．广州市市政府公报，1930（356）：45.

(51) 广州指南，1932（12）：261："宫内共设有宿舍八间：内分第一宿舍，第二宿舍，第三宿舍，第四宿舍，第五宿舍，第六宿舍，第七宿舍，第八宿舍等，共有床位二百六十八张，其中以第三第四两宿舍，定为甲种，合共有床位七十六张，每半月征收租金两元，以第一第二两宿舍定为乙种，合共有床位一百二十张，每半月征收租金一元，又以第五第六第七第八四宿舍，定为丙种，合共有床位七十二张，每日征收租金二毫。宿舍内，皆备有小铁床，伞帐，白珠被，棉花枕头等。各卧具皆有，每月涤洗一次，以防不洁。凡每两床之距离间，置一书桌，以备住客书写，及放置轻便物品之用。另于宿舍外，特设一储藏室，以备住客储藏贵重物件，而免遗失。另派事务员一人，管理各宿舍之洁净与安全。另两宿舍设管事一人，专理住客迁出迁入及代理储蓄等事项。又每宿舍设杂役一名，以为洁净宿舍冲茶泡水，及住客购买物品之用。"

(52) 平民宫举行奠基典礼详情[N]．广州市市政府公报，1930（356）：45.

(53) 平民宫设立平民学校[N]．广州市市政府公报，1932（400）：117.

(54) 平民宫扩造及工程近况［N］. 广州市市政府公报，1931（377）：25.

(55) 蔡德道．林克明早年建筑活动纪事（1920—1938）［J］. 南方建筑，2010（3）：5.

(56) 广州的建筑［J］. 中国建设，1934（5）：111.

(57) 1933年是现代主义建筑理论开始传入中国的重要一年，除了大众传媒集中报道外，一批专业的学术刊物和专著也进一步深度传播了新思潮。

(58) 新校建筑经过及现况［M］//广东省立勷勤大学概览1937：7.

(59) 广州市政府市政公报，1931（377）：25：建筑市二中校舍之进行。“市工务局昨布告云，为布告事，照得建筑市立第二中学校校舍，关于收用地段，经已竖立标志，所有在收用地段范围内植物，亟须迁云，以免妨碍工程进行”。另建体育馆和围墙工程，1933年完工。

(60) 广州市工务局编．广州市工务报告［R］，1933：49.

(61) 赖德霖．中国近代建筑史研究［M］. 北京：清华大学出版社，2007：373.

(62) 他在回忆录中称1932年辞职，与市政公报核实因属记忆不准，参见：彭长歆．岭南建筑的近代化历程研究［D］. 广州：华南理工大学博士论文，2002.

(63) 新建筑，1936（2）. 在这份介绍中，还有杨锡宗、郑校之、余清江、胡德元、关以舟、过元熙、谭天宋等众多著名建筑师的名字。

(64) 在国立广东大学时期，学校为国父孙中山先生讲演三民主义之所，广东既为革命策源地，亦为孙中山先生之故乡，国民政府乃令广东大学改为中山大学，以纪念创造“中华民国”之国父。

(65) 西南党务月刊，1933（14）：中国国民党中央执行委员会西南执行部党务月刊。

(66) 国立中山大学之过去与现在［J］. 华侨评论，1947（12）：21.

(67) 萧冠英．国立中山大学工学院筹设之经过及对于高等工业教育之管见［J］. 自然科学，1932（4）：573.

(68) 邹鲁．国立中山大学新校舍记［J］. 三民主义月刊，1934（5）：137.

(69) 邹鲁．国立中山大学新校舍记［J］. 三民主义月刊，1934（5）：137.

(70) 同上

(71) 同上

(72) 林克明．广州市政建设几项重点工程忆述——中山图书馆、中山纪念堂、市政府大楼、海珠桥、中山大学及全市交通系统规划［M］//南天岁月——陈济棠主粤时期见闻实录．广州文史资料第三十七辑专辑：210.

(73) 林克明回忆录中记录为1932~1933年设计，1933年竣工，查阅当时合约，对时间有修正。

(74) 蔡德道．两座旧建筑的推断复原［J］. 南方建筑，2010（3）：14.

(75) 有多处文献记录此建筑为1937年建，或记录为1947年，但时间在唐太平医院之前。后通过林克明本人回忆文章推断为1947年唐太平医院之后的一个项目，在蔡德道先生文章中得到证实。

(76) 蔡德道．两座旧建筑的推断复原［J］.

南方建筑，2010（3）：14.

⑦⑦　此建筑在《中国著名建筑师林克明》一书年表中没有收入，但蔡先生文章中提过林克明设计了这一建筑，从设计风格分析也和林很接近。彭长歆博士论文中提到过此建筑，但他说此为蒋光鼐住宅，似不准确。

⑦⑧　广东省政府公报，1932（193）："伏查前国府委员古公勤勤追随总理，努力革命……设学校为纪念，前经中国国民党第四次全国代表大会一致决议，创办勤勤学校"。

⑦⑨　详见：林克明. 陈济棠与勤勤大学［M］//南天岁月——广州文史资料第三十七辑专辑：331.

⑧⓪　决议通过筹办勤勤大学计划［N］. 广东省政府公报，1932（193）：72.

⑧①　筹办勤勤大学计划纲要［N］. 广东省政府公报，1932（193）.

⑧②　决议通过筹办勤勤大学计划［N］. 广东省政府公报，1932（193）：72.

⑧③　详见：筹办勤勤大学计划纲要：师范学院以培养中等学校师资为主，工商两学院，除造就工程师、商业专家外，并培养中等职业学校师资，以供推广职业学校之需要，所有分科计划，均以不与中山大学重复为要旨。

⑧④　林克明. 世纪回顾——林克明回忆录［M］. 广州：广州市政协文史资料委员会编，1995：14.

⑧⑤　筹办勤勤大学计划纲要［N］. 广东省政府公报，1932（193）.

⑧⑥　李锦安任机械系主任，李文翔任化学系主任，罗明橘任土木系主任，林克明任

建筑系主任。

⑧⑦　一年来校务概况［J］. 广东省立工专校刊，1933（8）.

⑧⑧　广东省立勤勤大学建筑图案展览会特刊发刊词［J］. 广东省立勤勤大学工学院特刊，1935（1）.

⑧⑨　呈报变更勤勤大学校址［N］. 广东省政府公报，1932（207）：85.

⑨⓪　据林克明《陈济棠与勤勤大学》一文回忆，当时学校已选定地点购好部分材料准备兴工建筑，但由于当地农民生怕在此兴建校舍会占用大片土地，群起反对，学校遂将原议取消，另选河南石榴岗为新校址。

⑨①　新校建筑择过发现况. 广东省立勤勤大学概览，1937：2.

⑨②　1936年秋省政府换黄慕松担任主席，1937年黄逝世后改由吴铁城接任，陆嗣曾与他们不同派系，因此勤大能领到的仅是维持一般校务开支的费用，对于要求加拨扩充设备所用的资金则完全无望，学校各种建设因而转入低潮。

⑨③　此处林克明撰文与《教育杂志》所述有差异，结合《中华民国实录》与林克明回忆录等文献确定如上。

⑨④　勤勤大学裁撤［J］. 教育杂志，1938（10）：87.

⑨⑤　文理学院1944年8月迁罗定，同时在广东兴宁与广东省立勤勤商学院联合设立分教处。详见：抗战期间高等院校内迁表［M］//中华民国实录，第五卷：5480. 此时林克明已经辞去教职，去国外躲避战乱。

⑨⑥　梁思成. 祝东北大学第一班毕业［J］.

中国建筑（创刊号），1931（11）. 转引自：彭长歆. 岭南建筑的近代化历程研究［D］. 广州：华南理工大学博士论文，2002：348.

⑨⑦ 林克明. 世纪回顾——林克明回忆录［M］. 广州市政协文史资料委员会编，1995：14.

⑨⑧ 林克明. 世纪回顾——林克明回忆录［M］. 广州市政协文史资料委员会编，1995：8.

⑨⑨ 一年来校务概况. 广东省立工专校刊，1933：7—8

⑩⓪ 工务局第五次局务会议记［N］. 广州民国日报，1929-09-16. 转引自：彭长歆. 中国近代建筑教育一个非"鲍扎"个案的形成：勤勤大学建筑工程学系的现代教育与探索［J］. 建筑师，2010（2）：90.

⑩① 彭长歆. 岭南建筑的近代化历程研究［D］. 广州：华南理工大学博士论文，2002：350.

⑩② 林克明. 世纪回顾——林克明回忆录［M］. 广州：广州市政协文史资料委员会编，1995：14.

⑩③ 胡德元. 广东省立勤勤大学建筑系创始经过［J］. 南方建筑，1984（4）：25.

⑩④ 工学院. 广东省立勤勤大学概览，1937：15. 转引自：彭长歆. 岭南建筑的近代化历程研究［D］. 广州：华南理工大学博士论文，2002：259，355.

⑩⑤ 林克明. 此次展览的意义［J］. 广东省立勤勤大学工学院特刊，1935：2.

⑩⑥ 彭长歆. 岭南建筑的近代化历程研究［D］. 广州：华南理工大学博士论文，2002：354.

⑩⑦ 胡德元、陈荣枝、过元熙、谭天宋、关以舟等建筑师事务所均接受了勤大学生实习. 详见：勤大工学院建筑工程学系、土木工程系一、二、三年级暑期派遣实习名单［J］. 勤大旬刊，1936（28）：9-12.

⑩⑧ 彭长歆. 中国近代建筑教育一个非"鲍扎"个案的形成：勤勤大学建筑工程学系的现代教育与探索［J］. 建筑师，2010（2）：95.

⑩⑨ 学院建筑工程学系民廿六级建筑工程学社成立启事［J］. 勤大旬刊，1935（10）.

⑪⓪ 周宇辉. 郑祖良生平及其作品研究［D］. 广州：华南理工大学硕士论文，2011：11.

⑪① Le Corbusier、Paul、R. William及Kennet W. Dalgell之介绍. 郑梁译. 建筑家与住宅计划. 新建筑(胜利版)，1946（2）：11-13.

⑪② 参见：赖德霖. "科学性"与"民族性"——近代中国的建筑价值观［J］. 建筑师，1995（4）：71，72.

⑪③ 彭长歆. 岭南建筑的近代化历程研究［D］. 广州：华南理工大学博士论文，2002：169.

⑪④ 参见：赖德霖主编. 中国近代时期重要建筑家(三)［J］. 世界建筑，2004（169）：87.

⑪⑤ 详见：彭长歆. 中国近代建筑教育一个非"鲍扎"个案的形成：勤勤大学建筑工程学系的现代教育与探索［J］. 建筑师，2010（2）：94. 文中列举了勤大学生杨炜为家乡广东紫金所作的调研报告，当中提出了材料和构造的改良措施

以适应建筑的居住功能。

⑯　据广东省档案馆藏勷大移交中山大学有关学生名册中所记数据，胡德元回忆文章中数据为99人。详见：彭长歆．岭南建筑的近代化历程研究［D］．广州：华南理工大学博士论文，2002：358．

⑰　建筑工程学会举办图案展览会［N］.国立中山大学日报，1942-02-28.转引自：彭长歆．岭南建筑的近代化历程研究［D］.广州：华南理工大学博士论文，2002：361.

⑱　杨永生．中国四代建筑师［M］．北京：中国建筑工业出版社，2002：33．

⑲　林克明．世纪回顾——林克明回忆录［M］．广州：广州市政协文史资料委员会编，1995：26．

⑳　对此，林克明曾回忆过他与夏昌世第一次见面商谈中山大学教学事宜时，之前虽不熟识但见面交谈愉快、顺利。

第四章
新中国成立后林克明的建筑实践与学术活动

第一节　新中国成立后国内建筑业发展概况

　　1949年内战结束，新政权成立，中国建筑界经过战争带来的长期停滞后进入了一个新的时期，社会思想、文化背景、意识形态和经济技术等方面所面临的诸多状况和20世纪30年代的发展期已大不一样，伴随着新中国在特殊历史条件下的国家建设，中国建筑同时经历着特殊而艰巨的现代化历程。一些近代时期的著名建筑师或在战争中遇难，或避走他乡行踪不明，战后仍能活跃并发挥重要作用的建筑师为数不多，但同时建筑界也涌现出一批新生的、追求现代主义的设计力量（其中包括活跃在岭南地区、其后被统称为"岭南学派开创者"的建筑学人们）。

　　新中国成立后，在社会主义生产关系和体制尚未成形、完善的条件下，以国家权力支配经济、文化、艺术、建筑等各项事业的发展成为不可避免的历史局限。1949~1952年是国民经济恢复时期，这一时期的建设工作仍然主要依靠设计事务所、承包商和营造厂的旧有建筑体制实现，在少量新项目中，出现了华南土特产展览会等现代建筑思想的尝试。1952年成立了国营建筑公司和设计院，作为自由职业者的西方式建筑师身份被取缔，而且通过知识分子思想改造等措施，"基本关闭了与欧美现代建筑思想交流的大门"。[①]当时，国内建筑界主要有两种主流的建筑设计理念，"一种是公开的现代主义，一种依然是以传统的中国建筑表征与现代功能相结合"[②]，保留中国形式的"保守派"继承的是由来已久的民族主义抱负，崇尚国际式样的"革新派"则在1930年代萌芽，尤其是当建筑学界不再是学院派教育的天下而引入了包豪斯建筑教育体系后（例如上海的圣约翰大学及其后之江大学的建筑教育），革新派的基础显得更加牢固。在1940年代左右现代主义倾向曾经占据上风，但是新中国成立后因为政治形态的变化，建筑界受到的来自苏联方面的影响开始加强。据统计，当时约有11000名苏联专家被派往中国，为中国落后于西方的领域提供技术援助，同时有37000名中国人到苏联接受技术方面的培训和教育。③更重要的是，苏联对中国的影响不仅止于技术领域，更逐渐渗透到了文化领域，甚至经过院系调整和教育改革，建筑教育也受到苏联模式的影响。在当时的苏联艺术界，一种基于马克思主义思考的社会现实主义理想普遍流行，及至影响中国，与中国建筑界希望表现革命的胜利喜悦和民族主义信念的思潮合流，形成了所谓的新苏维埃风格。这种新风格——"社会主义内容和民族形式"推动新中国建筑向纪念性和形式主义的方向发展，并激发了以大屋顶为代表的传统民族形式的复兴。从某种意义上说，这时建筑风格和创作手法被赋予了表现民族团结和民族自豪感的责任，这种状况和1930年代是类似的。

由于经济形势逐渐恶化，对建筑中"浪费"现象的批评越来越多，1954年10月中国建筑学会第六次会议上将"经济，适用，在可能的条件下注意美观"作为新时期建筑创作的原则④，大大削弱了先前提出的"社会主义内容和民族形式"的指导意义，而同时苏联也提出，"有必要将工业化方式引进建筑业以提高建筑的品质并降低成本"。⑤恶劣的经济条件降低了人们对高花费、重形式的复古主义建筑的兴趣，能够代表建筑品质的是那些借助现代工业生产方式可以便于获得的建筑，在这种社会状况下，那些在较肤浅的层面上借用传统中国建筑主题的手法，包括使用超大尺度的大屋顶的建筑风格都遭到抨击，《建筑学报》在1955年连续发表了三篇批评文章。⑥一方面，现代主义由于意识形态的关系遭到摒弃；另一方面，在反对民族式的浪费中过度追究个人责任，这种思想上的混乱令建筑师无所适从，束缚了建筑师的创作欲望和热情。

1956年"双百方针"（艺术上的百花齐放与学术上的百家争鸣）给建筑界带来宽松的创作环境，但1957年的"反右"运动使这种繁荣变得分外短暂，1958年"大跃进"运动开始后，以"反浪费、反保守"为目标，建筑界的工作任务飞速增加，要求"多快好省"，快速设计与快速施工。到1950年代后期，功能性布局和工业化建造方式被中国建筑业普遍使用，现代主义风格与传统建筑美学之间的抗争更加明显，对于当时的中国建筑师来说，对功能、技术和经济性的关注使他们不至于掉进复古主义的陷阱，但他们也不愿意轻易抛弃对建筑民族性的思考和追求，于是1950年代后期的建筑创作更多是以一种折中的面貌出现，例如著名的共和国十大建筑，在设计上采用了过去十年里涌现的多种风格而不仅仅是某一种建筑风格⑦，这表现出一种实用的建筑思想。这批建筑要求成为中国现代主义建筑成就的集中展示，因此北京火车站、民族文化宫、农业展览馆采用了大屋顶传统，人民大会堂、革命历史博物馆、军事博物馆体现的是一种社会现实主义风格，而工人体育场、民族饭店、华侨饭店则多少具有现代主义特征。所有这些建筑都在某种程度上反映了过去十年建筑界的争论和思考，特别是关于现代主义风格和中国建筑传统之间的探索。

中国建筑界从战后直到20世纪60年代初的10余年时间里都处于相对混乱的恢复时期，"中国近代建筑百年发展的旧有建筑体系被制止了，新的教育、施工、政府管理机构、学术思想、甚至思想意识，在国家支配下'由上而下'开始重建"⑧，这一时期的建筑发展相对近代而言是突变的，是在一条与以往截然不同的道路上重新开始。在中国"人们几乎一眼能辨出面前建筑是哪个时期的，这些形象上的特征绝不是建筑艺术或建筑自身的发展规律自然形成的特征，往往是政治运动和经济政策在建筑形象上的反映。"⑨进入1960年代后，中国建筑界对于西方现代主义建筑表现出疑虑：一方面，肯定西方现代建筑的形式创新、材料经济和技术成熟，另一方面，则不认可西方建筑潮流中的形式主义倾向，同时还困惑于如何创造建筑的纪念性⑩，因此这一时期中国建筑创作还是坚持不懈地寻找更坚实的文化根基和更恰当的社会主义形式。1961年年初中央开始实行"调整、巩固、充实、提高"的八字方针来整顿国民经济，理论与学术讨论再次进入建筑师的视野，并在全国兴起了如何创造建筑新风格的讨论热潮。

但是，由于"文化大革命"运动的影响，在此之后的十年时间内（1966~1976年）建筑业发展被迫处于停滞，完工的建筑屈指可数，广州因地处对外交流的前沿，为了接待外宾以促进出口换取外汇，相继建成了一些展馆和宾馆，这是时代赋予岭南和广州建筑的发展契机。或许是和经济因素有关，1970年代的建筑大多以朴素的面貌出现，但朴素中自有一种优雅的味道。这一时期在经济适用以及满足需要的要求下，现代主义依旧是最突出的建筑流派，而且在某些外交事务建筑中，现代主义甚至象征了中国日益开放的外交政策。

1978年10月，"文革"结束后建筑学会复会，着重讨论建筑的现代化和建筑风格问题，之后建筑界各种思潮题材的研究和实践层出不穷，传统的建筑理念仍有采用及发展，而更多的建筑师则参与到现代主义创作之中。随着国际建筑思潮的不断细化和中国建筑界的国际化趋势，中国建筑进入到新的历史发展之中。

广州新中国成立后在城市建设和建筑创作上的发展与上述过程大致吻合，同时由于岭南地区自有的地域因素和历史文化——例如岭南庭园艺术的传统、特殊气候的技术措施、"广交会"等历史事件对基本建设的推动等，共同造就了广州城建在新中国成立后的发展中具有鲜明的自身特点，在一定程度上也与"岭南建筑学派"的出现密切相关，这些已在第二章中详细论述，此处不再赘言。从城市管理的角度来看，1950年广州成立广州市人民政府市政建设委员会，作为管理城市建设的官方机构，后来该委员会不断进行调整，名称和管理体系的变化反映出广州城建的持续发展：1953年，市政建设委员会改为城市建设委员会；1957年6月，成立广州建设委员会；1958年5月，城市建设委员会和广州建设委员会合并，名称仍为城市建设委员会；1958年11月，城市建设委员会分为市基本建设委员会和市城市规划委员会；1963年11月，城市规划委员会改为城市建设委员会；"文革"期间，城市建设委员会和市基本建设委员会一度撤销，成立市革命委员会城建办公室；1973年3月，成立广州市基本建设委员会；1983年8月，改为城乡建设委员会。[⑪]在此过程中，林克明以岭南近代著名建筑师的身份，参与到城市各项重大工程的设计和管理工作当中，相继在政府机构中担任了技术领导和设计的职务。

第二节　林克明建筑实践过程与情况

1949年，林克明仍在国立中山大学担任教职，被推荐为接管委员会委员之一，之后他接受建设局长邓垦的邀请离开学校参与建设工作，担任广州城建系统的技术管理工作，并亲自设计和指导了广州许多重要建筑项目的建设（图4-1）。由于如上文所述管理机构的组织形式时常进行调整，林克明负责的具体工作和职务也有过不少变动，大致可分为几个阶段，总体而言早期亲自参与设计项目较多，晚期则更偏向指导和审核设计，审核各种规模的建筑工程过百项。

图4-1　林克明新中国成立后主要设计作品分布图

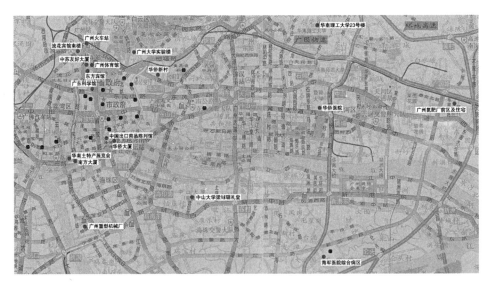

一、城市建设计划委员会时期

林克明在新中国成立后的第一个职务是1950年出任广州市黄埔建港管理委员会规划处处长，其间主要工作是为年久失修的黄埔港做规划，林克明将之定位为广州的卫星镇——子母城市，拟定了修复港口码头的规划，并依据带形城市理论设置了道路干线[12]，但这个规划方案在港口修复之后没有进一步实施完成。在此期间林克明还被聘为海军总工程师，为长洲海军基地进行了设计。

1950年建港管理局撤销，林克明调任新成立的城市建设计划委员会工作，首先完成了广州市总体规划的初稿，规划内容是功能分区、道路系统的修整和下水道系统调查与改建，因为在当时的条件下短期内难以实现完整的城市规划和改造，因此方案只是属于初步的设想。后来，林克明还参与了城市建设计划委员会对海珠广场的规划设计，另一个任务是工人住宅建设委员会，设计方案参照天津的情况做成半永久性的小户型平房，每户还有适当空地作为"院子"。

这段时期比较重要的工作是"华南土特产展览会"的建设。这个项目于1951年6月开始建设，用以准备10月在穗举办华南土特产展览交流大会。因为时间紧迫，项目最终由城市建设计划委员会和建设局共同负责筹建，参与的11位建筑规划设计人员分别来自5个单位，以集体创作、个人负责的形式进行（表4-1），两周内完成相关技术图纸的绘制，三个月内全部建设完成（图4-2）。10月14日交流大会开幕，接待参观人次150余万人（图4-3），是一次"以专家为首集体创作的先例"，大会的成功举办被认为是"在经济战线上取得了伟大的胜利"，"是富有重大政治意义的历史事件。"[13]

华南土特产展览会单体建筑设计项目一览表[14]　　表4-1

序号	项目	设计人	设计单位
1	水果蔬菜馆	黄远强	广东省设计院
2	物资交流馆	谭天宋	中山大学建筑工程系
3	生产资料馆	林克明	广州市建设委员会
4	食品馆	冯汝能、朱石庄	广州市设计院
5	文娱剧场	林克明	广州市建设委员会
6	贸易服务馆	黄适	中山大学建筑工程系
7	山货馆	杜汝俭	中山大学建筑系

续表

序号	项目	设计人	设计单位
8	丝麻棉毛馆	余清江	广州市设计院
9	手工业馆	郭尚德	广州铁路局
10	省际馆	陈伯齐	中山大学建筑工程系
11	水产馆	夏昌世	中山大学建筑工程系
12	门楼	林克明	广州市建设委员会

资料来源：《岭南近现代优秀建筑1949—1990》

　　华南土特产展览会总体规划由林克明主持，主路网"井"字形布局，把用地分成13块，除正中一块为中心广场外，其余12块为建设展馆和办公建筑。规划用地南临西堤二马路，北临十三行路，东为太平南路，西为镇安路，展览会将入口设在西堤二马路两端，出口则设于太平南路和镇安路，总用地面积117260m²，为方便人流和货物出入，场地被划分为密集的道路网和较小的街区，这承袭了20世纪上半叶西方城市商业区的特点，并能最大限度地延长展览路线（图4-4）。建筑单体共12个，分别是：物资交流馆、工矿馆、日用品工业馆、手工业馆、食品馆、农业馆、水果蔬菜馆、林产馆、水产馆、省际馆、交易服务部、文化娱乐部。[15]在单体设计中参考了天津和武汉的经验，最终决定采用半永久式建筑，各建筑师结合相应主题完成了各具特色的设计，立面则采用地方建筑材料以节省资金及方便施工。林克明除规划总平面外还设计了工矿馆，是展会的第十二展馆（图4-5）。展馆面积1477m²，用以陈列华南地区各大企业在工业建设方面的成就，1980年拆除。[16]1952年华南土特产展览更名为"岭南文物宫"，1956年改为"广州市文化公园"并沿用至今。[17]

图4-2　华南土特产展览会建设过程
（资料来源：华南理工大学建筑学系系史展览）

图4-3　参观华南土特产展览会的人群
（资料来源：华南理工大学建筑学系
系史展览）

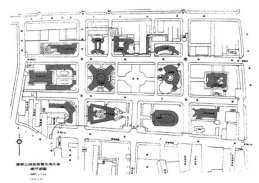

图4-4　华南土特产展览会建筑群总平面
（资料来源：《岭南近现代优秀建筑1949—1990》）

图4-5　华南土特产展览会工矿馆
（资料来源：《岭南近现代优秀建筑1949—1990》）

　　华南土特产展览会建筑群最鲜明的特色是几乎所有建筑都采用了不拘一格的现代主义风格（图4-6），这与新中国成立初期通常采用的偏古典的、或是苏联式的设计相比显得异常新颖、前卫，反映出当时岭南建筑师相对宽松的设计环境和自由、激情的创作心态，但是1950年代中后期现代主义在政治运动中成为被批判的对象，1954年《建筑学报》第二期刊发了《人民日报》读者来信组转来的一位叫林凡的读者来信，文章说展览会建筑群"很可以把它设计成由中国式的亭台楼阁交错组成的结构完整的一个整体，而建筑师却把美国式的、香港式的'方匣子'、'鸽棚'、'流线型'硬往中国搬，他不知道这些资本主义国家的'臭牡丹'在中国的土壤里栽不活，他不知道他设计出来的东西必须完成两重任务：即实用的和优美的……建筑整体性、民族性则更不用说了，有的只是像香签一样细的柱子，倒立的（上粗下细），引人发生恐怖心理的柱子，挑出很远，却像蝉翼一样单薄的阳台，毫无目的的，并不能统一已经非常散乱了的建筑的高塔和圆形的建筑物。不必要的曲折的墙面（这种墙面占地既宽，建筑起来又贵，并且还不适用、不美观），高得梯子都够不着的"落地天窗"（本来采用这种形式必须有电动开关才行，要不然把全

图4-6　华南土特产展览会单体建筑（左至右：水产馆，林业馆，农业馆）
（资料来源：文化公园提供）

部房子的窗子打开，要用好几个钟头，实在划不来），高耸的中门和极其不调和的矮小的侧门……处处都叫人感到突兀、不安定、刺激和奇特，处处都叫人生气。"[18] 文章中还提出，展览会的十几个建筑物，不调和，没有组织，建筑材料用得多但效果不好，"一味利用新奇材料来炫耀自己的知识"。[19] 令人欣慰的是，由于广州的政治环境和管制相对宽松，这些批评的声音并没有过于影响建筑师的创作，其后在广州仍时有高水准的现代主义作品出现。1989年龚德顺、邹德侬、窦以德的《中国现代建筑史纲》第一次在正式出版物上肯定了华南土特产展览会建筑群是新中国成立之初国内设计水平很高的"摩登建筑"之一，指出一些针对其的批评是"不实之词"。[20] 今日回看这些批判意见，当时对现代主义建筑的抗拒和误解之深或许令人难以理解，但对其局限性地看待亦不能摒除历史因素，同时这些争议也从另一方面推动岭南建筑师集体所代表的注重功能、技术、地域和形式理性的建筑创作理念获得更广泛的关注（表4-2）。

林克明新中国成立初期主要工作成果一览表   表4-2

项目名称	设计时间	地点	职务	合作者	备注
黄埔建港管理局规划处时期					
黄埔旧港规划	1950年	广州市黄埔港	主持方案设计	莫俊英等	对发展规模、交通等方面做了规划设计，后未完全实施
长洲海军基地	1950年	广州市长洲岛	兼职	罗明燏	
城市建设计划委员会时期					
广州市总体规划初稿	1951~1952年	广州市	指导设计	谭天宋、罗明燏、陈伯齐、夏昌世、梁亮槛等	划定工业区，道路系统的初步规划
旧工人住宅，十个新村规划	1951~1952年	广州市区内	指导设计	—	参照天津的设计，由工建会完成
华南土特产展览会总平面	1951~1952年	广州市西堤二马路37号	主持设计	陈伯齐、夏昌世、杜汝俭、谭天宋、黄适、冯汝能、余清江、朱石庄、黄远强、郭尚德等	今文化公园，新中国成立初期的第一项工程，以专家为首集体创作的先例

续表

项目名称	设计时间	地点	职务	合作者	备注
华南土特产展览会工矿馆	1951~1952年	广州市西堤二马路37号	设计	—	又名生产资料馆或生产器材馆，1980年拆除
华南土特产展览会剧院	1951~1952年	广州市西堤二马路37号	设计	—	又名文化娱乐部
华南土特产展览会门楼	1951~1952年	广州市西堤二马路37号	设计	—	
海珠广场规划	1951年	广州市海珠区	参与设计	—	没有采用高标准

资料来源：作者根据《中国著名建筑师林克明》、《世纪回顾——林克明回忆录》、《林克明年表及林克明文献目录》、《岭南近现代优秀建筑1949—1990》以及实地调研整理绘制。

二、建筑工程局/广州市设计院时期

1952年10月广州市建筑工程局成立，林克明调任副局长兼设计处处长，其后设计处发展成为较有规模的设计院，林克明任院长兼总工程师。在此期间，他完成了相当多的重要项目，包括一批历史建筑的修复，参与的新设计工程也多为当时广州乃至全国的重点项目。除作为设计师完成方案外，林克明也以技术领导的身份主持和指导了一些设计项目，建筑工程局时期可算他新中国成立后职业生涯中最重要的一个阶段。

南方大厦修复

南方大厦原名大新公司，是当时最大的百货公司，也是广州第一座钢筋混凝土框架结构高层建筑，1918年建成，高9层，建筑面积1.2万m²。[21]大新公司原设计中有一条很有特色的斜坡道，后在抗日战争中被大火烧得仅剩下骨架，虽整个钢筋骨架仍属安全，但结构被破坏得很严重，其后更废弃成为危楼。新中国成立后广州市政府希望修复该楼，以林克明为首的设计组经过现场勘察和讨论提出了修复方案：拆除不合理荷载、被破坏的结构和斜道，加固补强受力系统，次梁重做，其他不作大的改动。这种相对经济的做法，耗时短（不到一年）、耗资少（150万元），即完成了修复工程（图4-7）[22]，修复后的大楼更名为南方大厦，其结构在之后的几十年内经多次检测是坚固安全的。这次修复工作体现了一种合理修复、利用原有材料和讲求科学技术的原则，不仅在新中国成立初期非常必要，对今日建设也有借鉴作用。

中苏友好大厦

中苏友好大厦是在全国学习苏联模式并执行第一个五年计划的背景下建设的，这一时期的建筑创作受到苏联"社会主义内容和民族形式"、"社会主义现实主义的创作方法"等思想的影响，重新引起了民族形式的复兴，但与1930年代的民族复兴样式不同的是，这时在建筑细部装饰中常用红星、和平鸽、旗帜等代表社会主义内容的符号取代传统建筑符号，或通过文字符号和雕塑等艺术手段强调建筑的纪念性和对"社会主义内容"的表现。

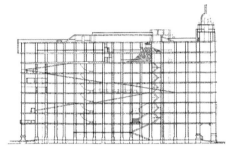

图4-7　南方大厦剖面
（资料来源：《中国著名建筑师林克明》）

广州的中苏友好大厦与北京、上海由苏联专家设计的建筑不同，完全是中国建筑师设计，时间紧、任务重，还要符合苏联专家的要求。或许是因为林克明一向擅于表达官式建筑的典雅庄重，他被选为项目总负责人，建筑选址位于广州市中心北面流花桥附近[23]，占地面积11.4万㎡，建筑面积1.97万㎡，附属建筑2100㎡，露天展览面积1万㎡以上，展览厅共30间。[24]展馆设计的原则是"着重平面布局和艺术处理"[25]，方案平面包括中央大厅、工业馆、农业馆、文化馆四个主要功能空间，馆外设置有交通线路、停车场、露天舞台和展览广场，整个布局主次分明，功能合理（图4-8）。因建设资金有限，林克明等人主张不完全按照苏联建筑的模式建造，缩小规模以节约用地和提高利用率，室内装修中则考虑到以突出展品为主要目的，采用的方针是"除主要大厅采用高

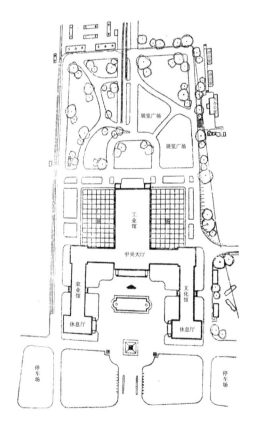

图4-8　中苏友好大厦总平面
（资料来源：《建筑学报》，1956年第3期）

图4-9　中苏友好大厦外观（左）、远眺（右）
（资料来源：广州日报网站）

级材料和花纹装饰，其他装修一切从
简"（图4-9）。[26]立面设计上采用了符号
的方式表达中苏友好的主题，这成为建
筑形式中最令人印象深刻的细节，例如
大门上方CCCP的字样（俄文"苏联"缩
写），还有和平鸽、旗帜和代表两国友
好的两环交互图案共同组成的标志等，

图4-10　中苏友好大厦室内

在建筑风格和装饰手法上表现出设计师融合折中的处理能力（图4-10）。

　　中苏友好大厦的设计和施工充分体现了当时时代对建筑实施的要求：多快
好省。整个建筑在雨期施工，但是通过采用"活动雨棚"、"防雨天遮"等设备，
以快速施工、抗雨施工、多工种交叉流水施工和分段作业等方式，130天即完成
了土建和装修全部工程[27]，在平屋顶隔热层和防水层以及薄壳顶面等构造做法上
积累了新的经验[28]，土建费用总共270万元，平均造价每平方米142元，仅相当
于北京展览馆造价的17/100（北京馆造价每平方米823元）。[29]1974年中苏友好
大厦被改建为中国商品交易会（流花馆），原入口被后来加建的南楼的大片玻璃
幕墙遮蔽。

华侨大厦

　　华侨大厦是新中国成立后广州市第一座以接待海外华侨为主的宾馆，建筑位于
海珠广场东侧，地形狭长且正面朝西，最窄处43m，最宽处85m，这对建筑布局造
成了一定影响，最后设计时将主入口设在用地西侧，东西向可以面对广场，平面为
"U"字形，中间客房主楼高8层，南北两翼高6层，中部工字形的东侧为餐饮公共
部分，高2层，中间以门厅连接，建筑面积共2.5万㎡（图4-11）。[30]

　　华侨大厦建筑造型为中轴对称式，平屋顶，立面为传统的三段式设计，无太多

图4-11　华侨大厦总平面
（资料来源：《建筑学报》，1957年第6期）

图4-12　华侨大厦原貌外观
（资料来源：林沛克先生提供）

图4-13　华侨大厦鸟瞰

图4-14　华侨大厦原址现建华厦大酒店

装饰，只在首层与顶层有简洁线条和装饰图案。西立面正中有两层高的门廊，四至七层正中间设单个突出的阳台，八层则略作变化为三个凹阳台，这成为立面上的装饰焦点（图4-12~图4-15）。门廊和阳台以卷草花纹装饰，耍头造型的构件承接着挑出的檐口，阳台栏杆为中式。整座建筑简洁、朴素、雅致，不足之处是各立面均未考虑遮阳。

新中国成立初期，广州市在旅馆设计上经验不多，以华侨为服务对象的宾馆更无规范可循，最终华侨大厦建筑柱网采用4m开间，进深为（4.45+5.60+4.45）m[31]，客房配独立卫生间，这是以经济合理为原则、并考虑华侨的生活习惯而做的针对性设计。工程总负责是麦禹喜，林克明指导设计和审定方案。

广州体育馆

广州体育馆1957年10月建成，是广州最早的体育馆，也曾是全国第二大、华南地区最大的体育场馆。建筑位于解放北路和流花路交汇地，西面紧临中苏友好大厦，建成初期曾与中苏友好大厦共用停车场，后来建成的羊城宾馆、中国大酒

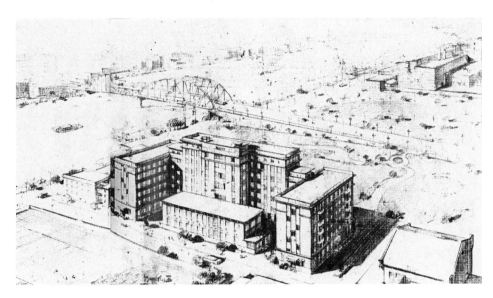

图4-15　华侨大厦手绘透视（伍诚信绘制）

（资料来源：《岭南近现代优秀建筑1949—1990》）

店等广州著名建筑均汇集于此地（图4-16）。

广州体育馆建筑用地2.8万m²，建筑面积1.86万m²，包括比赛馆、南楼、北楼、东门楼、西门楼和拳击馆六个部分，比赛场地长轴南北向，设计座位有6000个左右，为满足观众视线要求与降低造价，观众席沿场地四周布置（图4-17）。建筑主体采用大跨度反梁薄板刚架结构体系，薄壳屋面，共11排钢筋混凝土刚架，每个刚架高22.7m，跨度

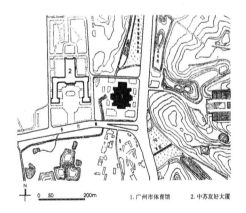

图4-16　广州体育馆位置示意
（资料来源：《岭南近现代优秀建筑1949—1990》）

49.8m。[32]这一薄壳结构是全国九大薄壳结构建筑中的第一个，造价120元/m²。[33]此外，设计中对体育馆的视线、疏散、采光、通风和音响等技术问题，建筑师都做了详尽的考虑和处理，建筑采用永久性结构，土建造价共196万元。[34]外形上体育馆为中轴对称式，主体部分高3层，分上下两段做10个券洞，下部5个券洞约占整体的2/3，为主入口，两侧是以篮球和羽毛球运动员为主题的浮雕。建筑外墙为横向划分的水刷石墙面，镶嵌少量浮雕装饰，造型古典、稳重，风格简单、明快（图4-18）。

由于当时建筑原材料缺乏，林克明的设计非常简朴，外墙面选择了最常见的水

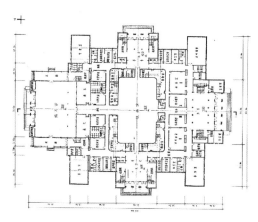

图4-17　广州体育馆平面
（资料来源：《建筑学报》，1958年第6期）

图4-18　广州体育馆正立面

刷石，因钢筋水泥紧缺，体育馆的桩基全部采用10m多长的大杉木，甚至除了主体工程外，附属办公室的梁柱曾一度准备用毛竹替代钢筋，最后同步施工的广州火车站和东方宾馆停工后将钢筋水泥让给体育馆先用才解决了这个问题。[35]体育馆建成后曾经有过辉煌，但在1990年代后使用状况每况愈下，2001年因修建地铁被定向原地爆破拆除，拆除过程当时被称为"中国第一爆"，后原地建起了锦汉展览中心。

广东科学馆

广东科学馆位于中山纪念堂西侧，总平面是中轴对称的"工"字形布局，南北朝向，主入口在南边（图4-19、图4-20）。总建筑面积8850m²，4层高，馆内设有可容纳900人的大会堂1个，小报告厅5个，教室4个，围坐式交流室3个，贵宾室4个及科技工作者之家活动室1个（图4-21）。[36]广东科学馆是当时华南地区重要的科技活动中心，也是新中国成立后国内建成的第一座科学馆，建筑采用了民族古典风格设计，比例匀称，外形优雅，尤其可贵的是设计时充分考虑了与东侧中山纪念堂相协调，建筑高度低于中山纪念堂，平面轴心与之平行，形式上为配合中山纪念堂的大屋顶，"专门设计了一个较小的屋顶并配衬许多屋檐装饰线"。[37]为贯彻实用经济的设计原则，科学馆做了坡屋顶和平屋顶相结合的简洁的民族形式，水刷石墙面，绿瓦屋面，整体风格朴素淡雅，只在重点部位作装饰，且充分利用新材料的性能，进一步简化传统建筑构件，因而土建造价不高，为110元/m²。[38]建筑造型主次分明，中间主体部分高4层，冠戴庑殿屋顶，旁边副楼3层，平顶，立面设计以阳台为造型元素，一、二层柱廊，三层设凹阳台，四层悬挑凸阳台，体现出丰富的变化和南方建筑通透的艺术特点（图4-22）。北立面体量、构图均与南立面相似，但

图4-19　广东科学馆鸟瞰
（资料来源：林沛克先生提供）

图4-20　广东科学馆入口现状

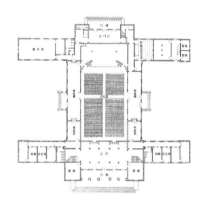

图4-21　广东科学馆首层平面
（资料来源：《中国著名建筑师林克明》）

图4-22　广东科学馆立面

更简洁，屋顶非坡屋面，改为绿瓦小坡女儿墙。

广东科学馆所处地理位置比较特殊，与中山纪念堂、市府合署距离很近（图4-23），设计该馆时，曾有人建议应表现科技的意念，少用传统建筑的元素，但林克明认为科学馆位于中山纪念堂西侧，关键是要处理好建筑与周围环境的关系，使之形成一个和谐的群体，这也是他选择建筑形式

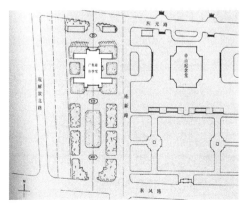

图4-23　广东科学馆总平面
（资料来源：《岭南近现代优秀建筑1949—1990》）

和风格时主要考虑的因素。最终，林克明跳出传统宫殿式建筑的套路，采用了坡屋顶与平屋顶相结合的形式，既利用了新建筑材料的性能，又节约了工程造价。他将这一次设计称为"建筑创作道路上的一个转折点"，对传统建筑手法的采用是"冒着被批评为复古主义的风险"而进行的。㊴

华侨新村

因广州旅外华侨众多，1954年市政府开始建设华侨新村，选址位于环市东路淘金坑附近蚬壳岗、玉子岗和螺岗一带，由林克明负责技术指导工作。规划分两期建设，1957~1960年为第一期，1961~1964年为第二期，用地总面积68万 m^2。因建设基址"地势较高，空气爽朗，但不近溪河，现拟利用村前洼地找地下水源做人工湖，以弥补村址有山无水的缺憾"。㊵规划布局时根据用地内的三座高低不同的山岗，设置了三条轴线，中心区布置华侨小学等公共福利设

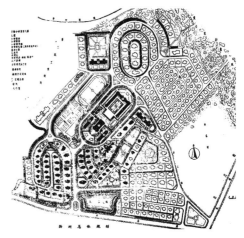

图4-24 华侨新村总平面
（资料来源：《建筑学报》，1957年第2期）

施，建筑群则顺应地形自由布置，建筑形式尽量与村前环市马路南面的邮电新村相协调（图4-24）。这种利用原有山岗作分级布置的做法既节省了土方量，又营造出了优美的自然环境，在通风采光上也优于平地布局。

至1965年，华侨新村已建成二至三层独院式住宅177座，公寓291套，配套托儿所、幼儿园和小学各一，总建筑面积11万 m^2，服务设施齐全，自然环境宜人，购房者来自20多个国家和地区。㊶华侨新村的住宅以独院式为主，也有少量多层公寓，分几种户型以满足不同购房者的需求（图4-25），建筑风格原设计为红墙绿瓦的民族形式，后因当时建筑界对复古思想的批判改为平屋顶，并利用线脚、阳台、花池等元素结合饰色的处理营造出外形的美观。建筑群整体色调和谐，外墙以米黄和苹果绿两种色调为主，楼梯间一般采用淡灰色水刷石或红色清水墙面，装饰线脚为白色或灰色水刷石，门窗刷奶黄色油漆，钢窗刷银漆。时至今日，这批独院式别墅一部分现状仍保持完好，大部分则在外观和室内进行了比较大的改造。

中国出口商品陈列馆

中国出口商品陈列馆位于起义路1号，是继侨光路2号陈列馆之后建设的广交会新馆㊷，作为广东国庆十周年献礼项目，中国出口商品陈列馆从1958年11月到

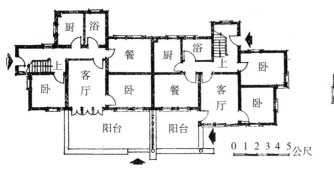

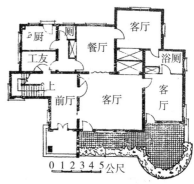

A型别墅　　　　　　　　　　　　　B型别墅

图4-25　华侨新村住宅平、立面
（资料来源：《建筑学报》，1957年第2期）

1959年8月期间建设，10个月即完成设计和施工，在此举办了第6届到第34届广交会，成为全国对外贸易的中心（图4-26）。

陈列馆建筑面积3.4万m²，主楼10层，两翼8层[43]，因建筑位于十字路口端，外形呈L形，设计时将主入口设在马路转角处（图4-27、图4-28）。首层大厅层高9.5m，进深30m，二层以上层

图4-26　中国出口商品陈列馆工艺展览馆内
（资料来源：《中国著名建筑师林克明》）

高4.5m，进深18m，三至七层均为展场，全部展出面积1.7万m²。[44]建筑两翼的顶层为举办活动和办公之用，屋顶平台则为露天花园，在南方可用来举办晚会。建筑主要依靠自然通风，采光均匀，全部投资300万元，建筑造价约为85元/m²，是一个经济、实用的建筑物。现在该建筑改用作商业购物中心，更名海印缤缤广场，建筑外观和室内装修风格改动不大，仍基本保持着原貌（图4-29、图4-30）。

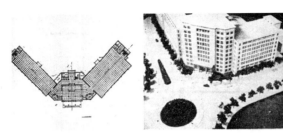

图4-27　中国出口商品陈列馆模型与平面
（资料来源：《建筑学报》，1959年第8期）

图4-28　中国出口商品陈列馆总平面
（资料来源：《中国著名建筑师林克明》）

图4-29　中国出口商品陈列馆现状外观

图4-30　中国出口商品陈列馆室内现状

羊城宾馆

羊城宾馆位于流花湖东岸，西临人民北路，与中国出口商品陈列馆（原中苏友好大厦）相对（图4-31），1961年由林克明主持设计，是当时广州为数不多的高档宾馆之一，建成后即取代爱群大厦成为接待广交会外宾的主要单位，也是"广州外贸工程"的重要项目之一。[45]

羊城宾馆占地4.5万㎡，建筑面积4.2万㎡，高8层，客房460间，建筑平面为中轴对称的"工"字形布局，主入口朝北，二层以上为客房，以南北朝向作主房，八层为大小餐厅、厨房和活动厅等，附属建筑多，设计和施工难度均比较大。[46]中座首、二层设宴会厅和大礼堂，宴会厅虽朝西，但西侧有5m宽通廊遮阳，可眺望流花湖风光（图4-32）。建筑外观采用对称手法，风格典雅大方，外墙以淡黄色水刷石划分方格作装饰，屋顶出檐以挑梁承托，整体装饰较朴素，只在屋顶、入口门廊和阳台等细部装饰上采用了传统符号，三至八层阳台出挑，栏杆为混凝土做的传统式样，顶层阳台则在形式上略作变化，"尽量利用地方材料来表现民族风格"。[47]

羊城宾馆在"文革"早期更名为东方宾馆，1972年东方宾馆于西侧扩建新楼，

图4-31　羊城宾馆方案手绘图与位置示意
（资料来源：《建筑学报》，1959年第8期）

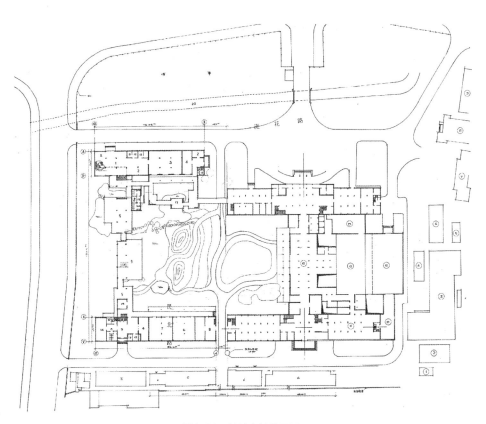

图4-32　羊城宾馆首层平面
（资料来源：《岭南近现代优秀建筑1949—1990》）

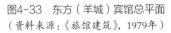

图4-33　东方（羊城）宾馆总平面
（资料来源：《旅馆建筑》，1979年）

图4-34　东方（羊城）宾馆现状外观

由佘畯南主持完成了设计规划，新楼布局更加紧凑，对庭园环境进行了创新设计，加强了室内外空间的融合，将岭南园林手法与现代高层建筑设计结合在一起。现在东方宾馆外观进行了修整和翻新，加建了裙楼和入口牌坊，但主体建筑风貌变化不大，仍是以雅致简洁的民族风格为主（图4-33、图4-34）。

广州火车站

广州火车站于1960年代开始设计施工，后因国家压缩基本建设而缓建，在经历几次规模调整和方案修改后[48]，最终于1975年建成投入使用。广州火车站是当时我国新型火车站之一，是华南地区总站和广州的枢纽站，建成后负担重要的京广线和广深线、广三线的交通（图4-35）。

车站设计最重要的是功能布局和交通流线的组织，广州火车站的设计考虑到近郊客流比重大的特点，做了通过式和尽端式相结合的设计，在西侧将近郊列车到发线布置为尽端式，与京广主线互不干扰，提高了车站的疏散能力和通过能力（图4-36）。建筑大楼平面为双"口"字形，中部四层，两翼三层[49]，总建筑面积28660m²，其中首层是门厅、售票厅和慢车候车厅，二层主要为贵宾候车厅和快车候车厅，车站大楼为线下式站房，二层与站台平齐，旅客交通便捷。根据建筑特点在结构、设备和室内装饰方面要求较高，如电视通信、字母电钟、通风调节、自动化运输行李等设备新颖、完善。[50]

广州火车站建筑风格简洁大方，通透大窗与花格装饰带有一定地方特色，内部布置两个内庭，通风、采光均好，室内装饰以中央大厅为重点，其余部分简单、朴素（图4-37、图4-38）。

林克明建筑工程局时期主要工作成果见表4-3。

图4-35　广州火车站外观与总平面设计方案
（资料来源：《建筑学报》，1959年第8期）

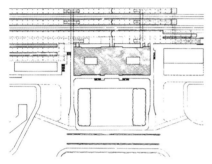

图4-36　广州火车站平面布局
（资料来源：《中国著名建筑师林克明》）

图4-37　广州火车站原貌外观

图4-38　广州
火车站室内

（资料来源：《中
国著名建筑师林
克明》）

林克明建筑工程局时期主要工作成果一览表⑤   表4-3

建筑工程局时期（后扩建为广州市设计院）

项目名称	设计时间	地点	职务	合作者	备注
*中山纪念堂维修	1953、1957、1963年	广州市东风中路	指导维修	—	此三次为维修时间
*光孝寺维修	—	广州市越秀区光孝路	指导维修	现场负责余清江	主要解决白蚁蛀蚀问题
*广州农民运动讲习所	—	广州市中山四路	指导维修	—	基本按照原样维修
*中共广州市委办公楼	1952年	广州市越华路	指导设计	—	—
市建筑工程局办公楼	1954年	广州市广卫路	设计	—	—
南方大厦修复	1954年	广州市西堤二马路34号	主持设计	杨元熙、佘畯南、陈维新、谭伯康、麦禹喜、朱石庄、张普光等	国内首例维修加固遭焚烧后的高层建筑物工程
中苏友好大厦	1955年	广州市流花路	方案主持设计，施工总负责	麦禹喜、佘畯南、金泽光、莫耀铭、杨永棠、王绥之等	原貌不存，现址为中国出口商品陈列馆。设计追求减少装饰，节省费用总负责人：麦禹喜
华侨大厦	1956年	广州市海珠广场侨光路8号	方案主持设计	麦禹喜、朱石庄、伍诚信、郭汊昌等	已拆，原址建华厦大酒店。为广州第一间专门接待海外华侨的宾馆总负责人：麦禹喜
广州体育馆	1956年	广州市解放北路与流花路交界处	主持设计	杨思忠、龙炳芬、谭伯康等	已拆，钢筋混凝土大屋架当时属国内之最，全国九大薄壳结构建筑中的第一个总负责人：杨思忠
*广州市总工会办公楼	1956年	广州市东风西路	指导设计	—	总负责人：麦禹喜

续表

项目名称	设计时间	地点	职务	合作者	备注
*广州市总工会礼堂	1956年	广州市东风西路	指导设计	—	总负责人：莫耀铭
广东科学馆	1957年	广州市越秀区连新路171号，中山纪念堂西侧	设计	谭荣典、丘文博等	全国第一个科学馆，风格与中山纪念堂协调
华侨新村	1957年	广州市环市东路	参与设计	黄适、陈伯齐、金泽光、佘畯南、麦禹喜、余清江、姚集衡	—
*广东省归国华侨联合会办公楼	1958年	广州市海珠广场	指导设计	—	总负责人：麦禹喜
中国出口商品陈列馆	1958年	广州市海珠广场	方案主持设计	麦禹喜、朱石庄、刘骧等	俗称起义路陈列馆，今为海印缤缤广场，室内保存较好，外观改动不大。广东"十大工程"之一
人民大会堂	1958年	北京市	参与方案	—	—
*广东科学馆招待所	1959年	广州市东风路科学馆院内	指导设计	—	—
广州氮肥厂前区及住宅	1959~1961年	广州市车陂	主持设计与施工	—	已拆，原址作房地产开发
广州重型机械厂	1959年	广州市河南	主持设计与施工	—	已拆，原址建光大花园住宅小区
海军医院综合病区	1959年	广州市河南海珠区石榴岗路106号	设计	—	军事区，已被征用
空军办公楼建筑群	1959年	广州市黄埔	主持集体设计	—	—

续表

项目名称	设计时间	地点	职务	合作者	备注
*广东地志博物馆	1957~1959年	广州市文明路215号原广东贡院旧址	指导设计	朱石庄	后改名为广东省博物馆，下辖鲁迅纪念馆。广东"十大工程"之一
*广东省农业展览馆	1960年	广州市先烈中路100号	指导设计	伍诚信	今中国科学院中南分院。广东"十大工程"之一。总负责人：伍诚信
羊城宾馆	1960年	广州市越秀区流花路120号	方案主持设计	麦禹喜、朱石庄、黄浩、黄扩英、叶乔柱、赵永权、何球、李应成等	今东方宾馆东楼，前加建了裙楼和入口。广东"十大工程"之一
广州火车站	1960年	广州市环市西路	方案主持设计	莫耀铭、黄扩英、祁淑芬等	1975年建成，广东"十大工程"之一
*越秀宾馆	1960年	广州市小北路	指导设计	—	总负责人：朱石庄
*谊园	1960年	广州市海珠广场	指导设计	—	—
*北京路商店建筑群	1961年	广州市北京路	指导设计	—	总负责人：莫耀铭
*广东迎宾馆二号楼	1961年	广州市解放北路	指导设计	—	—
*市二轻局百货大楼	1961年	广州市沿江路	指导设计	—	总负责人：蔡德道
*市工人医院	1961年	广州市长堤	指导设计	—	总负责人：蔡德道
*市第一人民医院五号楼	1962年	广州市人民路	指导设计	—	—
*中南林学院校舍规划	1962年	广州市郊黄婆洞	指导设计	—	—
*中南林学院教学楼	1962年	广州市郊黄婆洞	指导设计	—	—

续表

项目名称	设计时间	地点	职务	合作者	备注
*中南林学院住宅	1962年	广州市郊黄婆洞	指导设计	—	
白云机场候机楼	1964年	广州市白云机场	参与方案	—	

资料来源：作者根据《中国著名建筑师林克明》、《世纪回顾——林克明回忆录》、《林克明年表及林克明文献目录》、《岭南近现代优秀建筑1949—1990》以及实地调研整理绘制。

注：表中*号代表该项目是在林克明指导下完成的工程，非主要设计人。

三、外贸工程组及前后时期

1965年，曾生任广州市长期间，林克明调任城市建设委员会副主任，加强城建委的工作，负责新爱群大厦、友谊剧院和人民大桥等工程的建设。人民桥是新中国成立后广州自己设计施工的第一座大桥，林克明与金泽光负责设计和施工管理，经过研究讨论大桥采用全部预制装配式桥梁结构，基础采用沉井结构。[52]1965~1967年人民桥建成，连引桥全长共800多米，投资600多万元。新爱群大厦（即人民大厦）建筑位置与旧爱群大厦相连，但与旧爱群大厦的美式风格不同，新爱群大厦采用了现代风格，工程依然是以经济实用作为设计目标。广州宾馆是在广交会来宾日益增多的情况下提出建设的，是当时全国第一座高层宾馆建筑，27层的高度比上海国际大厦还要高出几米，施工难度很大。宾馆的建筑用地只有6000多平方米（除停车场等预留用地外），设计构思在满足使用的前提下尽可能利用原有地形紧凑布局，主楼为高层板式建筑形式，南北向，剪力墙结构体系，共500多间客房和各种服务设施。这一建筑的设计借鉴了当时世界上高层建筑设计的成功经验，也是我国首次采用板式结构体系建造高层建筑，由于缺乏钢管脚手架，建筑设备不配套，施工时只能采用土洋结合的办法，用竹木料搭建了90米高的脚手架[53]，幸而准备充分周密，工程完成较好，设计手法和结构体系成为之后其他高层建筑如白云宾馆、白天鹅宾馆的设计借鉴。在新爱群大厦和广州宾馆这两个项目中，由于集体创作的缘故，很难找到设计者个人的具体思考和体会记录，但作品呈现出来的面貌反映了设计集体重视建筑功能和经济理性的现代主义思维，这与林克明一贯以来坚持的设计思路是基本一致的。

"文革"开始后，林克明受到运动冲击，从1966年开始直到1972年才恢复工作，这段时期内没有进行建筑创作的机会。1972年广交会规模扩大，为满足需求，广州市成立外贸工程领导小组负责相关建设，以"广州外贸工程"为名在国家计划中立项，项目包括：流花宾馆、矿泉客舍、东方宾馆西楼、中国出口商品陈列馆新馆、白云宾馆、友谊商店，要求从1972年起，每年春秋两季的广交会中，必须各有一个项目建成并投入使用，这是当时难得的大型项目创作机会。工程组由国家对外贸易部副部长陈树福、广州市副市长林西、广州警备区司令员庞立彪为组长，下设财务、工程、设计、材料、家具等几个组，林克明担任设计组组长，分管两个设计小组，一个在市设计院，进行广交会扩建工程、东方宾馆新馆和流花宾馆等项目，另一个小组则由之前参与新爱群大厦和广州宾馆设计工作的小组扩大而成，参与的设计师除设计院之外，还包括华南工学院和园林局、房管局的设计人员。[54]此时，许多批斗下放劳动的建筑师和工程师被召回广州，林西专门召开会议对之前广州建筑的成绩加以肯定，为参与工作的人员减轻思想负担，要求他们重新投入到新的工作当中，这种提前明确思想的做法是外贸工程取得成绩的基础[55]，参加的建筑师团结协作，不计名利，成就殊为不易。

　　流花宾馆一期工程（北楼）和二期工程（南楼）分别于1972年6月和12月开始建设，1972年10月和1973年4月竣工。宾馆选址在火车站广场南部岗地，地形为梯形，南高北低，用地面积约3.1万㎡，建成后总建筑面积3.7万㎡，客房数690间。设计任务由广州市设计院承担，其中南楼为林克明所做方案，建筑面积2.3万㎡，与北楼平行争取最大间距，为避免平、立面过长过于单调，平面被设计为折线形（图4-39），柱网开间为7m，进深15.8m[56]，首层中部为门厅，门厅西南角设主楼梯和电梯，以东设服务台、工作间等，电梯厅南边为会客室，东西两翼布置内廊式客房。作为"广州外贸工程"的重要项目之一，流花宾馆设计施工快，很好地解决了广交会的住房需求（图4-40、图4-41），当时其他外贸工程项目还

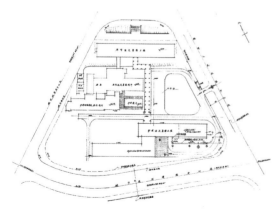

图4-39　流花宾馆总平面
（资料来源：《岭南近现代优秀建筑1949—1990》）

图4-40　流花宾馆南楼现状

图4-41　流花宾馆透视图
（资料来源：《旅馆建筑》）

图4-42　华侨医院门诊大楼

图4-43　佛山科学馆
（资料来源：《中国著名建筑师林克明》）

包括白云宾馆和广交会扩展工程，林克明作为设计组组长参与了这些工程的方案设计过程并提出了一些原则性的建议，最终项目均是按照经济适用的方针进行设计和建设的。

　　1975年林克明调任广州市基本建设委员会任副主任，主要管理市设计院和计委列项工厂扩建工程的审批，工作任务不多。1979年他受聘为华南工学院（即后来的华南理工大学）建筑系教授，组织成立华工建筑设计研究院并担任院长，由陈开庆与郑鹏任副院长。1984年设计院改为企业单位，陈开庆任院长，林克明改任名誉院长，仍兼职教授。进入1980年代后，已届高龄的林克明将工作重心放在华工和华工设计院上，同时也参与了一些重要方案和规划项目的审批与评议。据他自己回忆，这一阶段主要完成了几项设计工作：华侨医院项目是与建筑系以及华工香港校友合作工作，出国多年的夏昌世教授也回国参与，因投资所限，最终完成了门诊部和几栋宿舍楼的设计（图4-42）；佛山科学馆由林克明亲自完成方案设计（图4-43），投资150万元，计划建设5000m²的建筑，因用地受限制，方案重视环境，因地制宜，以经济适用的原则完成了设计要求，建筑面积6000多平方米；[57]1982

图4-44　广州大学实验楼

图4-45　华南理工大学23号教学楼

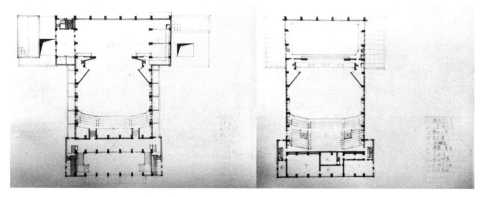

图4-46　中山大学梁铢琚礼堂平面
（资料来源：林沛克先生提供）

年，林克明为中山大学设计梁铢琚礼堂（图4-46），2000人座位的规模在广州是仅
次于中山纪念堂的第二大礼堂，出于节省资金的考虑，方案平面布局紧凑，选用材
料多为国产材料，以300万元投资完成了包括设备、空调和土建在内的全部工程[58]，
建成后使用者都认为很适用；1983年，林克明在下塘为广州大学拟订了总体规划，
此处地形高低起伏较大，布局上有一定困难，他还设计了广州大学实验楼一座，现
为广州广播电视大学实验楼，现状保存较好（图4-44）；在华南工学院，林克明设
计了原法学院旁边的两座教学楼，采用简洁的现代形式加上少量民族风格装饰，以
和旧建筑取得协调（图4-45）。

　　这一阶段林克明参与了深圳市城市规划和广州市总体规划的制订与研究，深圳
市城市规划主要为原则性问题的讨论，例如城市发展方向，和香港的关系等，广州
总体规划则将市区从54km²扩大为90km²，对城市的远景发展意义很大。在这一系列城
市规划讨论和其他一些大型项目的论证过程中[59]，林克明一直坚持注重环境、重视传
统和经济合理的观点，这也是他在城市问题上长期思考和实践的结果（表4-4）。

林克明外贸工程组、华工设计院及前后时期主要工作成果一览表[60]　　表4-4

项目名称	设计时间	地点	职务	合作者	备注
广州市城市建设委员会时期					
*友谊剧院	1965年	广州市人民北路	指导设计	麦禹喜、佘畯南、朱石庄等	方案有特色，南方风格总负责人：佘畯南
*第一人民大桥	1965年	广州市	指导设计	金泽光	预制装配式桥梁结构
*新爱群大厦	1965年	广州市长堤二马路	指导设计	莫伯治、莫俊英、吴威亮、蔡德道、郑昭、黄汉炎等	
*广州宾馆	1965年	广州市海珠广场东北角	指导设计	莫伯治、莫俊英、吴威亮、蔡德道、郑昭、黄汉炎等	高27层，全国首次建设的高层宾馆
外贸工程设计组时期					
*流花宾馆北楼	1972～1973年	广州市环市西路194号	指导设计	—	负责人：黄炳兴
流花宾馆南楼	1972～1973年	广州市环市西路194号	设计	陈金涛、黄扩英、莫炳文等	南楼为当时的二期建筑，今广州流花服装批发市场，已加建裙楼负责人：黄炳兴
*白云宾馆	1973年	广州市环市中路	指导设计、参与方案	莫伯治、吴威亮、林兆璋、陈伟廉、郑昭、黄汉炎等	经济适用的原则
*中国出口商品陈列馆	1974年	广州市流花北路与解放北路之间	指导设计	—	负责人：陈金涛等
邮电大楼	1973～1975年	广州市	方案研究	—	

续表

项目名称	设计时间	地点	职务	合作者	备注
广州基本建设委员会时期					
#杭州宾馆	1976年	杭州市	方案评议	—	
#长沙火车站	1976年	长沙市	方案评议	—	
#上海火车站	1978年	上海市	方案评议	—	
华工建筑设计研究院时期					
#深圳城市总体规划	1979年	深圳市	方案评议	陈开庆、杜汝俭等	提出原则性意见
#广州城市总体规划	1982年	广州市	方案评议	—	第15个规划方案
*深圳兴业大厦	1980年	深圳市	指导设计	—	与香港校友合作设计
*暨南大学职工住宅	1980年	广州市石牌	指导设计	—	总负责人：萧裕琴、贾爱琴
广州华侨医院	1981年	广州市黄埔大道西613号	设计组负责人	夏昌世、杜汝俭等负责，郑鹏、罗宝钿、赵伯仁、冯硕铭等参与	华工设计院、建筑系与香港华工校友会合作设计。现入口处有改动
*台山剧院	1981年	广东省台山县	指导设计	—	总负责人：孔志成
*台山园林宾馆	1981年	广东省台山县	指导设计	—	总负责人：左萧思
佛山科学馆	1982年	佛山市汾江中路101号	设计	马端祥等	6000m² 规模
*深圳科学馆	1982年	深圳市	指导设计	—	总负责人：何镜堂

续表

项目名称	设计时间	地点	职务	合作者	备注
*华南工学院招待所	1982年	广州市五山	指导设计	—	总负责人：陈开庆
*葵花宾馆	1983年	广东省新会县	指导设计	—	
中山大学梁銶琚礼堂	1982年	广州市河南康乐中山大学内	设计与总负责	傅肃科、刘炳焜、郑爱群、魏长文等	装修从简，适用。仅次于中山纪念堂的第二大礼堂
广州大学实验楼	1983年	广州市麓景西路41号	设计	马择生、杨适伟等	今广州市广播电视大学实验楼，现状保存较好。拟订学校总体规划
华南理工大学23号教学楼	1984年	广州市五山	设计	孙文泰、张发明等	
*华南理工大学建筑设计院办公楼	1984年	广州市五山	指导设计		总负责人：林永祥
市人委礼堂	1985年	广州市	方案设计	—	
#文化假日酒店	1985年	广州市环市东路	方案审定	—	与新加坡建筑师合作设计
爱华医院	1986年	广州市执信路	设计	—	未实施

资料来源：作者根据《中国著名建筑师林克明》、《世纪回顾——林克明回忆录》、《林克明年表及林克明文献目录》、《岭南近现代优秀建筑1949—1990》以及实地调研整理绘制。

注：表中*号代表是在林克明指导下完成的工程，#号代表参加方案评定和审查的项目。

第三节　林克明的事务性工作

新中国成立后林克明除继续进行本职的建筑设计工作之外，还开始担负更多的领导和管理工作，因此各种会议、考察和培训占据了大量时间，这使得在关注他新中国成立后的职业生涯时，必须将这一部分的工作和活动也一并进行总结——这也正是林克明与当时其他很多建筑师的不同之处，政府官员的身份一方面限制了他在设计上个人风格的发挥，一方面也扩大了他对于城市发展的影响力。从林克明所参与的这些活动中，能够进一步认识和厘清他对于建筑设计、建筑教育以及城市规划等多方面的学术观点和思想。此外，相对新中国成立前多忙于实际工程，林克明在新中国成立后学术著述相对丰富，对于这部分文献的分析解读将在本书第七章中展开。

一、参加学术会议

1958年，林克明参加了在北京召开的十大建筑评议会，北京的十大建设工程是为庆祝新中国成立10周年的重大献礼[61]，主要由北京市设计院和建工部设计院负责，设计工作于1958年开始，要求1959年国庆前完成。因建设工程时间之紧、规模之大、建筑标准之高是新中国成立后从未有过的，建工部邀请全国各地的专家学者参与讨论，梁思成、杨廷宝和赵深等人都有参加，每项工程经集体讨论后定出功能要求，然后各人自由选择加入各工程的方案设计。林克明参与的是最大的项目人民大会堂的设计讨论，在这个项目中，建筑的规模、功能布局以及与周边建筑的关系和形式协调等问题最为突出，参与者进行了反复的讨论和推敲。北京十大建筑工程项目从其社会背景、操作方式和后续影响上来说是一个非常独特的案例，也可以看作是新中国成立后十年间建筑界的一次总结和研讨，它对建筑界提出了一个问题，即在社会主义建设背景下的中国建筑设计应采用什么作为标准？这一问题在一年后的上海建筑艺术座谈会上得到正式的讨论和确定。

1959年建工部部长刘秀峰在上海召开了一次全国性的座谈会，讨论党对建筑设计的领导及建筑设计的方针政策问题，中国建筑学会的大部分成员都到会，林克明代表广东建筑学会参加（图4-47）。会议召开的背景在于新中国成立初期建筑界对苏联的学习所引发的民族形式复兴此时被批判为复古主义，党对于建筑设计的方针是怎样的，如何才能继承优秀的民族传统又避免片面的复古主义，这是会议重点讨论的内容。会议以座谈会的形式进行，参与者既包括各省建筑学会的老专家，也有大学教授和中青年设计师，讨论热烈，发言踊跃，最终会议确定了当时的设计方针是"适用，经济，在可能的条件下注意美观"，林克明的发言在此之外还着重提出了地方建筑风格的问题。此后，林克明主持广东省建筑学会召开会议进一步讨论此次会议的精神并发表了综合发言"关于建筑风格的几个问题"，对此进行了深入阐述，同时从他的各项设计中可看出，他对于"经济适用"这个设计原则一直非常重视，贯彻始终。

图4-47　参加
中国建筑工程学
会第一次全国代
表大会合影

（资料来源：林
沛克先生提供）

　　1963年林克明参加了在古巴召开的第七届国际建筑协会会议，在当时的国际和国内形势下，这是为数不多的中国建筑师与国际建筑界之间的直接交流，参会人员还包括梁思成、陈植、杨廷宝和陈伯齐等著名建筑师，其中杨廷宝作为国际建协副主席担任方案评委。古巴会议的主要内容是吉隆滩抗美纪念碑方案评选，事先议定的评图原则是方案不得破坏吉隆滩原有环境，从林克明回忆录中可知，中国选送的方案共21个[62]，造型多为传统的广场加纪念碑式，布局工整，图纸完善，设计水准较高，但因不符合方案要求，最终无一中选（只有一个安慰奖）。相比之下，中选方案第一名和第二名均是采用地下式展览，地上部分没有高大完整的纪念物，不破坏原有地貌环境，仅采用造型简洁自然的物体来表达一种纪念性的概念和悠远的意境。[63]这种国内外设计意念上的差异非常明显，杨廷宝先生后来曾惋惜地回忆起这一事件，林克明虽在回忆录中并没有进一步提及这次会议带给中国建筑师的感想和触动，但是对于相对封闭的中国建筑界而言，这是一次增加交流和增长见识的宝贵经历。

二、学术考察

　　新中国成立前林克明在广东省立勤勤大学建筑工程系任教期间，曾和同为建筑系教师的胡德元一起前往日本考察，时间是1935年暑假。这次考察以参观日本的重要城市和建筑为主，因当时林克明和胡德元正在勤勤大学进行建筑专业教育的工作，他们也选择考察了胡德元的母校——日本东京工业大学，并购买了大量书籍，为回国后的教学计划和课程设置调整作准备。[64]新中国成立后，由于严峻的国际形势和社会经济条件制约，个人出境考察的可能几乎没有，因此1955年林克明前往苏联的访问活动成为一次难得的学术交流机会。

1955年，中苏友好大厦建成后，全苏建筑师学会邀请中国代表团访问苏联，城市建设部部长万里任团长，林克明也受邀参加代表团，这次考察接待规格较高，参观内容多，林克明本人在回忆录中以大量篇幅详细记录了在苏联的所见所闻，可见这次访问对他影响之深。[65]在苏联考察期间，代表团既参观了莫斯科大学、莫斯科地铁站、全苏农业展览馆、莫斯科第一设计院等建筑，也领略了莫斯科、列宁格勒、斯大林格勒和基辅等地的城市景观，通过与苏联专家的座谈和学校参观，了解到苏联建筑教育的方式方法、国家建筑的思考方向以及城市规划方面的学术观点，是一次全方位的交流和学习。苏联建筑设计的一些经验，例如善于营造建筑的庄严感和纪念性、重视地方建筑风格和古迹保护、统一的城市规划设计等，对林克明日后的建筑创作产生了一定影响，他的作品通常带有比较强烈的国家意识形态特征，反映出较明显的标志性和形式感，这与苏联建筑的某些艺术风格是相似的。

1985年，林克明应其弟林汉真和侄子林耀邦的邀请，前往新加坡探亲旅游，尽管这不是一次正式的学术访问，但林克明在参观期间仍然相当关注新加坡的建筑和城市规划，他对新加坡城市规划的有序十分赞赏，城市绿化、配套设施、交通组织等方面的优秀表现都给他留下了很好的印象。除参观一些世界著名建筑师在新加坡的作品之外，林克明尤其对新加坡大学的建筑学教育体制进行了详细的了解。当时林克明在华南工学院建筑系兼职教授，长期对建筑教育的贡献和投入的大量工作令他对建筑教育的情况格外关注，积极推介国外先进的教学模式并反思国内教育现状中的不足之处。

三、社会工作与职务

作为一个近代以来长期具有社会影响力的建筑师，林克明在新中国成立后担负较多的社会工作，尤其是担任建筑学会理事长期间为推动岭南建筑的发展作出了贡献。

广州市建筑学会于1952年成立，原本是由林克明在城市计划委员会期间提出建立的，初时会员不多，大多数是勤勤大学的老同学和工程师，包括姚集铨、郑祖良、梁启杰等，当时只是群众性的学术组织，未有正式章程。至1953年中国建筑学会成立，广州市建筑学会也以会员资格参与活动。市建筑学会一直挂靠在建筑工程局，由林克明兼任学会各届理事长，在中国建筑学会的指导下开展学术活动，会员规模不断发展壮大。学会每年有一次年会，在会上讨论拟定的各项建筑课题，同

图4-48　1956年林克明参加第一届人大时与罗明
燏教授和广州市市长朱光合影
（资料来源：林沛克先生提供）

图4-49　1978年林克明参加全国科学大会70
岁以上老专家合影
（资料来源：华南理工大学建筑学系系史展览）

时也参与对国外建筑师的接待活动，市建筑学会曾在1956年接待过苏联建筑师代表团，作为1955年中国建筑师出访苏联的回访。

"文革"期间各项文化事业发展停滞，建筑师学会的活动也暂停，1976~1977年间学会恢复活动，林克明仍然担任学会理事长一职，曾接待包括华裔建筑师贝聿铭在内的美国建筑师代表团。此外，建筑学会的一项重要工作是创办了学报《南方建筑》，当时由郑祖良工程师负责主办，现在《南方建筑》仍在出版，已经是南中国一份很有学术影响力的建筑刊物。

林克明在与建筑相关的工作之外还担任了一些社会职务，1954年始他连续当选为广州市第一届至第六届人民代表大会代表，广州市人民委员会委员，第一届至第三届全国人民代表大会代表，当时同入选的工程界代表还有罗明燏、梁思成和杨廷宝等（图4-48）。1957年林克明加入中国共产党，这对于一名从旧中国而来的老知识分子而言是一件不容易的事情。1978年林克明当选为全国第五届政协委员，1979年被增补为广州市政协第四届、五届委员会副主席。在这些社会工作中，林克明最关注的还是他一直思考和实践的教育改革问题和城市建设问题，并得以和省外同行们进行更多的交流，但不可否认的是，这些社会职务和活动也在某种程度上削弱了林克明作为建筑设计师的独立性和纯粹性（图4-49）。

四、建筑教育

新中国成立前林克明曾创办广东省立勤勤大学，为岭南建筑人才的培养作出了贡献，新中国成立后他也一直关注建筑教育的发展，从他的回忆录中可看出，每次外出考察活动时他都会专门关注了解当地的建筑教育状况，甚至连在80高龄前往新加坡私人探亲时，都专门访问了新加坡大学并了解其建筑系的教学情况。因此，尽管林克明对岭南建筑教育的突出贡献主要在于新中国成立前，但新中国成立后也并非没有涉及，相反他长期重视建筑教育问题，身体力行地培养了大量建筑工程人才。

1954年，因新中国成立初期缺少建筑人才，市设计院举办了一个短期培训班，内容包括建筑设计和结构施工，教师由工程师兼职，学员大部分在工人中抽调，学制一年半，毕业后学员回原来单位或到设计院和施工现场担任技术骨干，实施效果较好。1958年广州市建工局也开办了建筑工程学校，林克明担任第一任校长，这是一所正规的中等专业学校，开设专业更多。此外，由林克明发起成立的"科学技术联合会"（后改为科学技术协会）从1958年起也成为培养人才的单位，与华工建筑系系主任陈伯齐合办建筑班，由华工的几位教师授课。1950年代林克明参与举办的这些培训班办学效果均较好，为缓解当时建筑人才缺口、推动建筑教育事业的发展起到了积极作用。

1977年建筑学会恢复活动后，将培训人才作为一项重要的工作来做，当时广州设计单位中很多具有多年实践经验的骨干员工均是中专学历，需要进一步深造，林克明提议举办业余大学专科培训班，培养在职干部的建筑设计能力。经考试录取了市设计院15人，省设计院10人以及房管局和其他单位数人，总计50人，另有7人旁听，后应学员要求，林克明与高教局协调将二年制专科培训班改为四年制的大专班，学员毕业后多成为单位的技术骨干。[66]

1979年，林克明在市建委工作期间受华南工学院院长张进和建筑学系的邀请，成为华南工学院建筑系兼职教授（图4-50、图4-51），并着手创办建筑设计院，此后林克明将主要精力放在教学工作上，参与辅导硕士研究生，1983年第一届招收研究生三名：陈雄、翁颖和朱立本，林克明主要负责讲授建筑原理、建筑设计等课程，每周两次，每次约三小时。据学生回忆林克明授课认真，亲自编写讲义，时常利用假日加班授课，在教学方法上强调组织课堂讨论，重视培养学生的主动思考能力和工程实践能力[67]，这与他长期秉承的教学理念是一致的。第二批招收研究生为城市规划方向，这是林克明一直感兴趣和关注的课题，他认为这一方面的学术研究很有必要，因此尽管林克明因年龄和身体原因对设计院工作很少过问，但仍然指导学生完成了两个初步规划方案，分别是黄竹歧三公里长的规划方案和东莞中堂的城市规划初步设想。

总观林克明长期以来在建筑教育方面的工作，可知他一向重视实践型建筑工程人才的培养，强调建筑在艺术性之外更重要的是功能性和技术性的体现，这种务实

图4-50 林克明晚年在工作室审核图纸
（资料来源：华南理工大学建筑学系史展览）

图4-51 林克明晚年与昔日同事谭荣典等人合影
（资料来源：林沛克先生提供）

取向直接影响了他在新中国成立前创办广东省立勤勤大学建筑工程系时在专业教育上走了一条与当时大多数建筑院校的"鲍扎"式教育截然不同的现代主义教育道路，及至新中国成立后，他在建筑人才的培养上仍然注重实践能力，注重学为所用，强调根据社会实际需要和要求来培养人才，这种观念和做法对于今日我国日益开放的建筑学教育来说仍然具有可贵的借鉴价值。

[注释]

① 龚德顺，邹德侬，窦以德. 中国现代建筑史纲 [M]. 天津：天津科学技术出版社，1989：27.

② 彼得·罗，关晟. 承传与交融：探讨中国近代建筑的本质与形式 [M]. 北京：中国建筑工业出版社，2004：74.

③ Jonathan D.Spence. To Change China: Western Advisors in China, 1620—1960 [M]: 282-283.

④ 这句话通常被认为是当时的建工部长刘秀峰所说。

⑤ 《人民日报》刊发的苏联总理赫鲁晓夫在1955年的讲话中提到。

⑥ 彼得·罗，关晟. 承传与交融：探讨中国近代建筑的本质与形式 [M]. 北京：中国建筑工业出版社，2004：82.

⑦ 谈到这些工程时，梁思成特别提到了它们与折中主义的区别。他认为折中主义是复古主义的前身，是剽窃古代遗产的片断并把它们拼贴在一起，而十大建筑不同的建筑特点所体现的文化形式，是对传统的继承和发展。详见：梁思成. 从"适用、经济、在可能的条件下注意美观"谈到传统与革新 [J]. 建筑学报，1959（6）：3.

⑧ 沙永杰."西化"的历程——中日建筑近代化过程比较研究 [M]. 上海：上海科学技术出版社，2001：67.

⑨　龚德顺，邹德侬，窦以德．中国现代建筑史纲［M］．天津：天津科学技术出版社，1989：3.

⑩　当时普遍认为西方现代主义建筑在如何表现建筑物的纪念性上做得不成功。

⑪　广州市人民政府暨所属单位机构沿革和人员变动草稿。广州市档案馆。

⑫　林克明规划的道路干线为60m宽，后实施时因投资所限，最终为24m，日后发展中路面宽度不足，造成城市发展困难。详见：世纪回顾——林克明回忆录。

⑬　伟大的祖国富饶的华南［J］．华南土特产展览交流大会画刊，1952：4.

⑭　资料由广州市文化公园提供，详见石安海主编．岭南近现代优秀建筑1949—1990．北京：中国建筑工业出版社，2010：37。其中第3项"生产资料馆"即《华南土特产展览交流大会画刊》中记载"工矿馆"，第5项"文娱剧场"为《画刊》中"文化娱乐部"，第6项贸易服务馆为《画刊》中"交易服务馆"，第7项"山货馆"为《画刊》中"林产馆"，第8项"丝麻棉毛馆"为《画刊》中"农业馆"。

⑮　伟大的祖国富饶的华南［J］．华南土特产展览交流大会画刊，1952：4

⑯　石安海主编．岭南近现代优秀建筑1949—1990［M］．北京：中国建筑工业出版社，2010：40.

⑰　三次命名均由叶剑英亲笔题名。

⑱　林凡．人民要求建筑师展开批评与自我批评［J］．建筑学报，1954（1）.

⑲　同上

⑳　石安海主编．岭南近现代优秀建筑

㉑　石安海主编．岭南近现代优秀建筑1949—1990［M］．北京：中国建筑工业出版社，2010：52.

㉑　石安海主编．岭南近现代优秀建筑1949—1990［M］．北京：中国建筑工业出版社，2010：63.

㉒　林克明．世纪回顾——林克明回忆录［M］．广州：广州市政协文史资料委员会编，1995：36.

㉓　初期选址在北郊桂花岗，因有迁坟、跨越铁路线等问题而更改选址。现选址符合苏联专家的要求：靠近公园，有铁路运输线，离市中心不远，有广场。

㉔　石安海主编．岭南近现代优秀建筑1949—1990［M］．北京：中国建筑工业出版社，2010：71.

㉕　林克明．广州中苏友好大厦的设计与施工［J］．建筑学报，1956（3）：62.

㉖　林克明．建筑教育、建筑创作实践六十二年［M］//中国著名建筑师林克明．北京：科学普及出版社，1991：5

㉗　刘业．现代岭南建筑发展研究［D］．广州：华南理工大学博士学位论文，2001：72.

㉘　林克明．广州中苏友好大厦的设计与施工［J］．建筑学报，1956（3）：66-67.

㉙　蔡德道．广州建筑多年见闻［J］．南方建筑，2008（1）：55.

㉚　林克明．世纪回顾——林克明回忆录［M］．广州：广州市政协文史资料委员会编，1995：39.

㉛　石安海主编．岭南近现代优秀建筑1949—1990［M］．北京：中国建筑工业出版社，2010：96.

㉜　林克明．广州体育馆［J］．建筑学报，

1958（6）：23.

(33) 林克明．世纪回顾——林克明回忆录［M］．广州：广州市政协文史资料委员会编，1995：38.

(34) 详见：林克明．广州体育馆［J］．建筑学报，1958（6）：26.

(35) 喝彩声中爆破的广州体育馆［N］．南方都市报，2012-02-23.

(36) 石安海主编．岭南近现代优秀建筑1949—1990［M］．北京：中国建筑工业出版社，2010：111.

(37) 林克明．世纪回顾——林克明回忆录［M］，广州：广州市政协文史资料委员会编，1995：40.

(38) 广东科学馆投资不多，是几项工程中使用设计人员最少的一项。详见：林克明．建筑教育、建筑创作实践六十二年［M］//中国著名建筑师林克明．北京：科技普及出版社，1991：5.

(39) 林克明．建筑教育、建筑创作实践六十二年［M］//中国著名建筑师林克明．北京：科学普及出版社，1991：5.

(40) 朱朴．广州华侨新村［J］．建筑学报，1957（2）：18.

(41) 石安海主编．岭南近现代优秀建筑1949—1990［M］．北京：中国建筑工业出版社，2010：89

(42) 自1957年举办第一届广交会至今，共使用过5个展馆：第1、第2届为中苏友好大厦，第3~5届为侨光路陈列馆，第6~34届为中国出口商品陈列馆，第35~102届是中国出口商品交易会流花路展馆，第94届至今在琶洲展馆。

(43) 考虑到展览用途建筑不宜过高，还要留出小广场，适当控制了建筑高度。

(44) 林克明，佘畯南，麦禹喜．广州几项公共建筑设计［J］．建筑学报，1959（8）：18.

(45) 广州为解决交易会期间住房紧缺的情况，兴建了一批以接待华侨和外商为主的宾馆，包括羊城宾馆、华侨大厦、广州宾馆等，1970年代为应对不断上升的交易会客商数量，又兴建了东方宾馆（羊城宾馆新楼）、流花宾馆、白云宾馆等项目，统称“广州外贸工程”。

(46) 相对于其他项目，本项目因各种因素影响耗资较大，施工时间较长。

(47) 林克明，佘畯南，麦禹喜．广州几项公共建筑设计［J］．建筑学报，1959（8）：16.

(48) 广州火车站最初方案建筑面积只要求1.5万m^2，不超过北京火车站。后因北京站已完成，又修改为3.5万m^2，施工开始后因“大跃进”而工程暂停，要减小规模，之后经反复修改规模确定在2.8万m^2。

(49) 建筑高度受飞机航道限制，总高度不超过30m。

(50) 林克明，佘畯南，麦禹喜．广州几项公共建筑设计［J］．建筑学报，1959（8）：16.

(51) 表格中*号代表该项目是在林克明指导下完成，非主要设计人。

(52) 林克明．世纪回顾——林克明回忆录［M］．广州：广州市政协文史资料委员会编，1995：64.

(53) 林克明．建筑教育、建筑创作实践六十二年［M］//中国著名建筑师林克明．北京：科技普及出版社，1991：6．对于这样高度的建筑来说，这一做法带有一定的冒险性。

(54) 林克明．世纪回顾——林克明回忆录［M］．广州：广州市政协文史资料委员会编，1995：67.

(55) 蔡德道．"文革"中的广州外贸工程记事(1972—1976)［J］．羊城古今，2006(2)：23-28.

(56) 石安海主编．岭南近现代优秀建筑1949—1990［M］．北京：中国建筑工业出版社，2010：221.

(57) 林克明．世纪回顾——林克明回忆录［M］．广州：广州市政协文史资料委员会编，1995：74.

(58) 林克明．世纪回顾——林克明回忆录［M］．广州：广州市政协文史资料委员会编，1995：75.

(59) 此类项目包括深圳城市规划，广州城市规划，北京部分规划讨论，苏州、杭州总体规划研究，上海车站评议，苏州车站评议，杭州西湖华侨大厦选址，长沙车站评议，白天鹅宾馆选址，江湾新城选址，长洲岛规划，新城市发展中心规划等。

(60) 表格中*号代表在林克明指导下完成的工程，#号代表参加方案评定和审查的项目。

(61) 十大工程包括人民大会堂、军事博物馆、美术馆、北京火车站、民族文化宫、农业展览馆、北京饭店、科技馆、国家歌剧院、中国革命历史博物馆。

(62) 一说为9个方案，详见：张良皋．忆杨廷宝先生数事［J］．新建筑，2001(6).

(63) 林克明．世纪回顾——林克明回忆录［M］．广州：广州市政协文史资料委员会编，1995：62．据他回忆，第一名获奖方案是在海边设置几块破碎的石头，地下设展览馆，第二名方案则是一束柴枝的造型，半地下展览馆。

(64) 彭长歆．中国近代建筑教育一个非"鲍扎"个案的形成：勷勤大学建筑工程学系的现代主义教育与探索［J］．建筑师，2010(4)：92

(65) 林克明．世纪回顾——林克明回忆录［M］．广州：广州市政协文史资料委员会编，1995：49-55.

(66) 林克明．世纪回顾——林克明回忆录［M］．广州：广州市政协文史资料委员会编，1995：70.

(67) 林克明．世纪回顾——林克明回忆录［M］．广州：广州市政协文史资料委员会编，1995：77.

第五章
林克明建筑设计手法分析与研究

林克明建筑设计作品数量多，时间跨度大，在设计风格和手法上表现出作者的个人特色与偏爱，但同时也具有较强的灵活性和适应性，其中相当一部分影响力大的公共建筑项目，更能体现出当时社会文化和建筑思潮的发展趋势。本章试图通过对林克明现存作品实例和图纸进行定性、定量的分析，结合与同时期建筑师做法的对比，总结林克明建筑设计的手法特点，发掘他在风格选取和创作倾向演变上的历史线索，从建筑设计的角度厘清其创作思想的发展过程。

第一节　林克明建筑设计手法和风格分析（1926~1949年）

林克明新中国成立前（1926~1949年）以广州市工务局技士和林克明建筑工程师事务所的身份共完成建筑设计60余项[①]，其中至今仍存的有20多项，其他多数或未实施、或已在战争和城市建设中被拆毁。[②]所幸留存的这部分建筑既有当时比较重要的公共建筑项目，也有颇能反映其设计倾向的个人作品，本节以这部分有迹可查的建筑（表5-1）为研究主体，通过现场调查、测绘、翻印档案等方式获得建筑项目的基础研究资料并进行分析，总结它们在平面布局方式、立面比例控制和建筑设计的具体手法等方面的特点、规律。

林克明建筑设计代表作（1926~1949年）现状分析和资料统计　　　　表5-1

序号	建筑名称	设计时间	风格	现存状况和研究基础
1	中山图书馆	1928年	中国固有式	保存完好，有设计图对平面、立面、剖面现状进行了测绘，有测绘图纸

续表

序号	建筑名称	设计时间	风格	现存状况和研究基础
2	广州市府合署	1929年	中国固有式	保存完好，有设计图纸
3	平民宫	1929年	现代	已拆，有旧照片和文字记录
4	市立二中教学楼	1930年	西洋古典	保存较好，有改建有设计图
5	黄花岗七十二烈士墓牌楼	1932年	新古典	保存完好，有照片
6	勤勤大学工学院教学楼（方案）	1933年	摩登式	保存较好，有照片有设计图
7	勤勤大学师范学院教学楼（方案）	1933年	摩登式	保存较好，有照片有设计图
8	勤勤大学第一第二宿舍（方案）	1933年	摩登式	保存较好，有照片有设计图
9	国立中大农学院农林化学馆	1934年	中国固有式	保存完好，有蓝图有现状测绘图纸
10	国立中大理学院生物地质地理教室	1934年	中国固有式	保存完好，有蓝图有现状测绘图纸
11	国立中大理学院物理数学天文教室	1934年	中国固有式	保存完好，有蓝图有现状测绘图纸
12	国立中大理学院化学工程教室	1933年	中国固有式	保存完好，有蓝图有现状测绘图纸
13	国立中大法学院教学楼	1933年	中国固有式	保存完好，有蓝图有现状测绘图纸
14	国立中大理学院化学教室[③]	1933年	中国固有式	保存完好，有部分蓝图有现状测绘图纸
15	国立中大男生宿舍	1934年	中国固有式（有简化）	保存完好，有蓝图有现状测绘图纸
16	国立中大乙组膳堂	1934年	中国固有式	保存完好，有蓝图有现状测绘图纸
17	金星戏院	1934年	装饰艺术风格	大部分已拆，有照片
18	林克明自宅	1935年	现代	保存较好，有照片有设计图
19	知用中学教学楼	1935年	现代	保存较好，有照片

续表

序号	建筑名称	设计时间	风格	现存状况和研究基础
20	知用中学实验楼	1935年	现代	保存较好，有照片
21	市立女子中学	1935年	现代	保存较好
22	大中中学校舍	1936年	装饰艺术风格	保存较好，有照片
23	徐家烈住宅	1947年	现代	已拆，有照片 有现场测绘草图
24	张宅	1947年	现代	保存较好，有照片

一、平面形式分析

从以上现存可测绘或已有图纸资料的建筑中，针对其平面形式进行简化、提炼和对比（表5-2），发现它们具有以下共同特点：

林克明（1926~1949年）部分建筑作品平面形式分析　　　　表5-2

建筑名称	中山图书馆	广州市府合署	市立二中
风格	中国固有式	中国固有式	古典主义
平面简图 ▨ 楼梯 ▨ 入口 ■ 廊道			
平面类型	合院式平面 中心对称	合院式平面 中轴对称 围廊式	"工"字形平面 中轴对称 内廊式
建筑名称	勤勤大学工学院教学楼（方案）	勤勤大学师范学院教学楼（方案）	国立中大农学院农林化学馆
风格	摩登式	摩登式	中国固有式
平面简图 ▨ 楼梯 ▨ 入口 ■ 廊道			

续表

平面类型	"工"字形平面 中轴对称 内廊式	"一"字形平面 中轴对称 内廊式	"一"字形平面 中轴对称 内廊式
建筑名称	国立中大理学院化学 工程教室	国立中大理学院生物 地质地理教室	国立中大理学院物理 数学天文教室
风格	中国固有式	中国固有式	中国固有式
平面简图 ■ 楼梯 ■ 入口 ■ 廊道			
平面类型	"一"字形平面 中轴对称 内廊式	"工"字形平面 中轴对称 内廊式	"一"字形平面 中轴对称 内廊式
建筑名称	国立中大男生宿舍	国立中大法学院教学 楼	国立中大乙组膳堂
风格	简化的中国固有式	中国固有式	中国固有式
平面简图 ■ 楼梯 ■ 入口 ■ 廊道			
平面类型	"工"字形平面 中轴对称 内廊式	"工"字形平面 中轴对称 内廊式	"一"字形平面 中轴对称
建筑名称	理学院化学教室	徐家烈住宅	林克明自宅
风格	中国固有式	现代	现代
平面简图 ■ 楼梯 ■ 入口 ■ 廊道			
平面类型	"工"字形平面 中轴对称 外廊式	自由式平面 不对称	自由式平面 不对称

　　平面形式最大的共同点是中轴对称。在以上实例中，只有在以现代风格设计的几个住宅项目中平面不是对称式的，其余建筑无论是"中国固有式"设计，还是古典主义风格抑或摩登式建筑，无一例外为中轴对称式平面。如果进一步考察平面组合方式，早期两个最重要的作品中山图书馆和市府合署表现出一定的相似性。由于建筑功能的复杂性和规模原因，这两个作品均以合院式组织平面布局，具有空间上的层次感和形式上的规律性，尤其是中山图书馆正方形比例控制下的平面形式，令人联想到19世纪前期著名的建筑家迪朗（Jean-Nicolas-Louis Durand，1760~1834年）以几何元素作为构图基础的设计方法，和这一平面相似的还有美国华盛顿国会图书馆，这栋建筑的平面图出现在法国著名建筑师加代（Julien Guadet，1834~1908年）所著的《建筑的要素与理论》（Elements et Theories de L'Architecture，1902年）一书中。[④]市府合署平面形式不仅具有理性的特点，也有中国合院式布局的影响，只是在这里公共性和联系性代替了中国合院布局中的内向性和等级思想，新的市政意识形态为建筑赋予了不同于以往的平面含义。

　　大部分建筑并没有采取合院方式布局，在单体建筑中比较常见的平面形式有"一"字形和"工"字形两种，均是对称式的。事实上，为保持建筑的对称造型，无论哪一种形式的平面中主要入口位置均在正面正中处，其他次要出入口和楼梯位置的设置也多对称（见表5-2），特别是那些会在外形上突出造成体量变化的楼梯。其次，通过对国立中山大学同一时期的建筑平面进行对比发现，通常在比较重要、规模较大的建筑中采取"工"字形平面为多，而在相对比较次要的小规模建筑中采用"一"字形平面的更多。这种规律在其他时期的建筑，例如勷勤大学或是市立二中的设计中则不那么明显。

　　仔细考察各种类型的平面做法，发现在"一"字形平面中，如果建筑的面宽较大而进深较浅，也就是说建筑平面比较狭长的情况下，通常做法是入口部分和两端突出，形成平面的五段式划分，例如勷勤大学师范学院平面；另一种处理方式是只突出中间入口部分而两端不突出，例如国立中山大学乙组饭堂和理学院化学工程教室，由此形成平面的三段划分，突出入口部分的重要性（图5-1）。总之，无论采取以上哪种方式，结果都是在平面上形成了有规律的分段，从而使得整个建筑造型呈现规律性的变化。但是，如果建筑的面宽和进深相差不大，整个平面比较偏向方形时，通常不对平面做出纵向分段划分而是保持形式的完整性（图5-2），这一方面是由于面宽方向长度不够不足以形成分段，另一方面的原因在于这种长宽比例的建筑规模通常相对较小，形体上不需要划分太多层次。这一

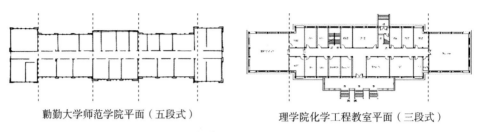

勤勤大学师范学院平面（五段式）　　　理学院化学工程教室平面（三段式）

图5-1　"一"字形平面的分段式划分
（资料来源：《中国著名建筑师林克明》）

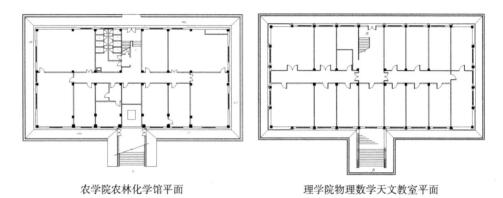

农学院农林化学馆平面　　　　　　理学院物理数学天文教室平面

图5-2　"一"字形平面的整体式做法
（资料来源：现状测绘图）

类建筑的实例有国立中山大学的农林产制造工场、农学院农林化学馆和理学院物理数学天文教室等。

"工"字形平面建筑中，比较简单和体量较小的建筑做法一般为两端突出直接形成"工"字形，例如国立中大的男生宿舍，而复杂和体量大的建筑，则通常在两端纵向突出的部分和中间主体之间还有一个过渡连接段，体量和进深都相对小一些，使得建筑在整体形式上成为大小相间的五段而非三段工字形，有些甚至入口部分也突出，形成接近"山"字形的平面。这种做法的好处是平面组合更清晰，立面形体更丰富，符合大体量建筑的造型要求（图5-3），实例如国立中大法学院（"山"字形）和理学院生物地质地理教室（"工"字形）。在这类建筑中楼梯也通常设置在连接段的旁边，例如理学院化学教室的平面中，尽管并没有设置这一连接段，但是仍然在这一位置上设置了楼梯间。"工"字形平面的另一种变体接近"U"字形，典型例子是市立二中建筑平面（图5-3）。它在平面的设置方式上与"工"字形基本一致，只是在形体比例上更加均衡，没有工字形平面那样明显的横轴和纵向突出之分。

市立二中平面　　　　　　　法学院平面　　　　　理学院生物地质地理教室平面

图5-3 "工"字形平面的不同做法：直接突出/分段连接

（资料来源：现状测绘图）

在具体平面布局上，除多采用偏向内敛、封闭的建筑平面外，林克明在设计上多以简洁、高效的组织方式为主，体现出他务实、注重实用和讲求功能的思想特征以及学院派的教育影响。因而，最能便捷地组织交通流线、最能合理利用用地的双边走廊形式是最常见的平面组织方式，以廊道直接通达和连接入口、楼梯和主要功能房间，使平面布局有序、紧凑、规律性强。

值得注意的是，若仅仅从平面分析，较难看出上述各作品实际上在风格取舍上的不同，无论是"中国固有式"作品，还是摩登式建筑，它们的平面形式都基本为以上几种规律的体现。如果说"中国固有式"建筑对传统形式的采纳使得平面布局也必然是方形组合和对称设置，那么在一部分现代风格的作品（如勒勒大学的建筑）中仍然采用这类平面不能不说反映出林克明的设计受到西方学院派教育和古典风格的影响仍比较强烈，在平面设计中有一种对于完整形式感的执念。当然，由于这些建筑本身多为公共性质，建筑师希望能够更加强调外形的庄严和稳重也是原因之一，因为在林克明的住宅设计中，还是能看到不同于以上形式的非对称平面，布局方式上表现出明显的功能至上，不执着于轴线组合，基本具备了现代主义建筑"自由平面"的设计思想。

二、立面构图分析

和平面的布局形式相适应，上述建筑在立面上的横向划分大致有一段式、三段式和五段式几种，纵向划分则基本为典型的三段式，其中"中国固有式"建筑中的纵向三段式通常是标准的台基、屋身和屋顶，现代风格作品中的纵向三段式不那么明显，但也可区分台基和屋身部分，屋顶一般为平屋顶但有小压檐作为结束。

在这些建筑作品的立面设计中，最突出的特点是古典建筑中常用的合乎构图法则的比例控制，主要有3：5、2：3、正方形、圆形这几种比例关系。2：3与3：5这两种比例都在斐波纳切数列之中⑤，它们和正方形一样，是西方古典建筑所偏爱的理想比例，林克明对这些比例的运用，体现出建筑师努力在中国风格的建筑设计中融入学院派建筑学理论的构图原则。

斐波纳切数列中3：5的比例（1：1.667）与黄金分割比1：1.618非常接近，它是西方古典建筑中重要的比例关系，例如，罗马君士坦丁凯旋门（Constantine's Arch,315）檐部以下部分的比例和文艺复兴后期古典建筑大师帕拉第奥设计的圆厅别墅（Villa Rotonda,16世纪中）山花以下部分比例都是3：5，这样的比例关系在18、19世纪的古典复兴潮流中也被建筑师广泛采用，德国建筑师辛克尔设计的柏林宫廷剧院的入口比例正是3：5。即使在中国，在林克明之前的几个著名建筑当中也能找到3：5比例关系的运用。1920年美国建筑师茂飞在清华大学设计的礼堂，该建筑入口立面的整体比例是3：5，而设计中山纪念堂的建筑师吕彦直在中山陵建筑中体现了相同的理念，祭堂的立面设计具有非常明晰的构图逻辑，它的高度与侧墙上部的面宽相等，且高度与两垂脊间距的高宽之比是5：3，匾额上檐在总高的3/5处。⑥杨廷宝先生在1927年设计京奉铁路沈阳总站时，立面采用了西方建筑古典主义的水平五段式构图，这横竖并置的五个矩形具有相同的比例，长宽都是5：3。林克明回国后最初开始设计实践是在1928年冬，这时他不太可能对早一年完成的沈阳火车站有很深刻的印象，而1920年时他才刚刚出国留学，因此他对比例关系的大量运用很难说是受到茂飞或者杨廷宝的影响。吕彦直在中山纪念堂的设计中仍然沿用了一定的对比例的控制和推敲，这使得体量较传统建筑大很多的纪念堂并不显得怪诞和失去尺度，仍然庄重、稳定，这是林克明比较可能获得印象的项目，但是没有从他本人关于中山纪念堂工程的回忆中得到直接印证。更大的可能是，建筑师对于黄金比例的偏爱和设计中的频繁运用，与他在国外所受到的学院派教育密切相关，因此在进行建筑设计时也习惯以这一手法来推敲构图。

在可考察的实际作品立面中，3：5的比例要比2：3的比例运用得更多（表5-3），以林克明回国后的第一个代表作中山图书馆为例，立面设计中3：5的比例非常多和明显，控制着整个立面的构图，使之和谐、稳定，使屋顶与屋身的比例关系协调。首先，整个建筑的高宽比就是3：5。在立面两端突出的两翼部分，从屋脊的最高处（宝顶除外）拉一条水平线，会和八角亭的一层屋顶大致平齐，而两翼部分的高宽比是5：3。建筑的中间凹入部分包括了主入口，纵向可分为三段（若算上两翼则是五段），入口两边的两段立面高宽比均是5：3，主入口部分相对比较窄，但若是除开屋顶只看墙身部分，高宽比仍然是5：3。整个建筑的核心是八角亭，它的攒尖顶高出立面的其他部分，成为整个立面的统帅，而它的宽度和整个建筑宽度的比例为1∶3，它本身的高宽比同样是3∶5。

市府合署方案在原设计中，也较多地采用了3∶5的比例，但在实际实施时方案进行了调整，五段式构图中间的主体建筑面宽减小，次段两段连接体加长并由连廊式改为有盖顶的建筑实体，原有的3∶5比例不能保持，改为以2∶3的比例控制主要建筑体形，但仍然表现出了较精准的比例关系。在国立中山大学的众多设计中，除乙组饭堂外几乎所有建筑的主要比例控制都为3∶5。事实上，不仅是"中国固有式"风格的建筑，在黄花岗牌楼和平民宫这两个风格不同、类型不同的建筑立面中，也大量地、明显地出现了3∶5的比例关系，这应该不是偶然的现象，尤其考虑到平民宫还是林克明第一个带有现代主义风格的作品，它仍然在现代式的简洁立面中表现出了古典主义的精确比例，更加引人关注。

虽然3∶5的比例关系占据了大部分作品的立面，但2∶3的比例也在一小部分建筑中有所体现[7]，例如市立二中和林克明在越秀北路243号设计的住宅。这两个建筑一个是古典主义风格，一个具有纯正的现代风格，由于建筑本身的造型和构图特点的不同，比例使用上与大量采用3∶5比例的"中国固有式"建筑有区别，但相同的是这两个建筑中的比例关系仍然分明而清晰，尤其是越秀北路243号住宅，立面上2∶3的比例关系不仅控制着整体高宽比，还控制着局部体块、细部以及主次建筑之间的关系。

除去3∶5和2∶3这两个比例之外，林克明在设计中还引入了另一个构图方法，就是正方形和圆形，这在西方古典建筑中也并不陌生。文艺复兴时期的建筑师阿尔伯蒂等人在对中世纪教堂进行立面改造时，非常注重对比例关系的推敲，他们所用的构图要素中最常见的形式就是正方形和圆形，这两个形状被认为是世界上最单纯、最完美的图形。类似的实例还可见于达·芬奇所做的维特鲁威人图案，图中有对这两个形状的强调和肯定。当然，学者们发现，在中国传统建筑中也有这样的实例和同样的构图效果[8]，例如北京紫禁城太和殿的立面和山西永乐宫三清殿[9]，但是在1930年代中国营造学社还没有开始以实物为对象的古建筑研究，直到1940年代，基泰工程司才对紫禁城中轴线建筑进行测绘[10]，因此林克明在1928年时很难对中国古建筑的构图方式和传统建筑的词汇语言有深刻的认识，也很难说他在设计中受到了多少这方面的影响。

正方形比例在设计中表现不如3∶5和2∶3比例常见，还是以林克明的第一个重要作品中山图书馆为例（事实上，这个作品中正方形比例的体现是最多、最明显的），建筑的整个中间部分包括八角亭屋顶（宝顶除外）在内的大构图是正方形的，两翼建筑的墙身部分是正方形的，中间部分主入口两侧的墙身是正方形的，主入口部分更是几个正方形构图的叠加，就连八角亭的重檐屋顶部分也是两个正方形的比例。市府合署的设计中原本也有这一比例，但在实施方案中已经基本不见了。在国立中大的几个建筑中，例如理学院生物地质地理教室、农学院农林化学馆和学生宿舍的局部中均可见正方形比例的出现，但不是建筑中的主要控制比例。

圆形构图并非林克明多采用的方式，若和杨廷宝1930年后的几个作品相比（尤其是1934年的国民党中央党史史料陈列馆，图5-4），他作品中的圆形构图还不算十分完美，一般只在较大型的建筑中、且多针对屋顶的定位而出现。中山图书馆的屋顶部分有圆形构图的存在，表现为以地平面中点为圆心，以建筑最高点至地面的长度为半径画圆，可发现建筑屋檐最外端点和圆相交，而从地平线中点向左右两边分别作45°线，

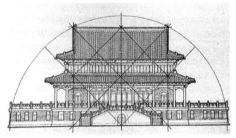

图5-4　国民党中央党史史料陈列馆立面
（资料来源：《中国近代建筑史研究》）

可与两翼建筑的中心线相交在宝顶处。市府合署、国立中大生物地质地理教室和法学院的屋顶定位中也能发现这一构图，这几个建筑的共同特点是体量大而复杂，屋顶部分较高，或为歇山式屋顶，或为重檐屋顶，因为从比例上看，只有高峻的屋顶形式才能体现出圆形构图的比例效果。只是在这几处建筑中圆弧线和建筑构件的相交都不算十分精准，似乎更像是在不同的推敲方式下追求完美比例的巧合，而不是杨廷宝作品那种上升到范型层面的严整比例控制。

仔细核对不同建筑的比例分析图可以发现基座在建筑构图中的特殊作用。某一些建筑的比例构图中包含了基座部分，另一些建筑则正好在基座以上部分能体现出特定的比例关系，而且在这两种情况下比例的出现都不是偶然的而是具有明确的关系。因此，可以推想或许作者是将建筑基座作为一个比例推敲的可控部分来处理，用以调节建筑立面的形式关系和功能要求（诸如层高）之间的矛盾，从而达到外形协调、内在实用的结果。这种情况在那些以西洋古典三段式来划分立面的建筑中更为明显，例如国立中大农学院农林化学馆和理学院物理数学天文教室。在这类建筑中，第一层用作附属用房并非主要活动层面，第二层开始才是立面的主体，因而立面的比例关系通常也体现在第二层及以上部分，但是某些时候，整体的比例控制也将第一层包含在内，这时这个次要的第一层就起到了类似

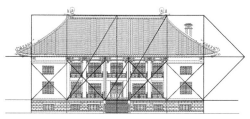 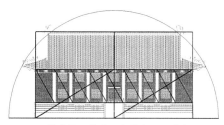

农学院农林化学馆立面分析 　　　　理学院物理数学天文教室立面分析
——此例中基座不参与立面的比例构图 　　——此例中基座部分参与立面构图

图5-5　建筑立面构图中基座的调节作用

建筑基座的那种调节作用（图5-5）。

　　在建筑立面中需要依靠比例来控制形式的部分通常在以下几处：各单体的整体高宽比，屋身部分，门窗部分。屋顶一般不在3∶5或者2∶3的比例控制中，体量较大、屋顶较高的建筑有时会以圆形构图来控制屋顶的两个最高点和出檐深度。并非每一个建筑立面中都存在深入、详细的比例推敲，通常级别较高、重要性强、形体复杂、层次丰富的建筑中，比例的推敲更多、更精准，一些相对简单、次要的建筑则可能只在主要形体关系上有整体的比例控制而已。

　　若更进一步分析，设计师对于比例的执念有时并不仅是一种形式上的追求，更可从中映射出他的设计观念。林克明的作品体现出他深受学院派"鲍扎"教育的影响，学院派真正传授的其实并非单纯的风格和形式，而是一种设计方式，这种方式以"组装"为重要特征之一——对此赖德霖、李华等学者在研究文章中均有阐述，从这一点而言，林克明与杨廷宝有着相似的地方，最终在设计结果中他们也表现出某种程度的相似性。

林克明（1926~1949年）部分现存建筑作品立面比例分析　　　　表5-3

建筑名称	中山图书馆	
立面分析		
构图关系	3∶5比例	正方形、圆形

续表

建筑名称	市府合署（方案）	
立面分析		
构图关系	3：5比例	正方形、圆形
建筑名称	市府合署（实施）	
立面分析		
构图关系	3：5比例	2：3比例
建筑名称	市立二中	平民宫
立面分析		
构图关系	2：3比例，少量正方形	3：5比例
建筑名称	黄花岗七十二烈士墓牌楼	国立中大农学院农林化学馆
立面分析		
构图关系	3：5比例，中间正方形	少量3：5比例，正方形
建筑名称	国立中大理学院化学工程教室	国立中大理学院生物地质地理教室
立面分析		
构图关系	3：5比例	3：5比例，正方形、圆形

续表

建筑名称	国立中大理学院物理数学天文教室	国立中大男生宿舍
立面分析		
构图关系	3：5比例，圆形	3：5比例，正方形
建筑名称	国立中大法学院教学楼	国立中大乙组膳堂
立面分析		
构图关系	3：5比例，圆形	2：3比例
建筑名称	农林产制造工场	林克明自宅
立面分析		
构图关系	3：5比例	少量3：5比例
建筑名称	徐家烈住宅	
立面分析	东立面图	北立面图
构图关系	2：3比例	2：3比例

三、具体建筑做法

　　林克明新中国成立前的建筑实践主要有"中国固有式"和现代主义两种方向，因此尽管这些建筑在平面形式和立面构图上有相似的特征，但深入到具体设计手法，则有不同的方式和特点。首先以屋顶为例，现代风格建筑多为平屋顶和小挑檐，造型比较简单，但在"中国固有式"建筑中屋顶的处理是整个建筑造型中的重要部分。中山图书馆的设计相对比较特殊，它中间部分的八角形建筑为八角攒尖顶，类似中山纪念堂的做法，四个角上是两层四阿顶角楼，这种屋顶形式的采用与平面的特殊布局有关。在市府合署的设计中，原来的方案将主体建筑设计为重檐庑殿顶，后来在实施的时候改为重檐歇山顶，建筑楼层的层高加大，四角部分屋顶形式未变，为重檐攒尖顶，但整体比例上有微调。及至国立中山大学中的一系列建筑设计，屋顶部分的处理手法更加定型。理学院生物地质地理教室和法学院体量比较接近，建筑体形上分段为中间和两端，生物地质地理教室中间的主体建筑是庑殿顶，两侧建筑为歇山式屋顶，前面突出部分为卷棚歇山顶，法学院两侧建筑同样是歇山顶，但中部主体建筑为重檐庑殿顶。在另外几个体量接近的建筑中，理学院化学工程教室采用的是三段式庑殿顶，农学院农林化学馆也是庑殿顶，而平面与之几乎完全一样的物理数学天文教室则采用了歇山顶。

由上可见，林克明在合院式平面的建筑中，屋顶上采用攒尖的形式与平面上的正方形式的运用有关，而在国立中大的设计中，出于经济目的和规模考虑合院平面不再采用，单体建筑的屋顶形式也转而以庑殿为主，歇山为次，这两种屋顶形式因其高耸大气，能较好地体现传统韵味和建筑的纪念性，在"中国固有式"建筑设计中比较常用。美国建筑师茂飞在北平燕京大学贝公楼、南京金陵女子大学学生活动中心等建筑中，甚至发展出一种屋顶三段式的构图，具体表现为中间高起，两侧低下，庑殿顶与歇山顶结合，歇山顶居中，庑殿顶在两侧[①]，林克明在化学工程教室中也采用了这种屋顶构图，只是三段全为庑殿顶（图5-6）。他个人比较喜爱的另一种构图是在规模较大的建筑中根据"工"字形平面发展出来的横向五段式立面构图，两侧的次要建筑一般为歇山顶山墙面，中间主体部分有庑殿和歇山的不同，连接部分则覆盖坡屋顶，具体实例就是生物地质地理教室（图5-7）和法学院。

加拿大建筑师何士（Harry Hussey）在1919年设计的北京协和医学院礼堂中采用了提高平台基座增加楼层的方法，后来中国建筑师杨廷宝和董大酉分别在南京外交部大楼（1930年）和大上海市政府（1930年）设计中发展了这种做法，好处是功能上增加了建筑的使用空间，视觉上提高了建筑的纪念性。林克明1929年设计的市府合署方案中也有明显的基座，尽管没有像上述建筑那样形成楼层，但同样在整体造型上起到增强体量的作用。在国立中山大学农学院农林化学馆和理学院物理数学天文教室设计中，他将基座的尺度进一步加大，使得建筑产生了一种类似经典的古典主义作品圆厅别墅那样的立面构图（图5-8）：立面纵向分三层，第一层尺度低矮为附属用房，台阶直接通往第二层，第二层以上为建筑的主要部分，之上则为屋顶部分。尽管冠戴着中国传统建筑的大屋顶，但这一中国传

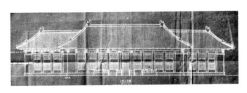

图5-6　理学院化学工程教室屋顶设计
（资料来源：华南理工大学档案馆）

图5-7　理学院生物地质地理教室屋顶做法
（资料来源：现状测绘图）

圆厅别墅

理学院物理数学天文教室

图5-8　基座层做法的相似性

统建筑中并未采用的手法使建筑呈现出西洋古典建筑的理性韵味，同时也体现出更好的体量和比例关系。

　　林克明的"中国固有式"建筑墙身做法相对比较统一，多为红砖砌筑，以柱子分隔墙面，柱间做门窗，常采用柚木门和钢制窗，体现出当时装修较考究，门窗的样式比起传统形式更为简化。林克明在中山图书馆和市府合署设计中曾采用了斗栱作为檐下的装饰和过渡部分，形式上虽有简化但仍然很显眼，而在国立中大的建筑中，只有化学工程教室仍在檐下用钢筋混凝土仿制斗栱，"法学院教学楼、理学院四座教学楼和农学院两座教学楼都采用了简化仿木结构形式，取消了檐下斗栱而代之用简洁的仿木挑檐构件，使得这些教学楼既稳重恢宏又简洁大方，同时节省了材料，加快了施工进度"[12]，实际上这些建筑都是钢结构的人字屋架，檐下构件已经不具有太多结构功能。建筑屋面覆盖琉璃瓦，屋脊上装饰传统形式的龙吻和仙人走兽，采用洗石米彩画，装饰手法较传统有所简化，更加经济（图5-9）。

　　在另一类现代风格的建筑作品中，例如勷勤大学石榴岗建筑群和几个私人住宅设计，林克明表现出完全不同于"中国固有式"建筑的手法特征，简要来说可归纳如下：平面布局符合功能要求，形式自由，空间流通，造型上为平屋顶和逐级跌落

图5-9　国立中大建筑群细部做法

的大平台，立面采用横向长窗或转角窗，以钢管栏杆和框架装饰，利用材质对比和虚实对比体现造型特点，无其他多余装饰。这些特点与柯布西耶所提倡的"新建筑五点"之自由平面、自由立面、底层架空、横向长窗、屋顶花园的概念较为吻合，是现代主义设计手法的典型体现，尤其是在越秀北路394号（图5-10）、徐家烈住宅和豪贤路48号几个私宅设计中更加明显和彻底。这几个住宅还有一个共同的特点是大面积弧形窗和弧形阳台的做法，这与当时在中国执业的斯洛伐克建筑师邬达克的一些现代主义作品非常相似（图5-11），可以说在布局、造型和材料上均体现

图5-10　越秀北路394号住宅外观现状　　图5-11　上海吴同文住宅（邬达克设计，1935年）
（资料来源：《图解中国近代建筑史》）

出显而易见的现代性。此外，林克明也有少量其他风格的作品，例如大中中学校舍、金星电影院等，手法上带有装饰艺术风格（Art-Deco）的特点，以线条和几何体块作简洁装饰。

四、基本设计手法总结

综合上述内容可知，林克明在1926~1949年间的设计实践中，在建筑设计方法的综合运用——包括平面布局、立面和细部处理中均存在一些常用的技巧和规则，可简要总结如下。

平面形式特点

（1）中轴对称为主，主入口位于正面正中，其他出入口和楼梯位置也多对称设置。住宅除外。

（2）早期以合院式布局，后多采用更简洁的布局方式，常用"一"字形、"工"字形、"山"字形、"U"字形等平面形式。"山"字形和"U"字形是"工"字形平面的一种变体。

（3）规模较大的建筑采用"工"字形和"山"字形平面偏多，规模较小的建筑采用"一"字形平面为多。

（4）"一"字形平面和"工"字形平面的建筑中，根据体量和长宽比的不同，分别有分段式或整体式等不同的造型处理方式。

（5）现代主义作品的平面布局不受上述做法限制，平面自由流通，符合功能要求。

（6）相对于建筑风格的变化，建筑平面形式较固定和一致，体现了学院派古典主义的影响，也是运用中国传统形式的必然结果。

立面构图特点

（1）与平面相适应，立面多对称，建筑立面构图在横向划分上有一段式、三段式和五段式，纵向划分多为三段式。

（2）立面构图上体现出了合乎古典建筑构图法则的比例关系，主要有3：5、2：3、正方形构图、圆形构图这几种。

（3）在构图比例中，3：5的比例比2：3的比例用得多，尤其是"中国固有式"建筑中3：5的比例更是一个最常用的比例关系。

（4）正方形构图不似上述两种比例关系常见，通常不作为主要建筑体的控制比例。

（5）圆形构图一般在大型建筑的屋顶部分采用，用以确定屋顶的最高点和出檐深度，但是表现出的规律并非十分明确和精准。

（6）重要性强、形体复杂的建筑比简单、次要的建筑在构图比例上推敲得更深入。立面比例控制中表现得最多、最明显的是在单体高宽比和屋身部分的比例上，屋顶部分通常不包括在内，而基座部分则比较灵活，往往成为调整整体构图关系的可变因素。

具体建筑做法

（1）"中国固有式"建筑做法包括屋顶、基座和墙身三个部分。屋顶做法：合院式平面建筑中采用攒尖屋顶较多，单体建筑屋顶形式以庑殿为主，歇山为次。此外，林克明也使用了当时在"中国固有式"建筑中常见的三段式屋顶做法。

（2）基座处理：采用提高基座部分增加楼层的做法来加强建筑的体量感，或将建筑首层处理为基座的形式。

（3）墙身、门窗和装饰：墙身为红砖砌筑，以柱子分隔墙面，柱间做钢门窗。斗栱简化或取消，屋脊上装饰传统形式的龙吻和仙人走兽，檐下做洗石米彩画。

（4）现代风格建筑做法：平面相对自由，平屋顶，跌落的大平台，横向长窗和转角窗，钢管栏杆和框架装饰，材质对比和虚实对比，弧形窗或阳台。

需要说明的是，出于严谨考虑，以上研究均以能完整观察的建筑实体为对象，尤其平面形式和立面比例的研究更是以有准确平立面图纸的建筑为主，部分建筑尽管原貌尚存，但因没有准确绘制图纸暂时没有列入详细的研究中，不过从其可见的平立面形式上进行大致推断，可知它们与以上结论并无极为矛盾之处，因此以上设计规则和特点应是具有普遍性的和可信的。

五、林克明对"中国固有式"设计的方法探索与比较

在新中国成立前的设计作品中，林克明对于"中国固有式"建筑形式的尝试占据了很重要的分量。出身于学院派教育并在欧洲学习的林克明此前并没有实践中国传统建筑的经验，因而其设计方法主要通过实际工程中的学习和揣摩，从而发展出具有自身特点的设计方式和风格。当时"中国固有式"是很多著名建筑师普遍尝试的手法，除林克明外，吕彦直、杨廷宝等人均是中国传统风格新建筑设计的代表性人物，尤其是杨廷宝，在他的众多相关作品中"中国固有式"建筑风格逐渐发展成熟，具有了定型化和模式化的设计成果，与林克明的创作实践有可供类比的相似之处。

杨廷宝早年留学于美国，1910年代到1920年代与他一同留美、求学于宾夕法尼亚大学艺术学院建筑系的学生们，包括范文照、赵深、梁思成、陈植、谭垣等人在内，是中国近代建筑师群体中成绩最为卓著的。20世纪前30年在西方世界出现的新古典主义建筑思想被一大批中国建筑师带回本土，由此形成了处理传统与现代问题的方法途径，在这些建筑师中，梁思成更多关注的是对中国传统建筑及其思想的挖掘和研究，杨廷宝主持的基泰工程司和陈植等人的华盖事务所则在建筑实践上成果丰富。作为一名学院派传统教育培养出的建筑师，杨廷宝的教育背景和后来的设计实践在中国近代建筑师群体中具有重要的代表意义。

与林克明在第一个重要设计中即能成熟完成中国传统风格新建筑的设计不同，杨廷宝中西建筑结合的求索之路从一开始就走得相对缓慢。与当时大多数建筑师一样，杨廷宝在实践过程中经历了古典建筑、"中国固有式"和摩登式等一系列建筑风格的转换和演变，他的作品往往带有稳健的构图、和谐的造型和精确的比例关系，无一不体现出西方古典建筑的精髓和学院派建筑教育的影响。杨廷宝的设计在类型上主要集中于大中小型公共建筑设计，早期风格多为折中主义式样，比如京奉沈阳铁路总站、东北大学校舍、清华大学校舍、北京交通银行，以及对于"中国固有式"建筑的尝试，如南京原国民党党史史料陈列馆，南京原中央科学院地质历史语言研究所等。中期其风格向装饰艺术和现代建筑形式发展，代表作品如南京延晖馆、北京和平宾馆等，晚期作品仍回到折中式样，但形式上较为简化，技术和材料的表现力有所加强。[13]杨廷宝比较重视建筑的美学和比例，但均以实用为前提，因此他并不恪守美学定式，而是因地制宜，他对中国古建筑的外形特点有较强的个人喜好，力图通过形体特点保留蕴含在古建筑形式下的文化特质，这一追求结合他的建筑教育背景，令杨廷宝在传统建筑形式的设计探索

中逐渐发展出特有的设计手法。

赖德霖在"折中背后的理念——杨廷宝建筑的比例问题研究"一文中详细整理和分析了杨廷宝建筑作品中的比例关系，他在作品中表现出非常明显的对于古典比例的一贯强调，其中以3：5的比例为多，还引入了圆形构图方式。对于他的设计手法赖德霖评价说："（对中国风格建筑）努力的共同特点是局部地或整体地采用中国建筑的装饰母题或造型，利用现代材料和现代结构进行设计和建造。尽管这些努力有多种形式，但是在设计方法上有两种因为旨在运用理性原则使中国风格的设计规范化而最具特殊意义：一种由吕彦直最早采用，又由杨廷宝发扬光大；另一种则由梁思成在中央博物院的设计中采用。（第一种方法）借助黄金分割等古典比例，吕彦直和杨廷宝试图将中国建筑的造型要素与体现学院派教育中的西方建筑构图法则相结合，使得新的'中国风格'建筑在造型上同样符合西方古典建筑的比例原则……（另一种方法）深入中国古典建筑自身去发现它固有的构图规律……这一工作的结果是找到了梁思成所称的中国建筑的'语法'。"[19]杨廷宝的尝试表明，随着建筑实践的增多和设计师们对于新的建筑语汇的掌握逐渐熟练，建筑师开始试图将传统建筑和西方建筑之间的结合方式定型化和模式化。事实上，这种将西方古典建筑的比例与中国传统造型特征相结合来探索中国古典风格新建筑的做法并不仅限于杨廷宝一人，甚至也并非他首创，吕彦直在1926年南京中山陵的设计中体现了类似的理念，例如祭堂的中间部分构成一个宽高比为3：5的矩形，四柱牌坊高宽比例为2：3，只是由于早逝他没能在更多作品中进一步发展这种构图规律和设计手法。相对而言，杨廷宝在"中国固有式"建筑创作方面题材更丰富，手法更多样，对比例的追求也更显著，这种对古典比例的恪守体现出他在学院派传统熏陶下的执着追求和审美趣味。

与杨廷宝相比，林克明在中国古典风格新建筑设计中同样表现出了将西方古典建筑比例与中国建筑传统造型结合起来的做法，也体现了如上文分析的明显的立面构图规律。首先，他们在教育背景上有极其相似之处，均源于折中主义教育，否定建筑一元论的观点，因而在民族形式和现代风格上都能有高水平的演绎。二人在对待历史建筑的态度上也具有一致性，都期望延续建筑的历史特点而非完全否定历史和传统，且力图维护古典建筑的庄严肃穆的感受，作品多凝重、洗练，以三段式比例加强厚重感，以中轴对称表达气势。甚至，在作品的折中性和对待业主要求的职业方式上林克明与杨廷宝也有类似之处，杨廷宝认同辩证现实的建筑观，重视建筑设计乃至建筑活动中人、物、经济的关系和流动特点，因此他的作品表现为契合时代性，积极面对业主对创作的要求和干预，最终得以成为职业制度中的典范人物，这一点与林克明是颇为相似的。实际上，对于像林克明和杨廷宝这样接受了西方教育的建筑师们来说，最初在建筑中采取"中国风格"的起因本就更多出于业主的喜好和官方意识形态的要求，是一种在社会大环境下半主动半被动的选择与迎合。

　　不过，相对杨廷宝越来越清晰和定型化的"中国固有式"建筑构图与设计手法，林克明的作品则带有更多的偶然性和随机性，具体体现在构图规律的特征性和延续性不够明显，某些时候比例关系不够清晰，例如建筑的基座部分有时处于比例关系的控制中，有时又没有，圆形构图也表现得并不精准，而且后期作品并不比早期作品的构图关系更清晰、更明确，这一点与杨廷宝持续探索并最终发展出完美构图的设计历程不一样。[15]以上种种情况令人感觉林克明作品中所体现出的比例规律和造型特点并不一定完全来自于宏观理论指导下的有意识的工作，更大可能是建筑师良好的专业素养和美术基础，以及较强的形式把握能力所带来的结果。而且，从林克明的相关文章和谈话中可以看出[16]，他在"中国风格"的研究和实践中将更多精力投入到传统建筑的优化、简化、加强适应性和降低造价等方面，显示出顺应业主要求、务实求利的工作态度，这从某个方面却阻碍了他在样式和构图上的进一步推敲。从林克明当时大量的"中国固有式"作品中可发现，他对形式效果的整体把握强于对建筑形制的精准还原，建筑的综合价值体现重于局部的细节完美追求，作品具有突出的灵活性和适应性。或许多元主义的文化价值观、折中融合的思想特点、岭南建筑师常有的讲求实际的工作态度以及对现代主义事实上的更认同[17]，都是造成这种状况的原因，同时也不难发现，除开重要的公共项目中必须以政府提倡的"中国风格"进行设计之外，在勤勤大学、平民宫和其后的私人住宅项目中，林克明的作品均表现出了明显的现代性。这是一个有趣的现象，也是中国近代建筑师共同的窠臼——公共项目中，须以意识形态的要求为先，以传达中国传统文化精神为追求，而在一般项目中，则流露出个人的设计意识，力图表现当时国际上最新的建筑风格，建筑师游走于二者之间，其结果是作品表现出了迥异的风格。最终，这一状况拉开了20世纪中国建筑史上关于科学性和民族性两种价值观之间论战的序幕。

第二节　新中国成立后林克明建筑设计作品分析

　　新中国成立后政治体制的变更使建筑发展的大环境和建筑界业态均发生了改变，林克明的职业身份也改变了。1949~1952年的三年间旧有建筑体制仍在延续，

1952年建筑业国有化，西方式的个人建筑事务所被取消，建筑师们或进入各个国营设计院工作，或服务于大专院校。林克明在广州建筑界知名度较高，且个人更倾向参与实际建设工程，新中国成立后接受朱光副市长和建设局邓垦局长的邀约离开了任教的中山大学，转而在广州市城建系统中工作⑱，1979年回到华南工学院建筑系任教授并创办华南工学院建筑设计研究院，直至1980年代后仍有设计作品完成。林克明在1949~1986年间参与的城建项目有近70项，其中大部分建筑实物或设计图纸仍有保存⑲，但因其官员的身份，这些项目中有一部分并非他直接设计而是参与指导工作，还有一部分是方案审定或项目评议，因此对于全部作品的浏览其实并不能真实、完全地反映林克明当时的个人创作倾向和想法，本节仅选取以林克明作为主要设计人、且有准确的平立剖面图纸的项目方案进行分析（表5-4），其中仍有留存的建筑结合现场调研的方式进一步考察，从而对林克明新中国成立后的设计手法和思想倾向作出总结。

林克明建筑设计代表作（1949~1986年）现状分析和资料统计　　表5-4

序号	建筑名称	设计时间	风格	现存状况和研究基础
1	华南土特产展览会工矿馆	1951~1952年	现代	已拆 有平面设计图和照片
2	中苏友好大厦	1955年	现代	已拆 有平立面设计图和照片
3	华侨大厦	1956年	现代	已拆 有平立剖面设计图和照片
4	广州体育馆	1956年	现代	已拆 有平立剖面设计图和照片
5	广东科学馆	1957年	改良的民族式	保存完好 有平立剖面设计图
6	华侨新村	1957年	现代	保存较好，部分有改动 有平立面设计图
7	中国出口商品陈列馆	1958年	现代	保存较好，室内有改动 有平立面设计图
8	广东省农业展览馆	1960年	改良的民族式	保存完好 有平立剖面设计图
9	羊城宾馆	1960年	现代	保存较好，裙房有改动 有平立面设计图

续表

序号	建筑名称	设计时间	风格	现存状况和研究基础
10	广州火车站	1960年	现代	保存较好，立面有改动 有平立剖面设计图
11	流花宾馆南楼	1972~1973年	现代	保存较好，立面有改动 有平剖面设计图
12	佛山科学馆	1982~1983年	现代	保存较好，有改建 有平剖面设计图
13	中山大学梁铢琚礼堂	1982年	现代	保存完好 有平立剖面设计图
14	广州大学实验楼	1983年	现代	保存完好 有平立剖面设计图
15	华南理工大学23号教学大楼	1986年	现代	保存完好，外墙有改动 有平剖面设计图

一、平面形式分析

在选取合适的实例后，对以上具代表性的建筑作品平面进行提炼和分析发现，林克明新中国成立后的设计与新中国成立前类似之处在于建筑布局上仍然坚持中轴对称，且不仅是建筑平面轮廓的对称，在入口、楼梯等节点设置上也同样以对称为主，这种强调轴线规律的布局方式与学院派古典主义理念一脉相承，反映出早期教育对其设计思路的影响（表5-5）。从这个角度来看，林克明新中国成立前和新中国成立后的设计作品具有比较明确的延续性，但是若仔细分析，他对对称式平面布局的偏好似乎也不仅仅来自于学院派教育的影响遗留。从1920年代开始林克明作品中真正的西洋古典风格其实非常之少，反而是中国传统复兴建筑更为常见，只是中国传统建筑在平面上也是以对称布局为主的，这没有妨碍甚至可能还推动了他在设计中对于对称式平面的采用。事实上可以看到，林克明早在1940年代受到国际现代主义风格的影响后所做的一系列设计中，对称式布局已不复存在，取而代之的是依据功能的自由平面和流动的空间组织，但至新中国成立后，所参与项目的公共性以及周遭的文化环境和社会思潮，使林克明重拾能突显庄重气势的民族古典风格。此外，还有一种可能的解释是他早期在市府合署等同类型项目中获得的巨大成功激励了这种风格和形式的延续。

林克明（1949~1986年）建筑代表作平面形式分析　　　　表5-5

建筑名称	华南土特产展览会工矿馆	中苏友好大厦	华侨大厦
风格	现代	现代	现代
平面简图 ▨ 楼梯 ▨ 入口 ■ 廊道			
平面类型	"一"字形平面 中轴对称 串联式	"工"字形平面 中轴对称 串联式	"工"字形平面 中轴对称 局部内廊
建筑名称	广州体育馆	广东科学馆	东方宾馆
风格	现代	改良的民族式	现代
平面简图 ▨ 楼梯 ▨ 入口 ■ 廊道			
平面类型	"一"字形平面 中轴对称 内廊式	"工"字形平面 中轴对称 局部廊道	"工"字形平面 部分中轴对称 内廊式
建筑名称	广东省农业展览馆	中国出口商品陈列馆	广州火车站
风格	改良的民族式	现代	现代
平面简图 ▨ 楼梯 ▨ 入口 ■ 廊道			
平面类型	"工"字形平面变体 中轴对称 串联式	"一"字形平面变体 非对称 串联式	"一"字形平面 中轴对称 局部廊道

续表

建筑名称	流花宾馆南楼	佛山科学馆	中山大学梁铱琚礼堂
风格	现代	现代	现代
平面简图 ▨ 楼梯 ▤ 入口 ■ 廊道			
平面类型	"工"字形平面变体 非对称 内廊式	"工"字形平面 非对称 外廊式	"工"字形平面变体 中轴对称 串联式
建筑名称	广州大学实验楼	华南理工大学23号教学大楼	
风格	现代	现代	
平面简图 ▨ 楼梯 ▤ 入口 ■ 廊道			
平面类型	"一"字形平面 基本对称 中庭+外廊	"工"字形平面 非对称 外廊式	

　　上述作品平面布局的另一个特点是在形体组合上基本为各种长方形体块的联结，斜线、圆弧等形式较少采用，这与新中国成立后建筑中最常见的民族式风格有关。林克明曾说，"中国建筑局限了长方形布局"[20]，对此他的对策是在组合方式上进行调整和创新，通常采用的布局方式以"一"字形和"工"字形为主，其他如"U"字形、"山"字形和"T"字形也可算是基本形式的各种变体，然后在不同的方形体块组合中去安排复杂的功能以及形成合宜的外形。此外，值得注意的是，林克明新中国成立后的创作由于经济原因以及受到现代风格的一定影响，在一些公共建筑中也出现了适应地形的布局方式，并不绝对坚持中轴对称，反映出在那个封闭的特定年代中建筑师设计思想上的变化虽然缓慢而微小，但仍有逐渐的演变。

　　与之前相比，新中国成立后林克明完成的建筑项目通常规模更大，功能更复杂，设计中受到的约束和限制条件也更多，比如短期内完工的要求、经济要求、政治意识形态要求等，从这一点来说他表现出在平面布局上对功能和流线的把控能力有所加强，大体量和复杂单体之间的组合方式也运用得更加熟练，最终在设计中较好地实现了经济性和实用性的统一——这一点在平面功能的组织上有明显体现：与新中国成立前惯于采用的经济、高效的内廊式布局相比，在新中国成立后的设计中，林克明对于各种平面组织形式的运用更加丰富多样，针对建筑的不同规模和复杂度，有时采用内廊或外廊式，有时采用大空间直接相连的串联式，有时在局部采用廊道来加强通达性。同时，新中国成立后作品中设计师的个人色彩逐渐减弱，显现出更多的集体意志和官方特征，这与当时的设计方式有关，也与林克明职业身份的转变有关——不再是自由执业的个体建筑师而是具有政府背景的技术官员。另一方面，在当时日趋收紧的社会主义意识形态的统领下，无论是像林克明这样的官方技术人员还是国营设计单位中的建筑师，他们的作品都不可避免地显示出同样的风格趋势，建筑的面貌变得越来越缺少个性、越来越相似。

　　若与同时期其他一些岭南建筑师例如夏昌世、莫伯治等人的作品相比，林克明的设计中反映出的岭南地方特色并不那么明显，从平面上观察则体现为较少出现结合岭南特有的地域气候和传统文化特征而形成的通透自由的园林式布局或庭院式设计，甚至可以说，在林克明的大部分作品中，社会特征和时代特征要比地域特色和个人风格表现得更为鲜明。作为自近代以来岭南建筑师群体中无可置疑的最重要、最有影响力的人物之一，林克明在新中国成立后的大部分创作中没有传达出表现岭南地域建筑特色的强烈意图，最终最能体现这一特色的建筑创作也并非出自他的手笔，这虽不能完全归咎于个人，但确实也是一份沉重的遗憾。

　　自1980年代离开政府岗位回归到学校设计院之后，林克明晚年的设计作品出现了一些新的特点，他不再过于强调平面对称及其所体现的庄重和权威，在设计中更多地结合使用功能与地域气候特征进行推敲，例如佛山科学馆的平面中出现了典型的岭南式庭园的设计（图5-12），广州大学实验楼平面中以天井围合（图5-13），华南理工大学23号教学楼采用了不对称平面布局，单体之间以通透的天桥敞廊连接。[21]因年龄原因林克明这一时期的建筑作品虽然数量不多，但是颇能反映出他个人建筑思想的后期转变，这从他当时的言论和学术文章中也能略窥一二。[22]

<table>
<tr><td>图5-12　佛山科学馆中庭园林</td><td>图5-13　广州大学实验楼天井</td></tr>
</table>

图5-12　佛山科学馆中庭园林
（资料来源:《中国著名建筑师林克明》）

图5-13　广州大学实验楼天井

二、立面造型特点

与中轴对称为主的平面形式相对应的是，上述建筑正立面构图基本为对称式轮廓，为营造层次丰富的外在造型建筑中部通常会略为高起，两旁低矮一些，形成横向的三段式构图，而在一些体量更大、更复杂的建筑中，末段的建筑体通常会高出来或者更低矮一些，形成横向的五段式划分，令建筑整体造型显得更丰富、更有层次感。这种立面分段的处理手法与经典的法国古典主义建筑立面构图如出一辙，表现出强烈的理性和秩序感。一方面这是设计师具有较深厚的古典建筑设计功底的体现，另一方面古典主义建筑构图自圆厅别墅以来一直长盛不衰，这种理性均衡的造型相对更适合公共性强的建筑物的形象要求，因而林克明在设计此类建筑时广泛采用也就显得顺理成章。

在建筑立面的纵向构图上，林克明延续了新中国成立前在"中国固有式"建筑中屋顶、屋身和基座的三段式构图方式，他曾说："中国传统风格就是三段式：第一段是大屋顶，这是历史流传下来的建筑文化……第二段是建筑主体，不能太高，要注意比例关系……第三段是基座"[23]，尽管他在新中国成立后的设计并不全是中国传统风格，但仍然延续这种构图关系，只是进行了相应的简化。底部基座层仍在，有时设计为低矮的台基，有时则是调整首层开窗方式以令其区别于主体，顶层较少做大屋顶，这与当时建筑界对"复古主义"倾向的批判有关，取而代之的是在顶层立面的开窗形式上略作变化，或者做一个略微挑出的小压檐。立面纵向三段式构图和横向分段手法的结合使建筑外观充满理性，隐约体现出古典主义风格的庄重和条理，当时建造的很多建筑物虽然造价不高，外形和装饰均极其简单，但仍能带有一种朴素的优雅，这与层次丰富、统一均衡的立面构图方式有一定关系。

　　在林克明新中国成立前的建筑作品中，带有古典特征的比例控制是立面构图中的重要手段，例如3∶5的比例、正方形构图、圆形构图等。在处理中国传统风格新建筑的造型问题时，这种尝试借用西方古典建筑的体形和比例去规范中国传统建筑造型的手法自吕彦直始，通过杨廷宝等人的努力得以发展和深化，林克明对古典比例的运用虽不如杨廷宝那样明显，但在其新中国成立前的作品中仍十分常见，这一点前文已有详细分析。但是，在对林克明新中国成立后的建筑作品进行立面分析后可知，比例不再作为立面构图中最主要的控制因素，其对于构图形式的影响力度被削弱，仅能在一些建筑中的主要体块上发现3∶5（或2∶5）的长宽比存在，细部上的比例特征极其不明显，或可忽略，而在基本不采用大屋顶设计的前提下，圆形构图也消失了。这种趋势在林克明后期的建筑作品中显得更加突出——尽管立面的纵横分段式手法一直存在，立面构图的理性和层次感也仍很明显，但古典的黄金比例不再是主宰立面的主要构图形式，外形上更加突出的反而是墙体和窗面的虚实对比关系，这或许是实用主义和现代主义风格影响有所加强的表现之一（表5-6）。

　　林克明新中国成立前的建筑作品包括了几种典型风格，其中最主要的一种是"中国固有式"，另一种是新兴的现代主义风格，它们的出现既与当时的社会政治文化倾向有关，也反映出设计师的个人意识和创作能力，能够同时以两种截然不同的风格完成造诣较高的设计。相对来说新中国成立后林克明的作品风格显得相对单一且固定，大部分均表现为简洁的现代式外形加上具有民族特色的细部装饰，庄重素雅，实用性强，这种简省的风格是当时社会文化和创作方针影响的结果，也受到了经济条件的制约。新中国成立后由于政治制度和意识形态的改变，国际上盛行的现代主义建筑风格被视作资产阶级腐朽思想没能得到广泛推行，以苏联影响下的"社会主义内容民族形式"来主导建筑艺术创作，而后又由于反浪费的原因遭到摒弃。1954年提出的"经济，适用，在可能的条件下注意美观"成为新中国成立后中国建筑界普遍遵循的原则，这一原则体现在建筑形式上即为改良后的简化的民族风格，体现为能较好地平衡经济实用和美观得体这两个要求的简秀建筑风格。因此，这一时期建筑上对民族形式的改良与新中国成立前建筑师们对"中国固有式"建筑风格进行简化的思想渊源虽然并不完全一致，但在手法上有相似之处，例如用平屋顶加小压檐的做法取代造价高、施工复杂的大屋顶，不做真实的斗栱构件而改用传统风格的局部装饰等，在墙面和门窗做法上也是如此，开窗方式简洁，规律性强，形式上不作过多变化而更注重虚实比例关系的推敲，建筑的细节装饰图案多以传统风格为主，题材包括几何纹样、仿斗栱构件和传统花纹等，后期作品中更偏向以直线条进行装饰。客观地说，这些做法较好地适应了当时社会形势下的艺术要求和经济困难时期的建设需要，但缺点是手法过于稳定、一致，缺少变化与创新，这成为林克明新中国成立后设计作品中易为人所诟病的缺陷，但实际上也并非完全取决于他个人的设计取向和艺术抉择。

林克明（1949～1986年）建筑代表作立面造型特点分析　　　表5-6

建筑名称	中苏友好大厦	
立面分析		
构图特点	主体2:5比例，纵横三段式构图	主体2:5比例，纵横三段式构图
建筑名称	华侨大厦	广州体育馆
立面分析		
构图特点	主体3:5比例 横向五段式、纵向三段式构图	3:5比例 纵横三段式构图
建筑名称	广东科学馆	中国出口商品陈列馆
立面分析		
构图特点	3:5比例，纵横三段式构图	少量3:5比例，纵横三段式构图
建筑名称	广东省农业展览馆	东方宾馆
立面分析		

续表

建筑名称	广东省农业展览馆		东方宾馆	
构图特点	3：5比例 横向五段式、纵向三段式构图		主体3：5比例 横向五段式、纵向三段式构图	
建筑名称	广州火车站		佛山科学馆	
立面分析				
构图特点	无明显比例 横向五段式、纵向三段式构图		无明显比例 纵向三段式构图，横向分段	
建筑名称	中山大学梁铢琚礼堂		广州大学实验楼	
立面分析				
构图特点	无明显比例 横向五段式、纵向三段式构图		主体3：5比例 纵横三段式构图	
建筑名称	华南理工大学23号教学大楼			
立面分析				
构图特点	无明显比例 纵向三段式构图，横向分段			

第三节　个案研究

一、越秀北路394号住宅

越秀北路394号住宅是林克明于1935年设计的自家使用的住宅，这个建筑采用了当时已逐渐开始流行的现代主义建筑手法，集中体现了设计者的现代建筑观念。

与林克明之前完成的几个代表性作品不同的是，该住宅完全为私用，不涉及意识形态和政治取向上的要求，因此似乎更能反映出林克明在自由创作状态下的设计理念。幸运的是，这个1930年代中国最早期的现代建筑在其后动荡变幻的历史风云中并未有大的破坏，至今仍得到较好的保存，周边环境虽已变迁，但特殊的地面高差形态仍基本可见，这为深入研究提供了条件。

越秀北路394号住宅从形式上来说是典型的现代主义风格，这种风格在1930年代由西方开始传入中国，并得到众多建筑师的实践。在岭南，林克明可算是引入现代风格的先驱之一，这不仅体现在他通过大学教职在学生中传播和宣传现代建筑思想，更反映在他的一些现代风格的实践上，394号住宅即为其中的佼佼者。据蔡德道先生回忆，新中国成立后法国政府寻访柯布西耶思想在中国的痕迹，在广州参观的正是这个住宅，而在上海参观的则是匈牙利建筑师邬达克的作品，可见建筑界对其风格的演绎是认可的。

现今的394号住宅，除一层车库处有改建外，外观仍基本保持设计原貌，但室内布局变动则较大，周围环境也已改变，例如原有花园和围墙不存（关于围墙，当年见过该建筑者的回忆中有不同意见，幸得旧总平面图证明了围墙的存在）。通过林克明之子林沛克先生、林克明学生蔡德道先生的回忆和绘图，以及结合中山档案馆中查阅到的建筑总平面图，可基本准确地还原该建筑的整体情况：建筑主要生活层两层，首层布置客厅、餐厅等公共空间，二层为家庭室和卧室，首层公共部分的流动性较强，不同空间之间通过家具分割划分，这与现状不同（通过蔡先生等人的回忆证实）。这种流动空间的手法正是现代建筑的特征之一，此外，建筑外观上的大平台、弧形窗、转角窗、钢管栏杆等，无一不表现出强烈的现代建筑气息。

不过，394号住宅中最值得关注和研究之处还不仅在于外观特征和平面布局。由于建筑基底位置较特殊，处在东濠涌边一个高差较大的地块上，建筑师结合建筑内部的空间处理和楼层设置等手法，相当简略、精彩地处理了基底的高差问题，使建筑呈现了丰富的层次，各层空间、平台之间互相呼应，外观也直接表现了基地的地形特征。经实地测量和绘图研究发现，如果以首层室内地坪为正负零零的话，则二层阳台层高约为3.6米，屋顶平天台层高约为7.2米；在正负零零以下，住宅一侧相临的越秀北路的标高略低于正负零零，为负0.3米，建筑的地下层平台标高约为负3.9米，底层平台负6.45米，而住宅另一侧相临的东濠涌水面为最低处，标高约为负7.5米（图5-14、图5-15），这样，林克明通过不同层的平台、台阶、草坪等将高差达7米多的越秀北路和东濠涌两端通过建筑体量巧妙、合理地联系起来，而在建筑内部则形成了一个以台阶相连的不同层次的平面组合，既解决了高差问

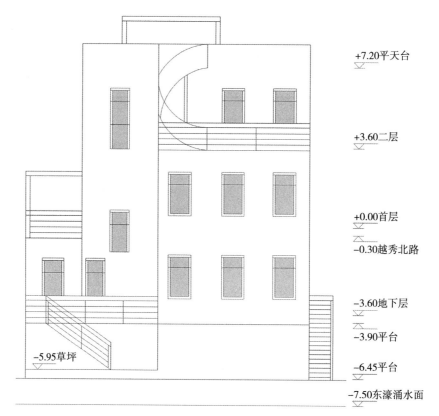

+7.20平天台

+3.60二层

+0.00首层

−0.30越秀北路

−3.60地下层

−3.90平台

−6.45平台

−5.95草坪

−7.50东濠涌水面

图5-14 394号住宅立面一
（资料来源：实测绘制）

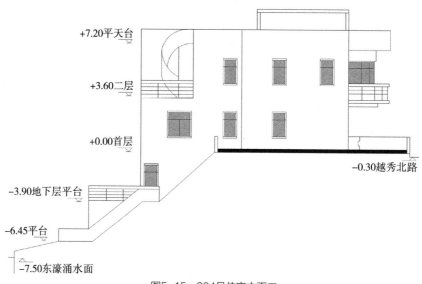

+7.20平天台

+3.60二层

+0.00首层

−0.30越秀北路

−3.90地下层平台

−6.45平台

−7.50东濠涌水面

图5-15 394号住宅立面二
（资料来源：实测绘制）

题，又形成了丰富错落的空间感受（图5-16、图5-17）。

二、留法同学会

与394号住宅相比，林克明设计的留法同学会更加不为人熟知和注意，即使是曾在其中工作过的广东省文联人员，也不一定知道这个老旧的建筑是岭南历史上一位著名建筑师的作品。时至今日，留法同学会的状况更加堪忧，建筑较为破败，加建的部分掩盖了原作的设计，胡乱堆积的杂物更是令那些带有新艺术运动风格的建筑细部在尘土中黯淡无光。

本书作者对留法同学会建筑现场进行了调查和简单的测量，将非林克明设计部分大致剔除，绘制了建筑的两层平面图（图5-18）。从图上看，平面呈L形，布局十分紧凑，入口、楼梯和走廊处于建筑中心位置，连接了各个功能房间，内置走廊的手法与林克明的其他作品相似，但并未采用中轴对称的形式，显示出现代风格的设计布局更为灵活、有机。建筑外观上仍是简洁的现代式，弧形窗、钢管栏杆、

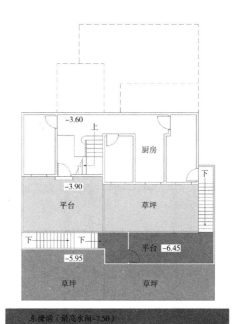

图5-16　394号住宅总平面图
（资料来源：实测绘制）

图5-17　394号住宅外观透视
（资料来源：蔡德道先生绘制并提供）

平屋顶等元素俱全（图5-19），不过因外墙材料为红砖，整个建筑仍带有一定的传统韵味，显得雅致。从剖面设计的简图中可发现，林克明较为重视建筑的通风、采光，尽量通过对流窗、梯井、平台等做法营造流动性（图5-20），因为从建筑的总平面来看，留法同学会基地较为狭长，且以窄边面临豪贤路，长边临建筑较密集的小路（图5-21），这对于建筑的通透性而言有一定影响，因而需要通过布局手法进行调整，事实上这种做法在林克明的另一个作品豪贤路48号住宅中表现得更为明显。

　　留法同学会设计的出彩之处还表现在其内部的细节，例如其中的一个门洞（图5-22），尽管形式很简单，只是在长方形上多挖了一个梯形出来，但比例协调，颇有新艺术运动那种简洁、雅致的艺术美感，同样的例子还有建筑的楼梯造型和细部装饰等（图5-23、图5-24），均表现出设计者的功力。建筑地面铺装并未有大的破坏，也是建筑固有风格的体现之一，值得重视（图5-25）。

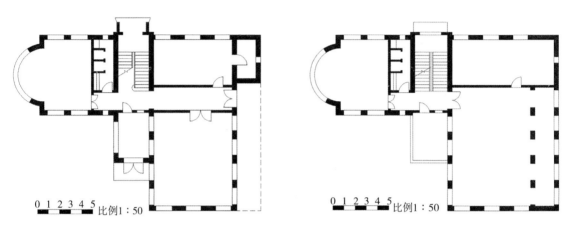

图5-18　留法同学会一层平面、二层平面图
（资料来源：实测绘制）

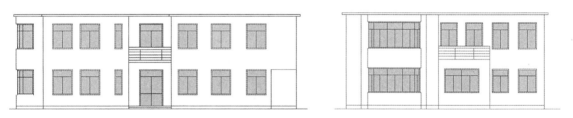

图5-19　留法同学会立面图
（资料来源：实测绘制）

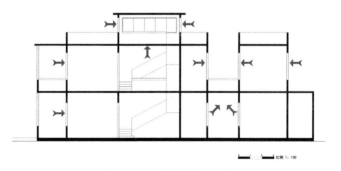

图5-20　留法同学会剖面图
（资料来源：实测绘制）

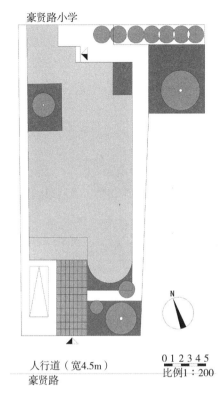

图5-22　留法同学会门洞　　图5-23　留法同学会楼梯

人行道（宽4.5m）

豪贤路

图5-21　留法同学会总平面

（资料来源：实测绘制）

图5-24　留法同学会室内

图5-25　留法同学会地面铺装

三、豪贤路48号张宅

　　豪贤路48号住宅是林克明于1947年为民主人士张宗谔先生设计的，也是他在新中国成立前最后一个有迹可循的作品，该建筑的设计风格仍是现代式，但不如越秀北路394号细节丰富。若从外观看，作为现代建筑最基本的形式语言例如弧形窗、平屋顶、几何形体对比等表现仍较明显（图5-26），但因基地所限，建筑对外面较窄，且只有一个立面外露，其他的立面被周围建筑所包围，这使得建筑虽自有一种简洁的历史厚重感，但表现出的外观相对简单，被淹没在周围大大小小的建筑中，并不广为人知。

不过，若是进入建筑内考察，会发现看似简易、小体量的建筑在平面布局上有着明显的特色，这种特色既根植于建筑创作的土壤——岭南建筑的环境和历史传统，也是设计师针对限制较大的基地采取的应对。由于用地受限，建筑平面狭长，进深远大于面宽，这种形式对于建筑的造型、通风、采光等均很不利，但在岭南地区的传统民居中，出于公平划分用地的原则，这种情况相当常见，典型的西关大屋即为类似平面，大量的农民私宅中，进深向排列得密密麻麻的竹筒屋更是多见。因此，林克明在处理这一建筑的平面布局时，不是完全按照西洋建筑的手法，而是综合了中西两种不同的设计：以建筑入口作为划分，我们会发现建筑平面大致被分为左、右两部分，左边布置起居室、楼梯和一些辅助用房，右边布置客厅、餐厅、接待室等主要公共空间，侧面开窗以保障右边房间的通透性为主，左侧无开窗。左边部分只有在建筑的前后部分有开窗，因而为达到较好的通风、采光效果，林克明在左侧中部布置了一个小天井，利用天井的拔风效果来营造较适宜的室内环境，这种手法和西关大屋中运用的几乎是一样的。而在建筑右侧，除了侧面开窗，林克明还利用外轮廓上的"Z"字形错位来取得正向开窗的位置和达到通风效果，同时由于客厅与餐厅之间没有明显分隔，是一个大空间，这样无论在通风或是采光上均比较容易处理（图5-27），这种流通

图5-26   豪贤路48号住宅外观透视
（资料来源：蔡德道先生绘制并提供）

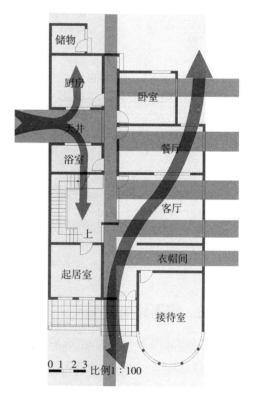

图5-27   豪贤路48号住宅平面分析
（资料来源：实测绘制）

空间的做法是西方现代建筑中常见的手法——通过中西两种经典的处理方式，林克明解决了在狭窄基地上建筑布局的问题。

第四节　林克明建筑设计手法与创作倾向总结

　　林克明新中国成立前与新中国成立后两个时期的建筑作品，在设计手法和思路上具有一定的延续性，具体体现在平面布局、立面构图、细部装饰和风格等多个方面。

　　（1）建筑平面布局方式。林克明的设计中建筑单体多为长方形平面形式，在强调轴线的前提下进行各种规律性较强的平面组合，最终形式以对称式平面较为多见，即使是非对称的平面也同样具有明确的轴线和组合关系。观察各个时期中林克明不同类型的建筑作品会发现，相对于建筑风格上的多种尝试，平面形式显得较为固定和一致，以"一"字形平面和"工"字形平面最多，其他诸如"山"字形、"U"字形等组合形式其实也是基本形的变体。这种情况的出现有几方面的原因，首先，早期的学院派建筑教育为林克明的设计思路留下了强调轴线组合和规则布局的基本认知，通过这些早期训练他充分认可和熟练掌握的正是理性且规律的平面布局方式。其次，新中国成立前林克明的设计中相当一部分作品为"中国固有式"风格，于是来自中国建筑的平面传统决定了对长方形单体形式的大量采用以及进行规则组合的必然性。再次，林克明在新中国成立前后均有长期代表政府完成公共性建筑项目的经历，这令他在设计中必须更加注重建筑物在社会性、权威性和理性方面的形象表述，并非纯粹出于个人偏好来选择采用何种平面形式，而在当时工整的、对称式的平面显然更能适合以上要求。由此也不难理解为何在其他以自由执业建筑师的身份进行的私人项目设计中，林克明同样能够熟练运用非对称的自由式平面。

　　（2）建筑立面造型特点。林克明的建筑作品在立面构图手法上同样具有一些共同的特征，体现为分段式构图方式，纵向分三段，横向则有一段、三段或五段几种。这种立面构图方法与西洋古典主义风格的渊源有关，体现了一种理性、规则的构图原则，与中国传统建筑屋顶、墙身、基座上下三段划分的造型特点也较贴合。从林克明回国初期最早的建筑作品开始，直至其职业生涯晚期的设计，建筑立面上均带有明显的分段式构图的痕迹和强烈的理性特征，即使在一些现代主义风格较突出的住宅设计中，尽管立面构图相对自由，但合宜的虚实关系和理性的控制仍在，充分体现出设计师个人的审美趣味和扎实的构图功底。此外，在新中国成立前林克明作品中一个重要的立面特征是将西方古典建筑的比例与中国传统建筑的基本造型相结合,当时这并非个人专利,包括吕彦直、杨廷宝在内的众多建筑师都曾以类似的方式来折中中西建筑造型,反映出接受了学院派教育的建筑师们对于西方古典构图原理的普适性观念和合乎法则的尝试。但是,这种在立面上强化西方古典比例特点的做法在林克明新中国成立后的作品中逐渐削弱甚至完全被放弃,从他后期的一些作品中可看出设计师更注重的是大体量单体之间的相互关系和整体图面的虚实对比,表达出活泼错落的建筑造型的愿望超过了对理性规则的立面构图的强调,这其中既包含着现代主义建筑思想的影响,也是意识形态观对艺术创作的束缚逐渐减少的结果。

(3)建筑创作倾向总结。林克明的建筑作品根据他个人职业身份的区别和所面临的社会环境与设计条件的不同表现出一定的阶段性,即在某个特定的阶段中其风格的延续性较强,除建筑平、立面的设计手法外,门窗、装饰等细节做法也较为相似和统一。若从创作倾向上分类,林克明在新中国成立前大致以两种倾向为主,一种是国民政府推行下的"中国固有式"建筑风格,一种是在1930年代后半段开始流行的现代主义,还有一些装饰艺术风格的作品可看作是对现代主义风格的前期尝试,纯正的西洋古典建筑则寥寥无几。林克明在以上不同风格的创作中均不乏当时最具代表性和影响力的设计作品,因而得以在这两个领域中都树立了自己作为岭南建筑旗手的地位,而且他在设计中运用了分层的策略,即按照建筑物的性质和重要程度取舍不同的设计风格,重要建筑采用"中国固有式",普通公共建筑采用新古典风格,住宅等私人项目尝试现代风格,这一策略本身即带有经济性和实用性原则,这种趋势在新中国成立后的作品中表现得更明显。新中国成立后林克明的创作倾向受社会意识变化和政治影响,主要表现为"民族形式社会主义内容"指导下的改良的民族主义,之后逐渐转化为适应当时经济条件和国家建设方针的简省风格。也许是作品多为公共项目的关系,也许是受到长期任职于政府的影响,林克明的设计中社会性特征和官方色彩表现得较强烈,地域文化特色和个性特征反而不那么明显,尤其在新中国成立后更加偏向保守,风格不如新中国成立前多样,当时在他的创作中还出现了一些模仿北京某些建筑的倾向而被视为"广州的京派"。[24]没有能够坚持先锋的现代主义风格和地域特色的挖掘而在建筑创作上逐渐陷入大一统的僵化呆板,林克明这种"悲凉的转变"令人惋惜,但究其原因更多还是在于社会大环境,而不必过于苛责个人。实际上,从整体发展历程来看,林克明的创作倾向和心态表现得比较复杂,也许是因为建筑师本身就兼具自然属性和社会属性两方面的职能与表达意愿,在不能获得统一的情况下自然会出现一定的矛盾和摇摆。经历了几乎整个20世纪中国最复杂的社会文化演变和几种截然不同的职业状态之后，林克明身上的摇摆不定和自我交锋因而体现得更为突出，在这种矛盾交错的状态下其建筑设计倾向的复杂改变也是可以理解的。

　　总体而言，林克明在建筑设计手法上表现出对各种不同的建筑风格均具有很强的掌控和把握能力，作为设计师他能够娴熟地游走于截然不同的建筑风格之间，善于将复杂的功能关系统一在有序的完整体形中，立足民族化和本土化对建筑形式做出创新的演绎，不足之处在于对建筑空间的探索显得不足够，更多地强调建筑物的功能实用、经济合理和形式美观，这种倾向带有古典建筑手法和实用思想的影响。新中国成立后多方面因素的影响令林克明在设计倾向上逐渐偏向保守，手法和思路上的创新不多，但即便如此这段时期的实践创作中仍有亮点，例如能够长期、高效、稳定地完成各类项目，例如对于建筑适用性的探索，例如形式感和经济性的合理平衡等。也许以林克明新中国成立前在岭南建筑界树立的个人地位和他的艺术造诣而言，本应期待他能做出更多、更具先锋性和突破性的设计，只是最终他没能继续引领岭南建筑的现代化发展和创新。这种落差或因林克明本身的性格和经历所造成，但无法回避的是也成为那个特定年代中困扰大部分中国建筑师的普遍现象，中国建筑在现代化历程中经历了太多令人唏嘘的坎坷和挫折，其中的深层次原因值得今日不断回溯与思索。

[注释]

① 这一数字是按照林克明作品年表中的统计，某些小作品例如在国立中山大学中的一些附属建筑的设计没有计入。

② 被拆除的建筑多数没有留下文字和影像资料，少数留有资料的，本书将其纳入与现存作品一起进行研究。

③ 该建筑设计者有争议，一说为林克明，一说为杨锡宗，考虑其做法特色与同批建筑符合，纳入研究当中。

④ 参见：赖德霖. 中国近代建筑史研究 [M]. 北京：清华大学出版社，2007：382.

⑤ Fibonacci sequence，即 1：2：3：5：8：13：21：34……的序列，后一位数字与前一位数字的比值趋向于黄金分割比例 1：1.618.

⑥ 赖德霖. 中国近代建筑史研究 [M]. 北京：清华大学出版社，2007：310.

⑦ 这一西方建筑的经典比例关系在意大利文艺复兴作品巴齐礼拜堂中也有运用。

⑧ 类似这样的平面例如北京颐和园佛香阁、承德普乐寺旭光阁等，还有藏传佛教建筑中的曼陀罗图式。

⑨ 赖德霖. 中国近代建筑史研究 [M]. 北

京：清华大学出版社，2007：306.

⑩ 张镈．我的建筑创作道路［M］．北京：中国建筑工业出版社，1994.

⑪ 茂飞最初在燕京大学设计的体育馆（1920年）中，就采用了这种构图，借鉴何士的北京协和医学院主楼（1917年）的设计，屋顶为三个庑殿顶，而在金陵女子学校中是三个歇山顶，最后又有庑殿顶和歇山顶的结合。

⑫ 林克明．建筑教育、建筑创作实践六十二年［M］//中国著名建筑师林克明．北京：科学普及出版社，1991：5.

⑬ 参见：赖德霖．杨廷宝与路易·康［M］//潘祖尧，杨永生主编．比较与差距．天津：天津科学技术出版社，1997.

⑭ 赖德霖．中国近代建筑史研究［M］．北京：清华大学出版社，2007：361.

⑮ 杨廷宝在1934年设计的南京国民党中央党史史料陈列馆就是他借用西方古典建筑的比例去规范中国风格新建筑的造型，也即对中国传统风格建筑创作进行的"经典化"（codification）的努力的集中体现。

⑯ 林克明．建筑教育、建筑创作实践六十一年［M］//中国著名建筑师林克明．北京：科学普及出版社，1991．其中相关章节谈到了对传统建筑的探索和继承革新等问题，此外还在其他一些论文中

谈到过建筑现代化和传统之间的问题。

⑰ 林克明．国际新建筑会议十周年纪念感言［J］．新建筑（战时刊），1942．其中有提出的对"中国固有式"不认同的一些观点，表达了对现代风格的推崇。

⑱ 林克明．世纪回顾——林克明回忆录［M］．广州：广州市政协文史资料委员会，1995：26.

⑲ 这部分作品因年代较近，较多实物仍存，已拆除建筑中比较重要的项目基本也有设计图纸留存下来，没有查证到设计图纸的建筑作品没有在本节中进行平立面分析研究。

⑳ 汤国华．三访林克明教授［J］．南方建筑，1999（1）：93.

㉑ 汤国华．三访林克明教授［J］．南方建筑，1999（1）：94．据林克明自己介绍在原先的设计意图中是更加适合南方气候的花园空间，后因施工原因更改为天桥。

㉒ 参见：林克明．现代建筑与传统庭院［J］．南方建筑，2010（3）．此文为林克明生前最后一篇学术论文，尚未发表，文中对岭南庭园有较深入的认识和研究。

㉓ 汤国华．三访林克明教授［J］．南方建筑，1999（1）：93.

㉔ 蔡德道．往事如烟——建筑口述史三则［J］．新建筑，2008（5）：19.

第六章
林克明的建筑实践与广州城建的发展

新中国成立前林克明作为建筑师最活跃的年代是从1926年直至1937年抗战爆发之前的10余年间，与此相吻合的是，广州城市建设的大规模发展阶段也是在此期间。在这一时期内，广州的传统城市格局经过了功能、空间和意识形态上的改造，建筑类型和风格也有较大发展和变化。尽管林克明的设计在广州建筑近代化过程中只属个案，但是由于其具有的公共性和代表性，在某种程度上仍能见证和体现上述发展的过程。新中国成立后广州城市建设经历了持续不断的变化，建筑形式和风格上也夹杂了新的时代要求，由于身份改变，林克明此时不完全以设计师的身份而是作为技术官员指导和主持设计项目，个人设计锋芒有所减弱，但因参与项目的重要性和密集程度，他对广州城市和建筑的影响力实际上没有下降，反而还更加直接。因此，对林克明在广州长达数十年几乎不间断的设计历程进行回顾，以及对其中代表性作品的充分研读，能够为研究广州城市建筑的发展演变提供一种独特视角下的、更具细节感的解读。同时，这也正是林克明作为一名个体建筑师所具有的特殊性——他的建筑活动与城市重大公共建筑的建设和城市格局的重要变化关系密切，这是林克明设计研究在城市角度上的价值体现和创新点所在。

第一节　近代广州城市现代化历程概述

根据赖德霖在《中国近代建筑史研究》一书中的研究，一般传统城市的现代化都需要经历三种方式的转变，"首先是城市的功能改造……其次是城市的格局改造……第三是城市空间意义的改造，即在上述两种改造的同时，新的意识形态对作为公共领域的城市空间的渗透和占领"[①]，这种改造在20世纪初广州的城市现代化过程中表现得很清晰，尤其是考虑到国民党政府对广州的治理事实上比其后来的首都南京都更长久，因此在广州的城市建设中体现出的意识形态影响和政治理念也比其他城市更加显著。

广州的城市现代化改造自清末洋务运动即告开始[②]，在此之前城市没有现代意义上的市政管理功能，而是作为清政府监察农村的前哨站。1918年10月，广州市政公所成立，这显示在将城市作为独立的行政单位进行管理的新概念下，市政成为地方自治的一部分，市政机关的出现标志着广州从传统城市向现代城市转型，但这时市政机关的职能还比较简单，"事属草创，制无前规"。[③]1921年孙科担任广州市市长，开始大规模城市建设实践，作为一个曾在美国接受过市政管理教育的专家，孙科为广州带来了新的市政管理体系，仿照美国分设六局，其中以工务局对于城市的建设最为重要，到1929年工务局职能已多达28项，包括执照、市产、取缔、铺业、材料、道路、桥梁、码头、公众场、房屋、河港、园林、濠渠和测绘等。[④]

城市现代化首先体现在城市基础设施改造，也就是城市功能的现代化。对于中国近代城市来说，基础设施改造的重要方面是修筑道路，广州也不例外，孙科任内以拆城筑路的方式对广州狭窄、曲折的旧街巷进行改造，不到一年时间里完成了9km马路建设，还有15km在建。[⑤]这一结果对城市产生了两个方面的影响，首先是提高了交通的便捷程度，更重要的是，通过拆除城墙修筑环城道路，通过加宽、拉直和增铺路面，城市公共空间发生改变[⑥]，卫生状况、视觉效果等整体环境也得到提升。此外，市政当局对广州公共设施的改造也在一定程度上开放和完善了城市的公共空间，例如新增加的公园、运动场、学校、图书馆等。

在功能改造之外，通过新的城市规划广州城市格局也在发生变化。和筑路修公园不同，城市规划不仅改变城市的面貌，还能调整道路形式、转换土地功能、扩大公共空间规模，甚至重新整合社区，从而改变了经长期历史发展而成的城市空间格局。1919年孙科在《建设》杂志上发表了《都市规划论》一文，强调都市规划之重要性："大之如筹谋建设新都市全部之计划"，小到城市局部改良、道路改线、建造楼房、公共设施选址计划，甚至水利沟渠，"莫不为都市规划内之事务"。[⑦]基于他的这种要科学规划城市的思想，1921年初任广州市市长时即聘请了美国建筑师亨利·茂飞（Henry K.Murphy，1877～1954年）制订了初步的城市规划，1926年在他第三次担任市长后获得批准。遗憾的是，茂飞绘制的规划图纸已不存，幸得《纽约时报》曾描述过这个设计："以市政中心为焦点有四条放射形大道：一条经过著名的花塔（应即六榕寺塔）通向西北的果园乡间，一条通向东北方向的白云山，第三条通向滨江的东山，第四条通向沙面对岸的江堤。而正对江堤就是城市宽阔的中轴线，轴线上有牌坊，还有大桥，通向人物聚集的河南区域"。[⑧]从描述中，结合当时广州市政图纸（1929年《广州市工务局季刊》刊登的"广州市马路干线系统图"与上述描述较吻合，可作为参考。见图6-1），发现放射形大道的交点——即市政中心，在当时市政厅所在地旧法国领事署，也就是后来林克明设计的广州市府合署初选地（不过最后合署并没有建在这里，其中曲折值得研

图6-1 广州市马路干线系统图
（资料来源：《中国近代建筑史研究》）

究）。郭伟杰在研究茂飞的论文中评价这个规划是试图"将城市美化运动的规划思想与北京紫禁城那样的中轴对称观念结合起来"[9]，可见这是一次将西方规划思想和中国传统城市观念结合的尝试，孙科对广州的格局改造也表现出要以美国作为中国城市现代化样板的倾向[10]，体现了他对美国价值观的认可和向往。

1926年孙科离任，程天固在1929年担任广州市工务局局长，积极推进广州的城市建设，尤其是港口的建造。他建设的依据是1930年提出的新城市规划，亦即"广州工务之实施计划"，这一计划比较清晰地体现了西方城市规划中关于城市格局的"分区"（Zone System）理论，是广州城市历史上最大的格局改造。市区东部的东山区原本为坟场，现要被改造为居住区，其中除了住宅外，还要建造"五幢造价各为76580元，外观造型为不加装饰的现代风格的平民宫"[11]，并作为向社会推广的示范工程。

对城市空间意义的改造是伴随着功能改造和格局改造而进行的，广州城市空间意义的变化体现在"城市意志"的代表者——广州国民党人——对于政治理念的宣传和自身公共形象的表现[12]，建筑作为一种强有力的象征性符号，和文字、塑像等一样，是这一改造的主要手段。1930年代建成的一系列纪念性和城市标志性建筑，形式上体现中国传统文化的渊源，但造型又和祠堂、庙宇、牌坊等传统纪念物相异，选址上更是考究，通常位于城市公共空间节点，表现出代表新的意识形态的城市空间意义。

此外，城市空间意义的改造还要体现国民党人对自身公共形象的塑造，作为新的民族国家的代表，这种形象就是要尽力体现民族文化，"中国固有式"建筑的盛行即与此有关。孙科在广州城市结构的规划上参照了美国的方式，但是他对于城市公共建筑和纪念性建筑，倾向的却是中国特色而不是黄花岗烈士墓那样的仿照美国的艺术设计。孙科所聘请的茂飞，正是一位著名的致力于中国传统风格探索的建筑师，他曾为广州设计市政厅，在1927年的新规划中也注入了自己对中国建筑传统

的理解，提出采用中国风格设计新的公共建筑，并保留历史古迹："……整个城市都将以中心区的建筑群为核心，这些建筑都是合院式的，带有庄重的反曲坡顶、立柱和花窗，这就是市政中心……规划注意保护所有旧的寺庙……中国的城市的中国的特性也是必要的"[13]。事实上，茂飞并没有亲自实现对广州市政中心和城市空间格局的设计，但其影响却在1930年广州市府合署的选址和建筑中体现出来，林克明的设计最终完成了这一设想。

广州城市建设在1925~1927年时对城市空间中国家特色的追求，与当时高涨的民族主义运动密不可分[14]，因此这时对于民族文化的提倡就不仅是出于对传统文化的个别喜好，或是类似早期教会建筑那样的本土化努力，而是中国政府和民族主义知识精英自觉建立具有国家特色的城市空间和建筑形象，并以此来反映自身对国家民族的信心和坚守。1930年的广州规划和市府合署建筑设计中，充分体现了这种观念，其中对城市空间意义的塑造与1929年公布的《首都计划》和《大上海计划》一脉相承。同样体现这一情况的还有中山纪念堂和中山纪念碑的设计建造，赖德霖认为"它的建造成为象征新的意识形态的城市礼仪中心对于旧的行政中心的彻底取代"。

总体而言，城市的功能改造和格局改造是城市普遍具有的现代化的过程和结果，同时它还体现市政当局在文化、政治上的意愿，尤其表现在公共空间和标志性建筑的塑造上，亦即公共空间领域中的意识形态的渗透，和标志性建筑中民族特色的追求，这些行为共同推动与促成了广州近代城市和建筑的整体发展演变。

第二节　林克明建筑设计与广州近代城市发展的关系

近代广州城市的现代化演变是一个完整且系统的过程，不仅涉及城市的大街小巷和普通屋宇，一些重要的建筑物更是这个过程中各种观念和设想的集中体现。由于为政府工作的缘故，林克明在新中国成立前的设计经历与广州城建的变化产生了相当深入的联系，对其部分重要作品的研读更是能清晰映照出上文所述的发展过程。

一、林克明在广州城市功能改造中的设计

作为城市现代化的第一个阶段，1920年代广州在对城市基础设施进行大规模改造的同时，也对城市的公共设施进行改造，目的是要体现新的社会制度下城市

空间由旧时的少数人占用改变为被大众所共享，这一类的改造包括1921年在清代抚衙旧址上建设的中央公园，以及1922年后又继续营建公园、游乐场等公共设施。此外，学校和图书馆的建造也是一个重要举措，这些新的公共空间不仅提高了城市的物质条件，还能为国民的身体和智力两方面的发展提供场所，从更深层意义来看，它们表现出国民党领导下的新的意识形态对城市公共空间领域的渗透和扩张，是政府扩大影响力、体现执政新气象的重要手段。林克明于1928年设计的中山图书馆和1930年设计的广州市立二中，均是具有这种新功能的城市公共设施。

　　广州作为南方文化的重心，一向重视公共图书馆的建设，但当时仅有省立市立图书馆各一间，后新建仲元图书馆，但仍感不足，于是增建市立中山图书馆和市立民众教育馆等公共设施。中山图书馆的建造是广州市政府"为永久纪念总理伟大人格，发扬文化"[⑮]，"适应社会之需求，吻合模范市之建设"[⑯]而起意，从建设之初，市政当局就强调图书馆建设的目的，一为纪念总理，一为保存文化，一为灌输知识，体现出该建筑除一般图书馆功能之外，在纪念性和意识形态表征上的重要作用。林克明在设计中选择了他当时并不熟悉的中国传统复兴式样，建筑风格庄严壮丽，形式为"纯然一中国古典宫殿式"[⑰]，运用了大量中国传统建筑的语言，选择这一风格的根本原因在于此建筑物正是一处体现新的意识形态的重要的城市公共场所，必须以极具中国传统文化精神的形式对之作出展现，令其从外到内均能担负起这种表现的任务。中山图书馆建成后成为当时广州最重要的文化建筑（图6-2、图6-3），至1934年藏图书43000余册，其中中文41000余册，西文2000余册，报章杂志共200多种[⑱]，后来更成为广东地方文献和孙中山文献的重要藏地，共收藏广东地方志、族谱、广东史料、粤人著述、报纸、期刊、舆图、图片等地方史料8万余种、30余万册，和孙中山相关的文献诸如孙中山著作、传记、评论研究、手迹、图

图6-2　中山图书馆刚建成时的藏书库
（资料来源：中山图书馆网站羊城寻旧专栏图片）

图6-3　1936年中山图书馆全体馆员合影
（资料来源：中山图书馆网站羊城寻旧专栏图片）

片、唱片及有关辛亥革命资料等4000余册（件）[⑲]，它在广州城市文化建设和纪念性表征方面的重要性可见一斑。

图6-4　市立二中教学楼位置示意

林克明1930年设计的市立二中教学楼是当时另一处新建立的反映市政当局进行城市功能改造、开启民智的公共设施（图6-4）。当时因求学者日多，且公立学额有限、私立收费过高，使得众多适龄儿童无处容纳被迫失学，广州市政府改建和增建了一批中小学校，其中"计近年来市立中等学校，新建者两间，一中二中是也，改建者一间，第一职业是也，市立小学校舍新建者八间……改建者五间……此外不属于市立之勤勤大学，其工程尤巨"。[⑳]林克明设计的市立二中，正是在这个背景下建设的，时"人口日增，故求学之学生亦日众，每次学校之招收，不论为中为小，其应考之学生，多于学额六七倍，足见本市之学校，实有供不给求之势"。[㉑]对这个和中山图书馆同属文化类的公共建筑，林克明没有采取中图的中国固有式样，而是完成了一个较纯正的西方古典主义作品，侧面反映出该建筑物在城市公共空间和政府意识形态表现方面的重要性不如前者。

二、林克明的设计在广州城市格局改造和空间意义营造中的表现

1930年程天固提出"广州工务之实施计划"，开始按照西方规划理论的"分区"思想对城市格局进行改造，将城市划分为行政区、教育区、商业区、住宅区等。1929年，林克明为模范住宅区设计了数种标准图式，从设计图来看为西式独立或并列式住宅，体现出政府引导下的传统民居建筑样式和空间结构的西化。同年，林克明设计了平民住宅"平民宫"（图6-5），采用现代主义风格，造型简洁，易于复制和推广，无论是平面布局还是立面装饰均表现出实用性和经济性。从1929年广州市政府颁布的《建筑平民舍原则》中可知，平民宫建筑经费由地方公款拨出，如不足可以募

图6-5　平民宫位置示意

集补充，可拆卸庙宇及其他无用建筑物材料，选址要靠近贫民谋生地，为有工作但无住所的人提供栖身之地，可酌情收取低租金。平民宫建设完成后，入住市民均感觉便利，因此政府曾计划在盘福路金字湾再建设一座第二平民宫，以解决更多一般市民的生活起居问题，这些对于多种居住模式的探索和尝试，与广州城市格局的新变化息息相关。

如果说林克明上述作品作为城市的公共设施只是部分地参与了城市功能和格局的改造，并没有在更大的规划层面上和城市发生联系的话，那么他最有代表性的作品之一市府合署，则无论从选址到设计，均更为深入地参与到广州城市形态的演变之中。

广州要建设市府合署的想法由来已久，1921年孙科任内就曾聘请美国建筑师茂飞设计市政厅，当时孙科和程天固计划对广州进行系统改造，因而请茂飞完成了一份城市规划方案，程天固对此回忆称"我觉得他（注：茂飞）的理想不太近于实际，其心目中所拟设计是仿效美国式的那种平地而起的设计，与我国内市情相距太远，故此未敢聘任"。[22]尽管规划方案被拒绝，但茂飞仍然完成了广州市政中枢的设计，史料显示是一个"中国古典复兴式"的方案，于1922年获得行政会议通过，从行政会议决议案中反映，茂飞的市政中枢方案具有城市视野，在选址和设计方面充分表达了公共建筑的"庄严"和"壮丽"[23]，但方案最终未实施，随1926年11月广州国民政府迁往武汉而搁置。1929年程天固出任广州市工务局长，此时广东实权已由陈济棠掌握，陈济棠主粤时期是广州城市大发展的阶段，建设一个集中的市府合署的想法不仅被再次提出，而且显得很有必要："市政机关应设于全市中心地点，以便处理政务，此为城市设计之急务，现在本市市府办公地点，甚为狭隘，且各局分散各处，于工作进行和行政监督均感困难，亟须建筑市府合署"[24]，"在建设时期，市行政范围为最繁重，广州市政府所辖八局，均与市行政有直接关联，若各局址散设各方，难收时间指臂之效，当局有见及此，故合署建筑，诚不可缓"。[25]市府合署的建设，其意义不仅是便于各局之间办理事务，更能为广州新的城市建设大计做好筹谋和准备。[26]

市府合署最初选址是茂飞在1921年所做规划中的市政厅的位置，即中央公园东南方的旧法国领事署所在地，此处原本位于市中心，树木茂盛，环境较好，惠爱路和永汉路围绕，交通也算便利，作为大型公共建筑用地比较合适，但若从更大的城市背景来看，则有不足："唯仍有略偏于东之嫌，未握中枢之要，于统驭控制，其收效必不能尽如我欲"。[27]1929年市政会议讨论将合署选址改为中央公园后部，并指出新地址相较于旧法领署的三大优势[28]，其中最重要的是其之于全市的地位："北达观音山，南临模范马路，现在铁桥完成，更可直通河南腹部，东西大路纵横，形成网状，全市交通，咸集中于此，由中山纪念堂直通至河南之中心，成一直线，发政施令，若网在网。"㉙

事实上，不仅在于交通通达和便利，是更为宏大的设想最终决定了合署建造的位置："至于中央公园后段，以地位论，实居全市之至中，北枕越秀，南临珠江，东连东山，西控西关，百道交会……形势之雄，大非法领旧署所可比拟，其前正对维新大马路，直接现建之海珠大铁桥，渡江而南，即与省府合署建址衔接（省府合署在天后庙至得胜岗一带，见工务局河南新规划），更由此而东出黄埔埠（外港），西达洲头嘴（内港），河南全部，俱在掌中，其周揽全市之交通，控制全市经济上之形势，尤非法领旧署所敢窥其项背"。㉚由此重新选址的市府合署位于1930年广州市新规划中的两条主轴线——东西方向的惠爱路和南北方向的维新路——交汇处的北端，广州市政中枢的位置通过市府合署的选址再次得到确认，这一选址也使得茂飞规划的城市南北轴线，即大北直街（今解放路），向西偏移至革新路（今起义路）㉛，与正在建造的中山纪念堂和纪念碑共同成为城市主轴线上的组成部分（图6-6）。实际上吕彦直在设计中山纪念堂时，就曾有过基于空间领域的对应关系而对建筑位置作出的调整，据卢杰峰和彭长歆博士的研究，1928年时吕彦直提出纪念堂"中线移至偏西二十余丈"的建议。㉜向西移动纪念堂中线的目的应是为建立中山纪念碑与纪念堂之间的空间联系，最终这一做法也确实达到了目的——尽管纪念堂的中轴线与纪念碑仍有偏差，但作为城市空间坐标，它们之间得以形成具有联系性的南北纵轴，这一轴线在新的城市规划中被引申成为城市主轴线，并通过市府合署的建设、革新路的开通以及1933年海珠铁桥的建成而进一步向南拓展㉝，跨越珠江将空间的纪念性延续至整个城市（图6-6）。

至此，市府合署的选址已经具备了政治上的意义，"且总理纪念堂纪念碑，耸峙其后，革命伟绩，昭著于斯，以垂示后人，使景仰者不期然而自奋"。㉞将城市行政中心置于中心位置，有助于在实际功能性和视觉象征性上控制整体城市空间，这是决定合署选址的深层因素，而广州的城市规划还有个更显著的特点，即以更为庞大和醒目的礼仪性建筑作为城市行政中心的依托，也就是文中提到的"总理纪念堂纪念碑"，它们共同完成了广州城市中轴线的空间划定和视觉控制——由前至后的市府合署、中山纪念堂和中山纪念碑分别代表着城市的行政机关、领导组织和指导思想。这种层层推进的布局方式与《首都计划》和《大上海计划》的观念一致，即将象征意识形态的党部建筑作为城市规划轴线的尽端，且置于政府建筑的背后，这一点表现出广州中轴线及其主从建筑的规划方式并非出自偶然。

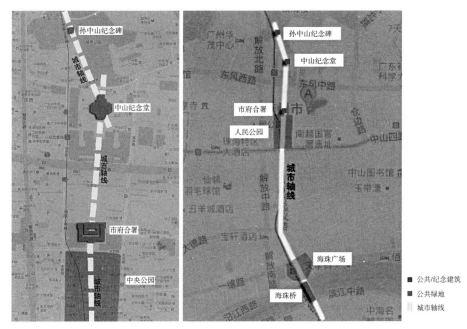

图6-6　广州城市轴线与市府合署位置关系示意

　　林克明在进行市府合署的具体建筑设计时，同样坚持将建筑纳入到城市空间秩序中考量，他认为，市府合署是城市中轴线的一部分，也是纪念堂的配角，为了取得与纪念堂造型风格的协调，"市府合署借鉴了传统建筑形式，但在体量、高度、色彩等方面的处理又不同于纪念堂。纪念堂顶高55m，必须突出这一控制高度，因而将市府合署屋脊最高处定为35.99m"。[35]林克明基于城市视野的设计表现了在科学理性的前提下对民族主义建筑形式的新的探索。

第三节　林克明的设计与广州近代建筑的演变

一、近代建筑风格发展演变概述

　　中国近代建筑的发展具有内容丰富、线索庞杂、影响因素多的特性，这一复杂性首先体现在，建筑的创作者既有在中国的外国人，也有中国建筑师，同时，除开建筑师的个人因素，建筑的风格取向还要受到所处地域和建筑类型的影响，比如政治因素的影响大还是经济因素的影响大往往会对建筑最终的风格形式起到关键作用。赖德霖通过研究认为近代中国建筑价值观具有两种取向[36]，也就是说除了通常所说的"国粹主义"和民族性之外，中国近代建筑也有追求现代性、崇尚科学主义的一面，近代建筑发展的最主要线索体现在传统与科学精神的交织。

　　虽然人们对近代建筑的通常印象是传统的大屋顶，但实际上在接触西方建筑形式和学理的初期，中国社会首先表现出的是对传统建筑非科学性的否定和对西式建筑的推崇，例如建于1865年的江南制造局，尽管在建筑形式上保留了筒瓦屋顶、木质格栅装饰等中国传统建筑元素，却采用了西方制造业工厂的布局形式，在自强运动中这种中西融合的建造方式并不罕见。之后随着清朝日渐衰落，官方不再强调自强运动中提出的有限的兼容并蓄，北京清政府陆军部和资政院大厦竟然几乎全部采用舶来的设计理念。[37]1910年中国近代第一位建筑家张瑛绪撰写了《建筑新法》一书，1920年出版的另一本近代建筑学专著《建筑图案》，两书均对西方建筑方法的科学性十分推崇[38]，对传统建筑作出了反思与批判。及至20世纪20年代后期，随着接触过西方建筑学理的中国建筑师增多，对传统建筑的非科学性的否定也更加具体[39]，西式建筑日增，工业、商业甚至官署建筑中，西洋风格成为大众的理想追求，也是人们心目中"现代"建筑的典范。

　　中国近代对传统建筑形式的重视始于19世纪末在华西方宗教的"中国化"倾向。与着眼于到中国剥削财富的工商业殖民者不同，教会人员为达至传道和教育的目的，首先需要表现出对当地文化的尊重，因而要在建筑中哪怕只是部分地体现本土传统。在当时兴建的大批教会学校中，如1901年的苏州东吴大学，1910年的成都华西协和大学、杭州之江大学，1911年的南京金陵大学，1915年的金陵女子大学，1914年的长沙湘雅医学专科学校，1916年的广州岭南大学、北京燕京大学和北京协和医学堂，1917年的济南齐鲁大学等，这些学校建筑均以西式屋身加上中国式屋顶，是中国近代建筑中最早一批体现东西交融特征的建筑物。[40]在设计这种中西结合式建筑的西方建筑师中，加拿大人何士和美国人茂飞贡献最大，他们在设计中对传统建筑的形制、细部、装饰甚至空间都把握得相当准确，把中国古典复兴式的建筑推向了定型化，用钢筋混凝土材料建造了新的清代官式风格建筑，成为后来"中国固有式"建筑的样式基础。

　　1920年代后政府开始提倡尊孔读经，发扬国粹，中国新建筑的价值取向增加了民族性的内容。建筑因其具有的文化属性而代表着民族文化，也反映民族兴衰，当时加剧的外来侵略和空前的社会危机激起了中国人的忧患意识和民族主义思想，"普遍呼唤统一的民族精神，迅速重建价值信仰权威"[41]，1930年国民党发表《民族主义文艺运动宣言》，1934年成立中国文化建设协会，1935年发表《中国本位的文化建设宣言》，倡导"中国本位"、"民族本位"。各建筑专业杂志也发出了发扬传统建筑的呼吁，创刊于1931年的《中国建筑》发刊词中明确提出"融合东西建筑学之特长，以发扬我国建筑固有之色彩"的主张，《建筑月刊》发刊词（1932年）也明确提出"以科学方法，改善建筑途径谋固有国粹之亢进"，1931年上海市建筑协会杂志《建筑月刊》上发表多篇营造业人士文章，提出"发扬我国固有之建筑艺术"，"吸收东西洋之建筑方法而予以融合"[42]，1932年《中国建筑》杂志创刊词中以"发扬吾国建筑固有之色彩"来呼吁中国建筑师创造中西融合的新建筑形式。人们开始肯定传统建筑在建筑艺术上的观赏价值，从而为中国建筑古典复兴找到了形式美的根据，而且更重要的是，在近代中国，对民族性的要求不是仅从建筑艺术和功能使用出发，而是出于强调建筑的精神作用和对民族文化的象征意义，国民政府的政治纲领折射至相应的建筑形态，对于建筑民族性的追求也因此带上官方意识的色彩。1930年前后，"中国古典复兴式"建筑成为官方建筑的标准式样，具体可体现在1925年的南京中山陵设计竞赛获奖方案、1928年的《首都计划》中对"中国固有式"概念的强化和1929年的《大上海计划》中。由此，这种被教会提倡、由外国建筑师创造的中西结合的建筑风格，因具有"发扬光大民族文化"的意义，又具有"崇体制"、"树风声而坚社会之信仰"的政治作用，成为中国官方具有政治意义的一种建筑范式。

20世纪30年代后，当出于政治需要的"中国固有式"建筑正流行时，两种新的趋势开始出现，一种是在市场经济引导下的建筑"摩登"化，一种是因经济原因而发生的"中国固有式"建筑的新变化。摩登式建筑的典型特征为体形简洁，外观新奇，商业气息浓，作为建筑商品化的结果通常在商业建筑中广泛采用。在众多摩登式样中，Art Deco亦即"装饰艺术风格"最为普遍，它既具有现代主义的简洁，又有较强的装饰性（图6-7）。不过，这还并非完全意义上的现代主义，现代建筑所强调的注重功能和祛除装饰的观念尚未明确表达，新建筑样式与新古典主义在设计思想上不完全对立，而且都是由同一批建筑师设

图6-7　清华大学化学馆（杨廷宝，1931年）
（资料来源：《图解中国近代建筑史》）

计的，只是样式更为摩登而已。在摩登建筑开始流行的同时，官式建筑由于实用和造价上的困境也逐渐尝试新的做法，被称为"简朴实用式略带中国色彩"，也就是通过采用中国传统建筑的局部构件和装饰纹样代替对传统建筑的整体模仿。这种变化说明建筑发展必须适应社会经济条件和生产水平，但在官式建筑中并没有完全放弃对民族形式的要求。

1933年现代主义建筑理论开始传入中国，从这时起人们对于新建筑的了解不仅仅停留于形式和猎奇，也开始涉及设计方法和建筑学理的介绍，一些关于现代主义理论的文章和著作陆续被翻译与刊登，建筑师们的作品中也开始出现较多现代式风格的尝试。与林克明自行研究摩登建筑不同的是，范文照是在受到外国建筑师（林朋）的直接影响后开始现代主义的探索之路的，同时，以启明建筑事务所的建筑师奚福泉和童寯为代表的一批建筑师亦是当之无愧的现代主义者。童寯认为建筑的平面只能是"在最新理念指导下对房间进行合理、科学的安排，而由此自然生成的内部布局必定是现代的"。[43]1940年代初，黄作燊等受到现代建筑教育的留学生回国投身于教育工作后，现代主义建筑思想逐渐在中国得以更广泛地传播，但实际作品仍不算太多。因为在中国社会，建筑师往往针对业主要求和建筑类型来选择样式，其作品并不完全代表个人对建筑风格的取舍，中国固有式、混合式和现代式风格共同在设计中存在，这种状况和心态甚至一直延续至新中国成立后的建筑风格之争。

二、广州近代建筑风格演变与林克明的设计实践

广州近代建筑风格演变的大致过程与上文所述基本无异，既有"中国固有式"建筑的高潮，也有摩登式建筑的先声。其中，林克明以几个重要的公共项目设计成为岭南"中国固有式"建筑的旗手，同时他也曾为广州带来第一个现代主义作品，他本人风格的摇摆和变化固然与当时社会整体政治状况有关，也表现出自身的价值取向和务实随势的性格特点。

广州作为民族主义建筑最早出现的地方之一，[44]其建筑风格的演变有自身特有的文化背景。和南京方面表现为国家形态的民族主义不同，广州在文化政策上体现出的是文化的复古性，在陈济棠主粤之后的1930年代官方文化更趋保守，这一情况使得岭南的民族主义文化运动显示出更加极端的特点，在公共建筑和纪念建筑中"中国固有式"被大量采用，不仅如此，广州还通过一系列"中国固有式"的公共建筑建构了具有纪念性的城市空间形态。随着这种倾向渗透至社会阶层的每一个角落，以林克明为代表的岭南建筑师设计完成了中山图书馆、广州市府合署、国立中

山大学等一批"中国固有式"的代表建筑物。

　　同为接受古典学院派教育的留洋建筑师，与杨锡宗等人由古典主义向折中主义再向民族主义风格的逐渐转变不同，林克明在回国后的第一个重要设计项目中山图书馆中就采用了民族主义的建筑形式，表现出他敏锐的政治时事触觉和高明的形式驾驭能力。中山图书馆的建筑形式让人印象深刻：正方形平面正中嵌入一个正八边形空间，外形上是被包围着的、突出的八角攒尖亭（图6-8），这令人联想到建筑师吕彦直在中山纪念堂的设计，他开创性地使用了八角亭楼的形式作为建筑主体，并赋予之远超传统建筑的尺度和相当复杂的现代功能。赖德霖认为吕彦直或许是受到了茂飞作品的一些影响，以将西式古典主义的穹隆屋顶改变成为中式的八角攒尖顶的做法来达到传统建筑形式和现代功能的结合。[45]林克明确实在纪念堂施工期间工作过，负责设计审核和工程监理，他也曾撰文提及中山纪念堂在设计上对他的启迪[46]，但需要注意的是，从时间上看他进行中山图书馆的设计在前，参与中山纪念堂施工在后，而两个设计本身几乎是同年完成的，固然有影响，但难说直接受到启发。尽管如此，二者之间相似的地方是如此明显——包括单纯、向心的平面形式，大体量的控制等，这种相似性应是与建筑师在欧洲形成的建筑观念有关，例如典型的"鲍扎"式建筑的轴线布局和合院式平面布局方式，两端或角部凸出带有法国宫廷式建筑或英国都铎式建筑平面的影响。[47]在建筑立面上，林克明发展了欧洲建筑中对应类似平面的横向五段式立面划分，纵向的三段式做法则从吕彦直等人的先期尝试中获得了经验，并在其中体现出严谨的比例关系（图6-9）。

　　市府合署是广州20世纪30年代最重要的中国古典风格新建筑，它采取了中西合璧的做法——"合署建筑式样，采用中国式，而内容则参以新建筑法"[48]——来体现广州作为国民党曾经的政权中心和历史悠久的文化名城的双重特色，它的风格和建筑样式均对城市有着非同一般的意义。"以建筑合署之议，并非求楼阁璀璨，追踪欧美，其所取法者实在合署精神也"，这里的合署精神，从程天固后文中可见，

图6-8　中山图书馆模型
（资料来源：《广州市工务报告》，1933年）

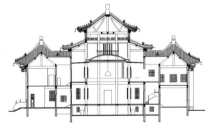

图6-9　中山图书馆立面
（资料来源：现状测绘图）

既有先进有益的体制下能够高效率运转的行政体系和清廉的政治制度，还有能代表
民族特性和国家威严、能提升市民自信与审美的形式风格，所谓"今如行政之效
能，建设之经济，政德之淳美，形式之伟大诸端，唯用合署制，始克实现"。[49]为
实现合署提升政府行政效率的初衷，设计上要达到"对内集中统一，对外方便民
众"，因而林克明的合署设计以府礼堂为中心呈四合院布置，建筑为对称的合座式，
便于联络，节约办公时间（图6-10）。平面布局上市政府在正位南楼，市长室在中
央五层，其他各局则在另三面，轴线的方式仍很明显，既表现出强烈的西式理性特
点，也有中国传统合院布局的影响，院落形式和中国的住宅、衙署、宫殿等传统四
合院相仿，只是公共性和开放性更明显。建筑采用合座式突出外形，形成整体，"可
增厚其美的力量"，"……全部设计，极为团结，且与团结之中，仍能留出充分之空
地"。[50]建筑室内安排，将署内工作人员办公室置于高层，而将市民往来频繁的部
门设于低层以方便民众，同时各局设置独立门户，自有独立的楼梯与电梯，令市民
不必为拥挤困扰，表现出市政府想要树立起良好执政形象的愿望和努力。

市府合署的建筑风格为典型的"中国固有式"，气象庄严壮丽，这一风格的选
定是在征求建筑图案时就提出的要求[51]，吻合了茂飞之前关于一个中国式的集中的
市政厅的设想。建筑外形上以正面中央一座为最高，其他各座略低，无论正面侧
面，均分五个体量，集中感强，形式匀称，使得外观上并无正背之感，屋顶造型起
伏美观（图6-11）。其他的中国式装饰元素如圆柱、窗格、月台、栏板等均整齐协
调，因而设计被评为"关于适用美术构造经济等各点，亦能充分注意，此为本设计
之要素也"。[52]值得注意的是，林克明在建筑设计中运用了大量中国传统建筑的元

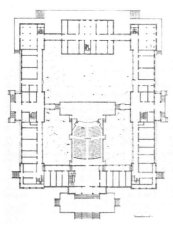

图6-10　市府合署首层平面图
（资料来源：《中国著名建筑师林克明》）

图6-11　市府合署外观
（资料来源：《中国著名建筑师林克明》）

素，如重檐歇山屋顶、五踩斗栱、旋子彩画、朱漆立柱和汉白玉栏板等，但他并没有采取广东地方建筑的语言而是选择了清代官式建筑风格。清代官式建筑风格自何士和茂飞的定型化设计后，已经成为代表国民党人官方意志的建筑范式，因此在市府合署中对这一建筑语言的采用，不仅为"表现本国美术建筑之观念"的简单愿望，还代表了广州国民党政府在与南京方面的政治正统性斗争中的诉求，"即在自身公共形象的表现上追求国家性而不是地方性"。[53]

在"中国固有式"建筑风潮中，由于经济性、施工难度等因素的影响，逐渐出现了一些革新和改良，当时的中国古典复兴建筑大致有三种做法：①模仿中国传统宫殿样式，建筑立面划分为屋顶、屋身和基座三段式，构图和装饰皆以传统样式为蓝本。②屋身为简化的方形体块，覆以中国式屋顶或局部冠以传统样式的楼阁，基本摆脱传统建筑的构图限制。③以西方新建筑的体量和构图加上简化后的中国传统装饰细节。[54]林克明在国立中山大学石牌校区的建筑设计中，为降低造价对成熟的"中国固有式"做法进行了简化，手法接近上述的第二种。因为要与学校一期建筑的传统风格相协调，建筑形式上仍然采用大屋顶，但屋顶结构构架简化并积极利用屋顶空间，在装饰上以简洁的仿木挑檐构件代替层叠的檐下斗栱，檐下采用洗米石彩画而不是预制的琉璃装饰构件，简化窗洞与檐口细节线脚。林克明的这一系列设计反映出当时对"中国固有式"建筑进行改良的趋势，也表明建筑的实用性和经济性日益受到重视。

近代广州现代主义建筑风格的出现也与林克明的设计关系密切。在当时的中国，摩登建筑因经济实用、外形新颖，首先在商业类建筑中兴起，以上海的创作最为领先，1930年上海建筑业出现了"摩天化"和"摩登化"的新趋势。广州第一个所谓的"新派"建筑为林克明设计的平民宫[55]，此后，市立银行、市立三十三小学和市立八十七小学等也都是以新建筑风格建造。广州的新式建筑虽不如上海兴盛，但呈现日渐增多的趋势，且由无意识的、出于经济或新奇的原因而设计，逐渐转为建筑师有意识的引进，具体表现为建筑数量增多，设计手法定型化和套路化，以及相关国际建筑理论流传日广。上文所述"中国固有式"建筑的第三种改良方式，即为和这股现代主义潮流相合并后的一种新做法。

林克明在离开工务局自行开业后，由于承接工程的公共性降低，更多为商业或私人项目，在设计中他能更加随心地选择设计风格，1930年代后期作品中的现代主义建筑风格明显增多甚至成为主流，其中一些作品可称广州此类建筑风格之代表作。上文述及的平民宫设计，建筑体量方正，装饰简洁，被赞为"外观轻快可喜"，"庄严中不失平民气象"[56]，造价也很经济。但若和他的后期作品相比，该建筑手法略显混杂，有现代式的钢管栏杆，也有中国传统特色的栏杆和雀替；有古典风格的柱廊和拱门，也有具构成感的不规则窗洞，表现出他在新风格探索初期的折中主义倾向。及至广东省立勤勤大学石榴岗校区设计，林克明对摩登式建筑的了解和思考已更加深入[57]，此时新风格的表现更加明确，设计手法上有类型化和规则化的趋势，例如他自己曾经归纳过的跌落平台、横向长窗、转角窗、虚实对比等手法大多在此有鲜明体现，建筑外形多呈对称的跌落式阶梯状，显示出有装饰艺术风格影响的痕迹。装饰艺术风格在摩登建筑兴起初期最为流行，它比纯粹的现代主义增加了少量的装饰，较易为习惯古典复兴风格的大众所接受，商业感更强。林克明在1934年后设计的几个戏院建筑中多采用此类风格，尽管建筑体形都是很简单的立方体，但大德戏院简洁、挺直的直线条装饰，以及金星戏院立面上的几何块状装饰均是装饰风格的表现，这说明在一般公共性建筑项目中，林克明尽管不再采用耗费巨大的"中国固有式"风格，但仍然通过适量装饰的手法来强化建筑的社会属性和文化属性，因此相对而言住宅设计中的现代主义风格显得更加纯粹。早在1933年为几位国民党要人在东山梅花村设计的私宅中，林克明就采用了当时还比较少见的摩登风格，但这几栋建筑均已不存，不过他在1935年为自己设计的私宅和1947年完成的住宅设计仍存或有记录，现代主义特点令人印象深刻。林克明在设计中强化了勤勤大学建筑群发展而来的摩登建筑的手法：转角窗的大量运用，大平台和钢管栏杆给人以类似"轮船"的符合机械美学的形象意念，立面材质变化和虚实对比，建筑平面和功能的灵活布局等。

林克明在新中国成立前的建筑实践可看做当时广州建筑风格发展演变的代表和缩影：既有公共建筑中的"中国固有式"，也有商业项目中的摩登风格和现代主义，而纯正的西洋古典风格有市立二中一例。[58]林克明在这一阶段中表现令人有些奇怪的风格上的多变和摇摆，这种状况在第一代中国建筑师身上并不罕见。对当时大多数建筑师来说，采用何种风格进行设计往往不仅是单纯的形式选择和个人喜好，更是体现了中西两种建筑文化的交锋以及更进一步的意识形态的影响。"中国固有式"所主张的古典建筑复兴方式，其本质上是将中国建筑元素纳入到西方建筑体系，使得中国建筑的造型元素成为西方建筑系统中可供选择的语汇，这种实践是一种基于西方建筑体系的对中国传统文化的关注和坚持，经政府倡导又带上了官方意识的烙印。因此，越是公共性强、和政府关系密切的建筑，出现中国传统元素的机会就越高，而随着建筑隆重程度与公共性的降低，这种机会则减少，现代主义风格的最初尝试多出现在商业和住宅建筑而不是政府建筑中也能说明这个问题。也许在建筑师们看来，不同风格之间的取舍只是在以新的建筑营造条件为背景的新风格还未成型的情况下，理性和创新性如何在民族、文化象征的要求面前找到适宜的平衡点的一种权衡，而不能完全反映个人对建筑风格的独立追求。

三、广州近代建筑技术发展与林克明的设计革新

20世纪30年代不仅城市建设和建筑风格有较大的演进，在建筑的技术革新和做法改良方面也是一个重要的发展期，林克明在此表现出岭南建筑师所特有的务实特点，他的几个重要建筑作品中都有相关尝试和经验。

由于地理的原因，早在16世纪西洋建筑技术就经过葡萄牙传入岭南，其后澳门的建设和广州十三行为西式建筑技术的传播提供了历史平台，由于这一先发优势，广东工匠成为最早熟悉西洋建筑技术的群体。随着新材料和新结构的运用，中西方建筑技术的差距在19世纪中后期开始突显，19世纪60年代中国开始施行"洋务运动"，主动引进西方的各项技术，但洋务运动最终在19世纪末以失败告终，政府性的西方建筑技术输入途径没有形成。

西方的建筑技术最先是在工业建筑中使用，20世纪初工业建筑由民族资本建设，受资金和规模的限制很大程度上具有民间性，在工匠和营造者中形成的技术和经验不能作为技术的主流来代替学院性的科学理论，那些西方最新的建筑技术仍然由外国人所控制，直接和西方建筑界保持联系。尽管如此，随着西式建筑越来越多地传入中国，西方的一些建筑技术也逐渐被中国建筑界所掌握，例如西式三角屋架。这种构架以三角形的稳定性原理为特征，受力合理，节约材料，最早在中国的西式工场建筑中出现。[59]1910年出版的《建筑新法》中比较详细地介绍了西式建筑的做法，标志着中国技术人员已经掌握砖建筑和西式屋架技术。

近代建筑技术的发展和新材料的广泛使用有关，1910年前后，全国主要城市几乎都设有机器砖瓦厂，砖的生产实现国产化，广州于1907年正式开办广东士敏土厂附设红砖厂。[60]钢和水泥作为建筑材料于19世纪60年代传入中国，钢首先由工程师在土木工事中进行探索性应用，如用来造桥或是三角屋架的拉杆，水泥在初期均依赖进口，1886年开平矿务局附设的唐山细棉土厂是中国第一家水泥工厂[61]，而与红砖厂一样，广州近代的水泥工业始于1907年的广东士敏土厂，1931年6月因产能不足，又建设广州西村士敏土厂，为1930年代岭南建筑业和城市建设供应了主要用材。至19世纪末，建筑中开始大量使用钢和混凝土（图6-12），1905年在广州沙面建造的安利洋行大楼是中国近代第一座钢筋混凝土结构建筑。在钢筋混凝土框架结构的输入上，岭南略迟于上海，1908年建成的上海德律风公司大楼是中国第一座钢筋混凝土框架结构建筑，1916年建造的上海有利银行是近代钢框架结构的

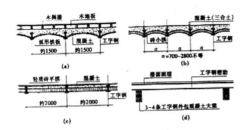

图6-12　砖（石）墙钢骨混凝土结构四种做法
示意
（资料来源：《图解中国近代建筑史》）

先例之一，但层数不高，从1925年建造的华懋饭店（13层）开始，钢框架结构在高层建筑中成为主要的结构方式。

　　一个值得注意的问题是，西方的最新技术往往在租界建筑中体现最多，这些建筑主要由西方建筑师设计，他们对于新技术的掌握最直接、最先进。尽管在20世纪20年代，第一批中国留洋建筑师归国后在建筑设计领域开始活跃，并创办了中国自己的建筑教育，但这两方面的成就仍主要集中在"形式"上，建筑工程技术的训练和表现与同时期的国际先进水平仍有较大差距。中国近代建筑教育主要接受来自欧美学院派的影响，强调建筑的艺术性和样式训练，而结构技术被作为另一学科独立发展，这也是中国近代建筑技术水平不高的原因之一。

　　1930年代广州开始兴起的"中国固有式"建筑的营造中，中山纪念堂在构造技术方面具有代表性和开拓性。纪念堂的建筑形式独特，且空间体量大，功能要求复杂，集中了当时相关领域的专家参与施工和技术管理，林克明也受邀参加了这一工程的监理工作，每周均要前往工地考察研究。这一经历对于刚开始涉足"中国固有式"设计的林克明来说颇有裨益，他后来忆及此也曾表示，"这一技术复杂、施工困难的巨大工程，对参与的建筑师和结构工程师都是一次很好的学习和实践机会"[62]，并且中山纪念堂的一些经验确实启发了他在自己的中国古典复兴作品中考虑新技术的改进和革新，发展了从基础、墙身到屋顶等建筑各部一系列的构造做法。

　　（1）基础。在当时的建筑基础做法中，中山纪念堂使用的是上海常用的地基处理方法——松木桩基，林克明在同时期设计的中山图书馆地基处理中也采用了这一方法："全座地基所采用之杉桩，其长度酌用'九尺五寸至一丈二尺'、'九尺五寸至一丈四尺'、'九尺五寸至一丈六尺'，尾径均为四寸，填满地台材料，除藏书处先铺十寸厚煤石，及幼砂一层，然后再铺四寸厚一、三、六、士敏三合土"。[63]中山纪念堂在打桩的时候，发觉基址泥土太干，担心对于木桩的保存不利，在建筑另一重要的公共建筑市府合署时，对于地基的问题就提前进行了更详尽的考虑。市府合署的建筑地点在人民公园后部，因为公园地势比纪念堂要高，地面属于浮泥，"若以浮泥作基，建筑伟大屋宇，其力量欠足……将基础各点浮泥挖掘至十余二十尺之深，始见地土，须俟挖掘妥当，经工务局委派技士实地测验该处实土力量，始能决定需要打椿与否……若果实土力量充足，大可废除木椿，不特对于工程可求敏捷，抑且对于建筑费上，亦可减轻一部云"。[64]从以上记载可见，当时对于地基基础做法的探讨相当深入，也能根据地块具体情况因地制宜，合署建筑中以正面中座承重最为厉害，因此对这部分地基在设计中有特别留意。

（2）墙身。广州近代建筑物墙身做法早期为砖（石）木混合结构，水泥和钢材开始广泛使用后，砖（石）木钢骨混合结构和砖（石）钢骨混凝土混合结构开始使用，1905年前后，更为合理、先进的钢筋混凝土结构在广州的一批教会建筑中广泛使用，这一技术运用的时间点和西方先进国家基本同步[65]，但前两种结构也仍在使用中。至1930年代，钢筋混凝土结构成为建筑中普遍采用的结构形式，主要表现为两种：钢筋混凝土砖混结构和钢筋混凝土框架结构，构造做法的一个明显特点是大量运用钢筋混凝土模仿木构件及其视觉效果，因而在"中国固有式"建筑中斗栱不再具有真正的结构意义而主要起构造连接和装饰作用。一些比较重要的建筑如市府合署和平民宫均是钢筋混凝土框架结构，市府合署的墙身全座（包括飞檐和檐托在内）均采用钢筋三合土，结构异常坚固耐用，由地坪至二楼的外墙砌白石片，一期建筑共砌石三万平方尺以上。中山图书馆墙身部分为砖造，"所有全座方圆柱横阵及柱脚，以及楼面、楼梯、飞檐莲花托地台栏杆，四周砌墙，俱用铁筋士敏三合土造成"[66]，"外面用南岗大格过水磨起幼线，墙之内部则用白砂砖。全座墙角衬柱、衬阵、楼底天花线、单隔墙砖，及乘铁筋三合土横阵之墙壁一部分，俱用一、三、士敏土砂浆砌结，以资稳固。全座内外墙壁，由内地面起约六寸高起计，在墙之中心内部批荡三分厚净士敏土浆，面上再扫蜡青油三次，以作隔水层"。[67]同时，由于该时期公共建筑大多采用钢筋混凝土框架结构，支膜技术迅速普及[68]，例如国立中山大学石牌校区建筑的建造中，搭架支膜施工已很普遍（图6-13）。

木作当时主要用于门窗、吊顶等装修工程，在后期很少用于主体结构，门窗也多采用新的构造方式。砖作大量用于墙体砌筑，早期多用青砖与中国传统砌筑方法，如三顺一丁，后期则多用机制红砖和西式砌法，如一顺一丁，并使用拱券、平券开窗洞。外墙装修有清水砖墙、水泥砂浆粉面、水刷石饰面、面砖贴面、马赛克贴面以及天然石材贴面等多种方法，中山纪念堂采用了法国进口的金色马赛克作为宝顶饰面，以紫铜做天沟。[69]中山图书馆室内采用了天然石材镶贴墙面（图6-14），具体做法是将石料做成1~2cm厚的块状，在墙面基层上预埋金属夹片，使夹片另一端夹在石料缝中与墙面拉紧，墙面与石料之间留出2cm左右的空隙，然后以水泥砂浆将石材粘牢，最后打磨表面，至今在中山图书馆室内墙面石材上的

图6-13　国立中大农林产制造工场施工现场
（资料来源：《华南农业大学百年图史1909-2009》）

图6-14　中山图书馆柱面挂贴石材
（资料来源：《中国建筑现代转型》）

图6-15　国立中大乙组饭堂屋顶构架

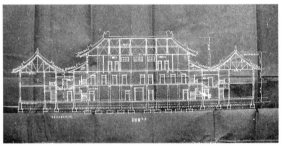

图6-16　国立中大法学院剖面蓝图
（资料来源：华南理工大学档案馆）

"云浮城罗斗岗路民主云石矿公司承造"字样仍清晰可辨。[70]市府合署"内外花阵及圆柱，批成中国式图案，一切圆柱及半圆柱柱脚，均用石刻成图案镶砌，全座用中国图式特制之钢窗，各层内门及大门，均用柚木门框，门之细边线及挂画线等，亦均用柚木"。[71]

（3）屋顶。钢屋架在广州的运用与中国古典复兴运动有直接关系，"中国固有式"建筑将西方形式美学的构图原理与中国建筑传统相结合，在中山纪念堂的技术指向下，西方钢屋架体系被引进以适应中式大屋顶的设计和建造（图6-15），芬式、豪式和混合式钢屋架成为其中的主要形式（表6-1），这一点在李海清的博士论文《中国建筑现代转型》中有专门研究。林克明借鉴中山纪念堂的做法，在早期"中国固有式"建筑设计中多采用钢结构屋架，中山图书馆"瓦面金字架，俱用角殊建造，打底用三寸角铁两条，八字及顶洞用两寸半角铁两条，其余用两寸半角铁，各角铁接口处，俱铁板窝钉码实"[72]，这一做法属于芬式屋架，国立中山大学建筑群中采用钢屋架的包括：中山大学原法学院教学楼（豪式），中山大学原生物地理地质三系教学楼（芬式），中山大学理学院化学楼（芬式）等[73]。广州在"中国固有

式"建筑中停止使用钢屋架始于市府合署，原设计"各座屋架均用角铁构造，后以
金字铁架易于锈蚀，且每年需检查及油色一次，故改用钢筋三合土为之"。[74]鉴于国
立中山大学中部分建筑为钢屋架，部分为钢筋混凝土结构，估计对于屋架结构的修
改发生在市府合署施工后期。自1935年起，广州绝大部分"中国固有式"建筑的屋
架开始采用钢筋混凝土结构，包括范文照设计的省府合署。市府合署除屋架外，所
有飞檐和檐托均以钢筋三合土为材料，天面上铺黄油瓷瓦，蓝色瓷瓦脊，林克明还
在设计中改良了对屋顶空间的利用方式，他认为新建筑由于功能使用要求进深和面
宽方向的尺度都会超过传统建筑，"采用了钢架的屋盖结构形式，在坡顶上开天窗，
利用坡屋顶的内部空间作办公室或贮物室，使坡顶空间具有实用功能"[75]，这些经
验在国立中山大学石牌校区建筑中也有体现。另一种新做法是在屋架之间设剪力
撑，以加强屋架之间的联系，抵抗侧推力，增强屋面结构的整体性，国立中大理学
院和法学院教学楼中均采用了这种在传统官式建筑中从未有过的做法（图6-16）。

广州近代部分"中国固有式"建筑屋顶结构技术类型　　　　　表6-1

	豪式屋架	芬式屋架	混合式屋架	其他类型
木材	中山图书馆	—	—	—
钢筋混凝土	—	—	市府合署 省府合署（范文照设计，未实施）	国立中山大学农学院化学馆
钢	中山图书馆、中山纪念堂、国立中山大学法学院	中山纪念堂、国立中山大学理学院、国立中山大学理学院化学楼	—	—

资料来源：作者根据《中国建筑现代转型》、广州市政府市政公报、建筑蓝图和实地调研整理绘制。

（4）设备。近代建筑技术的发展还体现在对新型设备的采用上，尤其是公共
建筑在此发挥了积极的示范作用。中山纪念堂第一次在设计中采用冷气设备，中山
图书馆"楼下建大小水厕两座，大座可容两人，小座可容一人，厕内建尿槽二度，
槽面俱镶砌白洋瓷阶砖，水厕内配合最新式水柜、水喉等件，厕所附近，并建造
化粪池两个，该池容量，每日能容三十人以上之大解"[76]，馆内还设有暖气机房和
电灯总线，"严冬时候，变换寒冷空气"，暖气可"从八角亭各阅书处之地脚四周，
悉辟透气门户，使暖气由此输入"，电灯"所有总线总掣，因其所占位置广阔，决
定安置在土库内"。[77]市府合署因建筑规模大，电灯水喉等设备均有专人计划管理，

电灯由电力委员会李忠技士负责，水喉由水委员会陈良士课长负责。电灯采用最新式树胶线和反光灯，工程费需要三四万元，"全座合署电梯共七座，第一期安装四座，采用最新式中等快速之电梯"[78]，亦需花费港币四万元，"汽车房及电油储藏室，则设于园之本部，与合署分离，以防发生危险"。[79]林克明设计的另一公共建筑平民宫中，也配置了最新式厕所和浴室。以上这些做法客观上促进了建筑技术水平的提升。

（5）专业教育。林克明在广州创办的广东省立勷勤大学建筑工程学系是岭南近代历史中第一个建筑系，与当时中国的另外几个建筑院系，例如东北大学、中央大学、北京大学相比，勷勤大学建筑系在教学中的一大特色是对建筑工程技术的强调，这一点从系主任林克明的办学初衷可看出："必须适合我国的实际情况……培养较全面的人才，结构方面一定要兼学"。[80]由于在工务局工作的经历，林克明很清楚结构技术知识对于建筑师的重要性，他为勷大建筑系确立了以技术为主导的教学方向，其中《建筑构造学》因"授以建筑物之构造方法，由地基至屋顶各部分之详细研究"成为建筑专业的重要课目。[81]这种教学导向和中国近代建筑院校中普遍存在的学院派教育那种重视艺术性、轻视工程性的教学方式不同，为岭南培养了大量专业的建筑技术人才，无形中对广州近代建筑技术水平的发展也起到了推动作用。

第四节　新中国成立后广州城建新发展与林克明的建筑实践

新中国成立后林克明的职业身份有一定改变，他对于城市发展历程的参与程度和角色也有所不同。比之新中国成立前，作为城建部门的技术领导，林克明有机会直接参与到城市规划的具体工作之中，这是其一；同时，他仍然独立或合作完成了相当多的重要公共建筑项目，并在这个过程中与广州旧城市中心区的发展成形联系紧密，这是其二；新中国成立后广州建筑在全国一统的状况下有独特发展，林克明在建筑发展过程中的设计经历有自身特点，也带有历史局限性，这是其三。

一、林克明在新中国成立后广州城市规划研究中的工作

新中国成立后林克明受邀担任了广州城建系统的技术领导工作，先后在黄埔建港管理局规划处、城市建设计划委员会等部门任职，因而得以直接参与到广州城市规划工作当中。新中国成立初期他对海珠、西堤、黄沙几个灾区的重建、工业区调整和住宅新村的布局策划尤多，参加和完成了与城市发展紧密相关的广州城市总体

规划初稿和黄埔旧港规划等项目，其后在多年的华南地区城市建设工作中也多次参与评审，发表见解，对广州城市发展具有较为直接的影响。

黄埔旧港规划是林克明在新中国成立后担任的第一项政府工作，其时他任黄埔建港管理委员会规划处处长。从历史沿革上来讲，黄埔港自隋唐时期即成为船舶进出广州的外港停泊地，孙中山在《建国方略》中提出要建南方大港后，1937年开始在黄埔建码头，新中国成立前已有400m码头可用，至1948年建成黄埔区连接市区的中山公路、钢板桩码头、铁路专用线及仓库、宿舍、办公楼等辅助设施。林克明在规划中设想将黄埔定位为广州的卫星城镇，首先需要解决的是交通联系和发展规模的问题，当时提出的意见是规划一条广州至黄埔的60m宽道路，路南为工业区，路北为生活区，这个设想的依据是1882年提出的带形城市理论，在人口规模设定上据林克明回忆新中国成立前曾有美国专家专门做过设计，提出规模为70万人[82]，但此时认为过多。黄埔港方案最终由于时间和投资等原因没有得到充实，在实施时仅完成了港口修复和航道疏浚，并于1950年10月重新开港，但船厂和黄埔公园只进行选址和划地，主道路宽度也由60m减为24m，为日后城市发展带来了困难。近年来学术研究逐渐表明，孙中山提出的大港建设要符合"北方不冻，南方不淤"的要求，因此黄埔并非南方大港的最佳选择地点（此处靠近珠江入海口，有泥沙淤积的问题），由此林克明所做规划的可持续性也遭到质疑。[83]对于这个问题必须认识到，抗美援朝战争期间中国遭到国际封锁，在急需打开对外出口的情况下，黄埔港或是当时唯一合适的选择，其他地方有些涉及台湾海峡，有些毫无基础，开展建设不现实[84]，因此尽管黄埔港的建设在现在来看意义并不大，但却是当年的无可奈何之举，今日在评价前人工作时应抱有客观、全面的态度去审视。

1950年年末林克明调到新成立的城市建设计划委员会任副主任，负责广州旧城规划，这是新中国成立后广州最早的城市规划，尽管由于建设时序和资金的原因没有深入完成，但从中能看出林克明对于城市问题的基本观点和广州早期的发展方向。因新中国成立初期城市建设千头万绪，需要改善和发展的地方很多，规划将建设重点确定于修复旧城区和发展新的工业区，通过对旧城区的调查后明确了从中山纪念堂、市政府至海珠桥的城市轴线，同时，由于旧城分区不明，道路规划不统一，提出首先对道路重新规划和裁弯取直，重点是中山路和东风中路的宽度控制，也考虑了环市路发展的可行性。在工业区选址上，结合对原有工业基础的考察，确定了新工业区在黄埔大道以南、东边的吉山、河南的南石头纸厂和重型机器厂、北边的三元里和西边的西村水泥厂一带，东、南、西、北均选取了工业区点。[85]这个初步规划比较实际地考虑了广州的基础情况，首先做好分区调整和道路系统规划，对基础设施不大改大拆，这种因势利导的发展思想比较适合当时的国民经济状况。

1994年出版的《中国著名建筑师林克明》一书中收录了林克明撰写的"广州城市建设的发展与展望——兼论广州市城市发展方向"一文，从行文看写作时间应为1980年代末，该文比较集中地表现了林克明在经历大半生城建工作后对于城市问题的众多感悟和观点。文章中林克明对广州新中国成立后城市建设面临的基本问题总结如下：旧城区改造缓慢；房屋失修严重，住房紧张；旧城区道路狭窄，交通拥挤；"三废"未作有效处理，环境污染严重；市政设施发展落后于生产的发展和人民生活的需求。[86]从此可看出林克明对于城市问题的关注点集中于和民生关系紧密的市政、交通、住宅和环境问题上，或许是与他的建筑师身份有关，他更关注与建筑实物联系密切的物质形态层面。针对以上问题林克明提出的解决意见包括加强旧城改造的研究，合理调整城市布局，严格控制城市人口，加强环境规划和改善环境质量，控制城市建筑物高度，保护文物古迹，加强土地管理等，尚有关于交通问题的探讨未纳入，这些思考所涉及的城市问题范围全面，视野宽广，给出的建议也颇客观、合理，表现出林克明在多年的建筑生涯中针对城市问题一直保持着主动的思考。同时，作为一个有进取心和责任心的建筑师，林克明对于城市问题的探索并不仅限于微观层面的整理与改善，针对城市结构的整体发展也提出了设想——实际上这一设想自新中国成立初进行黄埔港规划时已经成形，此时林克明对之进行了具体解析，简言之即为主张广州城市结构以带形组团向东发展。带形城市结构的想法来自于西班牙建筑师索里亚·马塔提出的城市理论，是一种主张城市平面布局呈狭长带状发展的规划思想，认为城市应沿着交通线绵延地建设，横向宽度有限，纵向长度无限，以交通干线作为城市布局的主干，生活用地和生产用地平行地沿交通干线布置，这种布局有利于市政设施的建设，便于城市居民接触自然，也能防止由于城市规模扩大而过分集中导致城市环境恶化。林克明对于带形结构所能带来的交通系统的畅通性和两极发展的灵活性相当欣赏，结合广州实际情况他力主城市应向东发展，并按照城市发展的规律展望在此可建立起"广州、东莞、深圳、香港城市带"，也即"香港—广州走廊"，使两个不同性质的港口城市发挥出各自作为区域经济、贸易和金融中心的重要作用。

客观地说，以上林克明在当时的社会经济状况下所作出的关于城市发展的构想是相当有见地的，今日社会面临的城市发展问题远比当年更为复杂和多元，但林克明提出的带形城市结构中对于交通系统的重视和运用，以及他关于广州、深圳、香港几大城市之间联结发展的设想仍然表现出一定的启发性。新中国成立后因借历史的机遇，林克明相比新中国成立前能够更加广泛、深入地投身到城市规划的具体工作当中，因此他对于广州城市发展的参与和影响也更加直接。尽管受限于时代，某些合理的想法不能实现或者没有得到深入研究，且晚期林克明直接参与规划工作的机会相对减少，但不能否认的是新中国成立后他对于广州城市建设所做的前瞻性思索和积极工作，其观点和见解对于今日城市建设仍有裨益。

二、林克明建筑设计在广州现代城市空间形态发展中的体现

由于年龄和职业经历的缘故，林克明在建筑设计角度与广州城市形态发展产生关系的时间段为新中国成立后至1980年代"改革开放"的三十余年间，在这一时期内，广州城市发展形成了以海珠广场和流花湖为中心的旧城中心区形态格局，同时这也是中国社会相对封闭的时期，因地缘优势广州在对外贸易上占据了重要地位，贸易活动引发的一系列相关要求诸如展览、洽谈、食宿等推动了广州基础设施的建设，展馆、酒店和交通设施成为当时最主要的建设类型。

广州在新中国成立后由传统的商业性城市转而"变消费性城市为生产性城市"[87]，产业结构发生变化，在旧城边缘出现了一些工业片区，20世纪50年代的大规模经济建设调整期后，市政建设获得了新的发展，1950年修复了在抗战中被炸毁的海珠桥，不仅打通了河南河北的陆路交通，更直接带动了海珠广场一带的更新建设。1957年开始举办的中国出口商品交易会（广交会）是广州城建发展中的重大事件，受此推动海珠广场地区建设繁盛，发展成广州的对外贸易中心和文化中心。广交会在举办之初，首届和第二届均租用中苏友好大厦作为展馆，而后广东省和外贸部指示将广交会的部分展品保留下来，并确定兴建一个长期性的"中国出口商品陈列馆"，在1957年选择了位于广州市内商业集中、交通便利的海珠广场东南侧南堤大马路地段（今侨光路）建设陈列馆。该馆建成后时值中国国民经济第二个五年计划全面展开，对外贸易发展迅速，出口成交额平均每年递增23.9%，仅使用一届后，展馆面积便显不足，于是在海珠广场北边另建一座陈列馆，一般称为起义路陈列馆，由林克明完成建筑设计，1960年又兴建了园林式展览馆"谊园"。[88]1963年广东省政府批准将原侨光路陈列馆拨回给广交会作为轻工、工艺品展览洽谈的"分馆"，1968年批准将海珠广场西侧的两栋平房及附属建筑调拨给广交会，作为部分土畜产品的展洽场地[89]，此时广交会已有三座场馆，为与流花地区的大规模开发建设相适应，1971年广交会向广东省和外贸部提出要求以海珠广场三座建筑换取中苏友好大厦，并以之为基础扩建新展馆，1974年4月新的流花路中国出口商品交易会展馆建成并交付春季交易会使用。

　　广交会展馆的多次易址，体现了对外贸易规模的不断扩大，贸易活动的兴旺也带动了流花地区其他市政和基础设施的建设，从1960年代中期直至改革开放前，以流花湖为中心的地区成为广州建设最繁盛的地带之一（图6-17）。1961年在中苏友好大厦对面，建成了当时规模最大的羊城宾馆，这是林克明新中国成立后比较重要的作品之一，1968年在起义路陈列馆附近建成当时全国最高的广州宾馆，随后又建成流花宾馆、白云宾馆等星级酒店以适应大量客商的接待需求。此外，广州医学院、广播电视大学、友谊剧院扩建工程、广东省汽车客运站、广州民航售票大楼、广州火车站等项目都围绕着流花路区域相继建设，进一步促使流花地区成为广州城市贸易文化中心和对外交通枢纽。

图6-17　林克明在流花地区参与建设项目示意

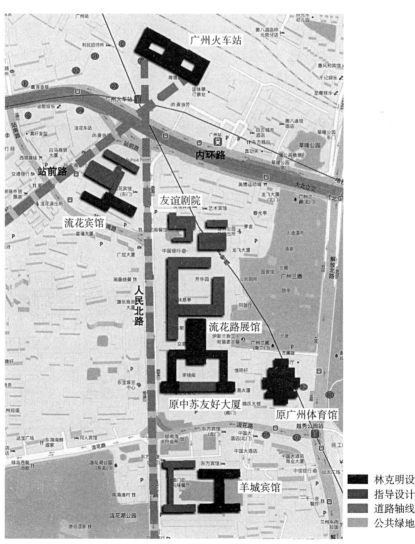

　　总体而言，在改革开放前，广州城市发展处于一个相对缓慢的状态中，中心城区形态演变不大，城市总体格局基本延续了新中国成立前的形态[90]，在这个阶段中，广交会的举行对于流花湖地区广州城市旧中心地位的形成具有重要作用，当时大部分重要的建设项目多与此事件相关，区位也较为接近和集中。因承担政府的技术领导工作，林克明参与了其中众多工程项目，这是为何当他在建筑设计上受到约束、难以取得突破的情况下，对于广州城市发展的影响却并未较新中国成立前减弱的原因所在。若详细分析新中国成立后林克明所完成的建筑项目，发现他从1949年至1980年之间亲自完成重要设计共约15项[91]，其中与广交会及广州旧城中心形成有关的建设项目有7项，约占一半，若将他参与指导的项目也列入，则有11项之多（表6-2）。反之，在流花湖地区随着广交会规模的不断扩大而逐渐建设成为城市中心区的过程中，包括展馆、宾馆和其他公共建筑在内的重要基本建设约20项，林克明所参与的11个项目也占据到大于一半的比例（图6-18）。

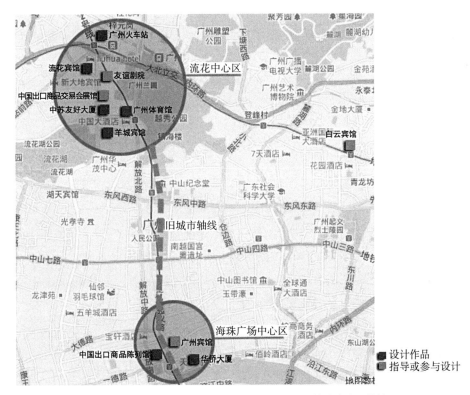

图6-18　林克明参与的广交会建设项目及其与广州城市中心区的关系

广交会及其周边建设项目林克明参与部分情况一览表 　　　　　　　　表6-2

名称	建设时间	性质	位置	建筑面积（万 m²）	担任职务
中苏友好大厦	1955年	展览	人民北路与流花路交汇	1.97，展览0.96	设计
中国出口商品陈列馆	1958~1959年	展览	起义路	展览3.45，后扩建至4.95	设计
华侨大厦	1956~1957年	酒店	侨光路	2.5	设计
广州体育馆	1956~1957年	体育	解放北路与流花路交汇	1.86	设计
羊城宾馆	1960~1961年	酒店	流花路	4.2	设计
流花宾馆	1972~1973年	酒店	环市西路	5.59	南楼设计，北楼指导设计
广州火车站	1975年	交通	环市西路	主楼2.95	设计
友谊剧院	1965~1966年	剧院	人民北路	2	指导设计
广州宾馆	1965~1968年	酒店	起义路	营业2.65	指导设计
白云宾馆	1973~1975年	酒店	环市中路	—	指导设计
中国出口商品交易会展馆	1974年	展览	人民北路与流花路交汇	11.05	指导设计

资料来源：作者根据《广州建设年鉴》、《中国出口商品交易会志》、《越秀区志》及广州市城市规划局网站资料整理绘制。

　　流花地段的发展体现了广交会展馆带来的"边界效应"，展馆南侧、西侧相邻地段以酒店、展览和贸易为主，北侧开发为功能相对综合的街区，东侧是城市公园兰圃，以广交会为核心功能，外层的酒店、商贸形成了次核心功能区，更外圈层的火车站、公园和居住区则形成衍生功能区。由于初期城市规划对广交会的重要性缺乏足够的认识，未能在城市总体规划的层面上明确该区域的发展方向，直至1964年第八届广交会举行时广州市城市建设委员会修订的《流花湖地区详细规划》中才提出了"围绕两个中心"的建设思想[92]，此后随着流花地区的大规模建设，广交会的重要地位在各级各次地区规划中得到了进一步明确，新的规划对流花地段和城市公共空间体系的融合也给予了充分重视。[93]但是由于规划的相对滞后，一些由此造成的城市问题难以解决，例如流花路宽度不够，羊城宾馆和中国大酒店的出入口直接与流花路接驳，使这一路段在广交会期间交通压力大，对出行造成影响，这些状况的出现并不是建筑师单体设计上的失误，而是建设初期城市规划缺乏全局考虑所带来的后果。

林克明作为建筑师在新中国成立后完成的设计项目中，很大一部分与广交会以及因贸易活动而引发的流花湖区域建设有关，这一地区在之后的市政建设中逐渐发展成广州市旧城中心，林克明的部分作品也因而成为广州市具有代表性的标志性建筑物。因林克明的设计通常具有庄严壮丽的艺术效果和稳定的形式表现，这些作品对于城市外在形象的统一和精神气质的营造具有积极作用，建筑师的个体作品和城市的整体发展之间产生了微妙的联系，在某种程度上设计者的个人取向和选择也成为城市面貌与形态演变的决定因素之一。

三、林克明与新中国成立后广州建筑风格的发展

从新中国成立后建筑的长期发展来看（其实也包括新中国成立前的状况），中国建筑在现代化过程中一直受到西方思潮和官方意识的双重影响，因而在政局变幻、动荡不安的历史进程中显得格外坎坷。发生于1949年的历史事件对于中国建筑的现代化历程来说是一次突变，岭南和广州建筑的发展状况也大致与国内建筑界一致，有以下几个阶段：新中国成立初期的理念之分和其后的苏联影响；"社会主义内容和民族形式"推动下的民族主义复兴；"经济，适用，在可能的条件下注意美观"的原则与新建筑风格；受"文革"影响的发展停滞期；现代主义逐渐成为最突出的流派。以广州为中心的岭南建筑在以上发展过程中，由于广交会等商贸活动的推动和岭南特有的务实开拓思想的影响，建筑发展一度处于全国领先地位，这一时期岭南建筑师的创作目标主要集中于新形势下的建筑适用性研究和风格发展，他们在建筑设计中对地域气候和相关技术的探索令人关注，具有十分鲜明的特点。

就林克明的个人设计经历而言，他在新中国成立前后均活跃于业界，对于新中国成立前的中国建筑师来说，"中国固有式"设计是当时的主流，其后摩登式建筑风格也曾流行，林克明的设计能在二者中均占据重要地位，其对于新中国成立前广州建筑发展的深远影响是显而易见的。新中国成立后作为政府建筑师和技术官员，林克明的建筑作品带有强烈的官方色彩，表现出比一般建筑师更能敏锐把握意识形态对设计方向的影响，在作品中侧重于对建筑形式的探索和建筑技术的改良。他在新中国成立初期完成的一系列公共建筑设计是典型的苏联艺术思想指引下的改良民族式，此后的建筑作品在设计理念和风格演绎上趋向单一，创新不多，是一种在观念上强调适用性和合理性、并与当时建设要求相适应的简省风格。即使不与国际上的现代主义建筑师相比，仅较之岭南其他建筑师如莫伯治等人在设计风格和形式上的不断突破，林克明在

新中国成立后的建筑创作也令人感觉偏于保守。由一个新中国成立前岭南新建筑风格的引领者和先锋，转变为新中国成立后保守的民族主义形式拥戴者，这在一定程度上与林克明作为一个旧时代知识分子的个人经历有关，与他身为行政领导在设计中相对更重视跟从国家政治方针的心态有关，但也不能完全归咎于性格上的谨慎和矛盾，事实上现代主义建筑风格从在岭南早期流传开始就带有一定的局限性，现代主义在中国遭遇冷场，没有引发更广泛的理论推广和创作热潮，其原因是多方面的。

岭南是中国最早出现现代主义建筑的地区之一，也是在这里由中国建筑师最早开启了现代主义的传播和研究，但是若从1930年代摩登建筑出现直至新中国成立前这二十年间的整体发展来看，现代主义始终未能超越官方意识形态主导下的"中国固有式"的影响成为岭南建筑的主流形态。归根结底，在近代中国现代主义仅仅是一种形式而不是文化运动，它的各种样式被建筑师用来作为新颖的、先锋的或是猎奇的形式以对抗古典复兴的建筑形态，但在本质上适应工业化生产与服务民众的现代主义理想并没有实现，同时还受到众多客观因素的局限。首先，近代时期中国建筑工业的技术水平和材料供应以及营建系统的工业化均不发达，管理系统也不完善；其次，中国近代建筑师在价值取向中面临着历史和文化的双重负担，在缺少具备现代主义意义的文化运动的情况下，官方意识形态和传统文化主导了社会思潮的精神基础，大众对于建筑应遵循的科学和理性精神并未深刻理解，由此现代主义只可能成为建筑师形式表现的一部分而非建筑文化的主宰。20世纪50年代，当"现代建筑"在世界范围内发展得如日中天之际，复古的民族式建筑却借助苏联的影响以"社会主义内容和民族形式"之名卷土重来，历史没有留给中国建筑师充分的时间和机遇，也没有给予每个建筑师平等的条件去深入了解现代建筑的思想精髓和实现具有个人抱负的建筑创作，这不仅是个人的悲哀，也是时代付出的代价。

由于现代主义建筑运动的相对肤浅和局限，1950年代后中国建筑师仍然纠结于建筑的风格和形式问题，而此时国际建筑界已经开始了针对现代主义的反思，以TEAM 10为代表的一批新生代建筑师将学术视角由单纯的建筑转向城市分区、建筑与城市的关系等社会性话题，与他们相比，中国建筑师们此时的关注点主要仍局限在建筑的物质层面上，尽管他们中的部分人已经开始觉察到地域环境和传统文化对建筑发展的巨大影响。林克明于新中国成立初期完成的众多公共性建筑作品中很少出现对建筑空间和城市关系的深入推敲，适合岭南气候的庭院式、架空式等设计手法并不多见，很明显当时设计师更注重的是建筑的交通疏散、功能布局以及施工造价等基本问题，或许外形上的标志性和意识形态的反映也是重点之一，但客观地说还未能像当时西方新生代建筑师那样深入地触及建筑的空间意义和思考建筑在城市生活中的合适位置。其实，这种看似巨大的错位并非设计者个人能力的偏差，而是社会整体状况的综合反映。在1950年代的西方建筑界，现代主义思想僵化刻板、简单粗暴地对待社会问题的缺陷逐渐突显出来，建筑师们发觉仅仅从风格和形式上无法解决更为复杂的深层次问题，于是开始探及建筑的社会性以及与人类生活产生关联的方面，而在此时的中国，建筑领域刚开始基本建设，紧迫的工程项目和受到限制的经济条件，使中国建筑界相比西方，更多面临的是实际的发展任务，即怎样建设符合新中国社会文化要求和经济规模的建筑物。同时，由于战乱引起的停滞，已经在国际上广泛流行的现代主义思想刚开始在中国传播和发展，还远没有达到需要反思的阶段，更不能忽视的是政治与意识形态上的要求，这也是其时决定中国建筑发展走向的因素之一。面对世界的两端我们隐约会有这种感觉：西方建筑师正在力图建立凌乱风格中的集体意识和价值观念，而中国建筑师则希望在单一的意识形态下发展出更具地域特点和个人特色的建筑风格。

更具地域特点和个人特色的建筑风格通过其后一批岭南建筑师的创作得以初步实现，这也是新中国成立后缓慢而封闭的发展过程中中国建筑界令人印象深刻的实践之一。其时在岭南建筑界除了林克明长期活跃于一线，有丰富的作品问世之外，夏昌世、莫伯治和佘畯南等人也是代表人物，且在设计风格和思路上各有不同。与林克明相比，夏昌世在设计中实现了对现代建筑的本质触及，他的设计具有更强烈、更执着的现代主义倾向，其中针对地域气候特点从遮阳、通风、隔热等基本问题入手的建筑实践对岭南现代建筑的发展产生了较大影响。另一位岭南代表性建筑师莫伯治的活跃时间晚于夏昌世，他在建筑的人性关怀和文化表达上更为突出，建筑形式的时代性和创新性也更强。总体而言，包括林克明在内的岭南建筑师都具有关注实际、注重经济性与合理性、务实灵活的设计理念，他们在当时对建筑适用性的考虑，对民族传统和地域特色的重视，或许尚未达到西方建筑界的思考深度，但均是针对中国建筑现状的合理选择和积极应对。随着这些岭南建筑师的不懈努力和丰富创作，在建筑界京派、海派之外，"岭南派"的体系影响逐渐形成，虽然目前对于"岭南建筑学派"的提法仍有争议，但无可否认，长期以来，尤其是新中国成立后至改革开放前岭南建筑界的创作实践在现代性、地域性和技术理性上均表现出强烈的自身特点和优势。[94]岭南建筑的精髓并非形式风格，而是中国现代建筑中少有的、有意识地对气候作出回应的认识论和方法论，1989年建筑评论家艾定增先生从八个方面为"岭南派"建筑总结特征，包括：宁变勿仿，宁今勿古；追求意境，力争神似；因借环境，融为一体；群体布局，组合空间；清新明快，千姿百态；室内设计，丰富多彩；景园文脉，推陈出新；神似之路，殊途同归。[95]从以上概括中可以看到，由老一辈建筑师林克明等人延续而来的灵活务实的创作态度仍然是岭南建筑特色的根基，而且作为岭南现代主义建筑的引入者和奠基人之一，林克明的历史贡献是毋庸置疑的，只是在后期受社会大势席卷，长期形成的官方意识和保守思想束缚了他在建筑现代化和地域性发展中作出更大的贡献，对比1940年代林克明在《国际新建筑会议十周年纪念感言（1928—1938）》中为现代主义在中国遭受冷遇而大声疾呼，不能不说这是令人无奈的历史遗憾。⑨⑥

第五节　林克明对广州城市和建筑发展的影响综述

从宏观角度来说，一座城市历史的发展不是个人可以决定或左右的，它既受综合因素的制约，也为周遭环境所影响，但在微观层面上个体同样能够在历史洪流中留下或深或浅的痕迹，同样能对整体趋势下的细节要素产生影响。作为一名新中国成立前后均长期活跃于广州城建第一线的著名建筑师，也作为广州众多重要的标志性建筑物的设计者，林克明在广州城市和建筑的发展过程当中刻下了特殊的、带有个性特征的印记，这是历史赋予的机遇，也是他因才华出众所获得的回报。以上通过对林克明在各个时期重要作品的研读和分析，能够发掘出广州城市建筑历史发展中的独特细节，也能够看到他对于广州城建发展演进所起的积极作用和难以避免的历史局限性。

（1）林克明参与的设计中有很大一部分为公共性较强的项目，例如新中国成立前作为工务局建筑师设计的政府建筑，以及新中国成立后成为政府部门技术领导后完成的展馆、宾馆、体育场馆和交通枢纽等。由于这些建筑物使用人群多，涉及范围广，因而对于城市发展的影响力度也相对较大。试想如果除去了政府建筑师的身份单以个人而言将很难涉及如此众多的重大项目，也难以与城市产生如此频繁、紧密的联系，这种优势是由林克明本人职业生涯的特殊性所决定的，尽管这种特殊性在某种程度上也限制了他个人设计意识的表达和创新的诉求。

（2）新中国成立前林克明设计的公共建筑基本具有统一的政治意识形态背景，建筑从选址规划到风格选择均受到官方要求的主导，在满足设计要求的前提下林克明能在设计中充分考虑建筑所处的整体环境和城市布局，因而他的设计对城市形态格局和空间意义的确立产生了积极影响。仅就单体设计而言，他在"中国固有式"风格和摩登建筑风格的创作中都表现出当时的最高设计水准，其中一些改良的做法对于当时建筑设计水平和技巧的提升也有促进。

（3）新中国成立初期广州的公共建筑项目表现出的是一种自下而上的建设特

点，也就是说重要的经济活动（广交会）先行，逐步带动区域建设和城市发展，政府通过后续规划来强化与明确其作用，因而建筑师个人的审美趣味和设计水平在其中可能会发挥更明显的导向作用。林克明在此类设计项目中表现出较高的建筑造诣和稳定的职业水准，虽然改变和创新不多，但在经济形势紧张的特殊时期保证了建筑工程按质按量完成，也有利于中心区域城市形象和外在面貌的统一。

（4）新中国成立后林克明除了通过其完成的重要建筑作品对城市面貌的发展产生影响外，还直接参与到部分城市规划项目的研究工作当中，他关于城市的众多设想和见解结合了国际先进的学术理论与广州城市发展的实际，具有一定的前瞻性和现实性，对当时广州城市格局的演进有直接触及，对今日的城市建设和规划设计思路仍有启发。

（5）林克明建筑实践上的局限性表现在新中国成立后受限于大环境影响，在设计中更加强调功能和经济要求，而在建筑风格和形式的选取上偏向保守，对于新风格的引进和实践不如新中国成立前主动，对于地域建筑特点的探索偏少（这一点在晚期离开政府工作后的设计中有所改进）。同时，他在设计中较为强调形式演绎，重视体量、造型和比例推敲，但对于建筑的空间变化以及单体空间与城市空间的结合推敲较少，因而建筑对于城市复合空间结构的形成影响不足，当然这些缺陷也部分与当时整体规划欠缺考虑有关，并非完全是建筑师的责任。

[注释]

① 赖德霖. 中国近代建筑史研究［M］. 北京：清华大学出版社，2007：363.

② 孙科. 广州市政忆述［J］. 广东文献季刊，1971，1（3）：3-10.

③ 广州市政府编辑. 广州市政沿革［J］. 广州市政府新署落成纪念专刊，1934：6-10.

④ 赖德霖. 中国近代建筑史研究［M］. 北京：清华大学出版社，2007：365. 另见：工务局卷宗分类表［J］. 广州市工务局季刊，1929（4）.

⑤ 程天固. 程天固回忆录［M］. 香港：龙门书店有限公司，1978：114.

⑥ 详见：赖德霖. 中国近代建筑史研究［M］. 北京：清华大学出版社，2007：367："仅仅过了两年，原来封闭的广州城市空间被打开了，以往平均宽度仅为8ft的狭窄街巷变成了宽20ft的街道，有的大街甚至宽达80～120ft。"

⑦ 孙科. 都市规划论［J］. 建设，1919，1（5）：1-17.

⑧ 赖德霖. 中国近代建筑史研究［M］. 北京：清华大学出版社，2007：371.

⑨ 郭伟杰. 在中国建造：亨利·K·茂飞的"适应性建筑"（1914—1935）［M］. 香

港：中文大学出版社，2001：181.

⑩　华盛顿的城市格局与茂飞所做规划在结构和形态上很相似，且被孙科在文中详细介绍过。

⑪　赖德霖. 中国近代建筑史研究［M］. 北京：清华大学出版社，2007：376.

⑫　赖德霖. 中国近代建筑史研究［M］. 北京：清华大学出版社，2007：377.

⑬　1927年3月13日的《纽约时报》中有介绍，详见：赖德霖. 中国近代建筑史研究［M］. 北京：清华大学出版社，2007：379.

⑭　自1925年孙中山逝世后，中国的一系列民族运动包括：1925年5月的"五卅"惨案，同年6月的省港大罢工，广州的"沙基"惨案，1926年3月的"三一八"惨案等。

⑮　市立中山图书馆定期开幕［N］. 广州市政府市政公报，1933（442–443）：40.

⑯　在建筑中之市立中山图书馆［N］. 广州市政府市政公报，1930（355）：100.

⑰　广州市立中山图书馆特刊.

⑱　详见：广州市立图书馆［J］. 广州大学图书馆季刊，1934：415.

⑲　广州市立中山图书馆特刊.

⑳　广州市工务局编. 广州市工务报告［R］，1933：48.

㉑　建筑市立二中之急进［N］. 广州市政府市政公报，1930（364）：34.

㉒　程天固. 程天固回忆录［M］. 香港：龙门书店有限公司，1978：116.

㉓　彭长歆. 岭南建筑的近代化历程研究［D］. 广州：华南理工大学博士论文，2002：109.

㉔　程天固. 三年后的广州［N］. 广州市政府市政公报，1929（341）：104.

㉕　行将建筑之本府合署［N］. 广州市政府市政公报，1930（354）：109.

㉖　程天固. 论建筑广州市府合署及其地点："是故为发展广州市政计，为适应未来广州市之局面计，则本市整个之建设计划，固应先为规划确定，而负有完成新广州市建设大计划之市政机关，尤应先为筹建妥当，此广州市府所以亟谋建筑市府合署也"。

㉗　程天固. 论建筑广州市府合署及其地点［M］. 广州市政府市政公报.

㉘　广州市档案馆，广州市政府市行政会议，市府合署案（4-01.1.17）。1929年12月（民国18年12月）：工务局提议在中央公园后辟建筑市府合署案："……诚以旧领署面积长狭，不敷建筑七局之用，如或收用民地，以资扩张，微论地价奇昂，负担太重，即市民亦感苛扰，不便一也，该署地址偏于东隅，非当全市行政区域中心，交通虽便，往来马路究嫌狭窄，不便二也，署内古木成林，空气清新，在繁盛城市中，得此天然妙境，可供市民息游，可谓绝无仅有，一旦役宅砍伐，改为公署，殊属用失其当，不便三也，至于中央公园后段……全市交通，咸集中于此……而又四邻清幽，非如旧领署之嚣尘喧扰，此地势之宜，为市政中心，其便一也，合署所占面积，不过全部十分之一，宽阔宏敞，足敷应用，无须收用民地，其余原有公园，仍可开放与民同乐，此合署即建于公园后部，与公园毫无妨碍，其便二也，况合署既以公园后部为地址，旧领署即可开为公园，百

年古木，既资保存，市民息游，别多一
处，市内园林将更因此而益增，一举两
得，其便三也，夫市府为市政推行机关，
所处位置，应择市民易于达到之地，其
外表又须宽宏壮丽，保持美观，只有中
央公园后部，始具备此两大条件，而与
旧领署相较，又有上述种种优点，此所
以宜于改为市府合署也。"

㉙　广州市工务局编．广州市工务报告
[R]，1933：56.

㉚　程天固．论建筑广州市府合署及其地点
[N]．广州市政府市政公报．

㉛　赖德霖．中国近代建筑史研究[M]．北
京：清华大学出版社，2007：384.

㉜　卢杰峰．广州中山纪念堂钩沉[M]．广
州：广东人民出版社，2003：81-82.

㉝　实际上市府合署在位置上也没有完全与
中山纪念堂对齐，而是选择了与其前方
的人民公园绿地对齐。因为合署建筑本
身是完全对称的形式，在前（公园）后
（纪念堂）并不对齐的情况下先天即存
在这样的矛盾，这也成为后来对林克明
的设计有所诟病的一个问题。但客观来
说林在设计中选择对齐更靠近建筑的中
心绿地并无不妥，而且作为城市轴线的
一部分，合署并非一定要与纪念堂成精
确的直线式对应，折线式的、空间上的
联系感亦是可行的。蔡德道先生在接受
作者访谈时专门谈及对这个情况的看
法，亦为如上观点。

㉞　程天固．论建筑广州市府合署及其地点
[N]．广州市政府市政公报．

㉟　参见：林克明．建筑教育、建筑创作实践
六十二年[J]．南方建筑，1995（2）：47.

㊱　赖德霖．中国近代建筑史研究[M]．北
京：清华大学出版社，2007：181.

㊲　彼得·罗，关晟．承传与交融：探讨中
国近代建筑的本质与形式[M]．北京：
中国建筑工业出版社，2004：35.

㊳　张瑛绪．建筑新法[M]．上海：商务印
书馆，1910．葛尚宜．建筑图案[M]．
大华图书馆，1920.

㊴　主要的批评集中于传统建筑的功能、结
构技术以及传承方式的不合理。

㊵　沙永杰．西化的历程——中日建筑近代
化过程比较研究[M]：上海科学技术出
版社，2001：130.

㊶　许纪霖．现代文化史上的"五四怪圈"
[N]．文汇报，1989.

㊷　江长庚．本会之使命[J]．建筑月刊，
1931，2（1）.

㊸　陈从周，章明主编．上海近代建筑史
稿[M]．上海：上海三联书店，1988：
132.

㊹　最早的中国传统复兴式的建筑，可推执
信女校，其结构已经为新式的。

㊺　赖德霖．中国近代建筑史研究[M]．北
京：清华大学出版社，2007：389.

㊻　参见"建筑教育、建筑创作实践六十二
年"一文，"二、建筑创作实践"一节中：
"……在探索中国建筑领域内传统与革新
的过程中，广州中山纪念堂工程对我的
建筑创作思想有很大影响……纪念堂的
建设工程也引起我对中国传统建筑形式
在新建筑中运用的重视和极大兴趣。"

㊼　详见：彭长歆．岭南建筑的近代化历程研
究[D]．广州：华南理工大学博士论文．

㊽　行将建筑之本府合署[N]．广州市政府

市政公报，1930（354）：109.

㊾ 程天固．论建筑广州市府合署及其地点［N］．广州市政府市政公报．

㊿ 广州市工务局编．广州市工务报告［R］，1933：56.

(51) 市府合署征求图案条例中要求建筑“须能表现本国美术建筑之观念而气象庄严、性质永久为宗旨”。详见：广州市政府市政公报，1930（343）：9.

(52) 广州市工务局编．广州市工务报告［R］，1933：57.

(53) 赖德霖．中国近代建筑史研究［M］．北京：清华大学出版社，2007：384.

(54) 沙永杰．西化的历程——中日建筑近代化过程比较研究［M］．上海：上海科学技术出版社，2001：137.

(55) 广州的建筑［J］．中国建筑，1934（5）：111.

(56) 彭长歆．岭南建筑的近代化历程研究［D］．广州：华南理工大学博士论文，2002：163.

(57) 1933年林克明发表了“什么是摩登建筑”一文，文中对摩登建筑的造型原则和手法有归纳总结。

(58) 岭南建筑师中以杨锡宗的设计中西方古典主义风格较纯正、较多，但他后期也开始“中国固有式”的创作尝试。

(59) 沙永杰．西化的历程——中日建筑近代化过程比较研究［M］．上海：上海科学技术出版社，2001：155-157：“从现存建筑可以看出，19世纪60年代开始，已经使用正规的西式屋架，如天津法国领事馆（约1871年）和汉口法国领事馆（约1865年）。至于西式三角屋架在民间的推广，还有待进一步考察。从现有关于上海里弄住宅的资料看，建于19世纪七八十年代的里弄建筑，其屋架结构仍为传统的抬梁式。”

(60) 广东建设厅士敏土营业处．广东建设厅士敏土营业处年刊，1933：36-37.

(61) 沙永杰．西化的历程——中日建筑近代化过程比较研究［M］．上海：上海科学技术出版社，2001：172.

(62) 林克明．建筑教育、建筑创作实践六十二年［J］．南方建筑，1995（2）.

(63) 广东省立中山图书馆藏．广州市立中山图书馆特刊．

(64) 市府合署建筑工程之进行［N］．广州市政府市政公报，1931：59.

(65) 彭长歆．岭南建筑的近代化历程研究［D］．广州：华南理工大学博士论文，2002：300.

(66) 开投市立图书馆之建筑工程［N］．广州市政府市政公报，1930（344）：48.

(67) 广东省立中山图书馆藏．广州市立中山图书馆特刊．

(68) 彭长歆．岭南建筑的近代化历程研究［D］．广州：华南理工大学博士论文，2002：326.

(69) 李海清．中国建筑现代转型［M］．南京：东南大学出版社，2004：321.

(70) 李海清．中国建筑现代转型［M］．南京：东南大学出版社，2004：224-225.

(71) 广州市工务局编．广州市工务报告［R］，1933：58.

(72) 开投市立图书馆之建筑工程［N］．广州市政府市政公报，1930（344）：48.

(73) 彭长歆．岭南建筑的近代化历程研究

[D]．广州：华南理工大学博士论文，
2002：306.

⑦④　广州市政府广州市府新署落成纪念专
刊，1934：3.

⑦⑤　林克明．建筑教育、建筑创作实践
六十二年[J]．南方建筑，1995（2）：
47.

⑦⑥　开投市立图书馆之建筑工程[N]．广州
市政府市政公报，1930（344）：48.

⑦⑦　广东省立中山图书馆藏．广州市立中山
图书馆特刊．

⑦⑧　广州市政府．广州市政府新署落成纪念
专刊，1934：4.

⑦⑨　行将建筑之本府合署[N]．广州市政府
市政公报，1930（354）：109.

⑧⓪　林克明．世纪回顾——林克明回忆录
[M]．广州：广州市政协文史资料委员
会，1995：14.

⑧①　广东省立工专校刊，1933（12）．

⑧②　林克明．世纪回顾——林克明回忆录
[M]．广州：广州市政协文史资料委员
会，1995：28.

⑧③　1980年代时林克明所规划的黄埔港因泥
沙淤塞问题不达标准，被交通部封闭。

⑧④　参见本书作者对蔡德道先生的访谈。

⑧⑤　林克明．世纪回顾——林克明回忆录
[M]．广州：广州市政协文史资料委员
会，1995：29.

⑧⑥　杜汝俭等编．中国著名建筑师林克明
[M]．北京：科学普及出版社，1991：
19.

⑧⑦　王璐．重大节事影响下的城市形态研
究[M]．北京：中国建筑工业出版社，
2010：118.

⑧⑧　同上

⑧⑨　中国出口商品交易会志[M]//广州市
志（卷七）．广州：广州出版社，2000：
355-357.

⑨⓪　周霞．广州城市形态演进[M]．北京：
中国建筑工业出版社，2005：104.

⑨①　只计算建筑设计项目以及林克明本人亲
自完成设计的项目，指导项目和规划项
目未计入。

⑨②　徐晓梅．流花地区的规划与建设[M]//
广州城市规划发展回顾编撰委员会编．
广州城市规划发展回顾（1949—2005），
2005：109.

⑨③　相关规划有如1986年广州市规划勘测设
计研究院编制的《流花街规划》，2005
年广州市规划院的《广州市越秀分区规
划》。

⑨④　岭南建筑作品在中国建筑学会的评奖
中多次获奖，比重之大也能说明这一
问题。

⑨⑤　艾定增．神似之路：岭南建筑学派四十
年[J]．建筑学报，1989（10）．

⑨⑥　林克明在《国际新建筑会议十周年纪念
感言（1928—1938）》中说："……新
建筑的曙光，自国际新建筑会议后已成
一日千里，几遍于全世界，而我国仍无
相继响应，以至国际新建筑的趋势适应
于近代工商业所需的建筑方式，亦几无
人过问，其影响学术前途实在是很重大
的。"详见：林克明．国际新建筑会议
十周年纪念感言（1928—1938）[J]．
新建筑，1938（7）．南方建筑2010年第
3期再版，蔡德道整理。

第七章
林克明建筑观念与学术思想研究

　　林克明在漫长而曲折的职业生涯中通过大量的建筑工程实践和长期思索，逐渐形成了建筑设计、城市规划以及建筑教育等多方面的学术观点，他的这些观点不仅在众多设计作品中体现出来，也反映在从1930年代开始撰写的各类文章里。本章将从产生基础到发展演变对林克明的学术思想进行梳理，并着重研究其中最具代表性的相关观念，从而更全面、深入地了解林克明在建筑上的个人追求与职业成就，客观认识其作出的历史贡献和局限性。

第一节　林克明学术思想的产生基础

　　研究个体的学术观点和思想，不能离开对其所处宏观背景和社会基础的了解，因为这是学术思想得以产生和不断发展的客观环境。林克明对于建筑的各种观念和价值取向的由来，与他的成长经历、教育背景、执业过程甚至性格特征均有关系，也与不同历史阶段下社会文化环境的趋势和改变有关。

一、社会环境的影响

　　林克明出生于1900年，这是20世纪开端的一年，但对于中国的意义却不仅仅是另一个相同的一百年的开始，而是真正意义上的国家变革逐渐发生的年代。1905~1906年，"……科举制度被废除，成立了现代模式的教育、司法和军事指挥部门，人们开始公开讨论中国是否应当效仿日本的模式，建立立宪政府"[①]，近代中国在思想意识上缓慢地向着现代化靠近，在这个过程中，未经与西方文化融合的、纯粹的中国传统文化受到了前所未有的冲击，文化发展在传统与现代、民族性与世界性之间摇摆。以1919年爆发的"五四运动"为例，这是一次自发的反帝反封建的群众爱国运动，发起者们尝试借助科学和民主的思想重新定义中国文化以完成对传统文化的重整，使之成为当代世界的有机组成部分，对此历史学家史景迁（J.D.Spence）评价道："事态似乎超出了巴黎和会和凡尔赛和约带来的影响，人们对政治的腐败无能认识得越来越清楚，于是他们不得不寻找方法来理解中国文化的本义"。[②]最终，"五四运动"因其主张的新文化精神和以激进的方式改造人们的思想而具有了比通常的反政府示威活动更深远的意义和影响。在此之后，依托于中国传统儒学价值观的新思想成了反对西方思想的武器，并在1930年代的民族复兴进程中发挥了重要作用。1934年，在蒋介石的倡导下政府以官方名义发起了民族文化复兴运动，亦称"新生活运动"，这一运动希冀以中国的传统信仰和古老文化来抵御欧洲中心论的侵蚀，但是它在文化领域引起的反响没能持续很久，因为它没有从根本上提供解决中国现代化问题的策略。总体来说，从1840年鸦片战争直至1949年新中国成立前，中国传统知识在此期间逐渐被改变以适应步入现代文明所面临的挑战，因之而来的传统与现代之间的撞击和融合也体现在包括建筑在内的文化领域中：从早期来自商贸和传教活动的西方建筑文化的渗透，到西方建筑师在租界中采用的折中主义建筑手法，再到第一代留学海外的中国建筑师结合本国传统与国际思想的实践活动，建筑上的文化融合由于社会大形势的影响显得格外复杂和剧烈。

　　新中国成立后关于传统或现代建筑风格的争议一直存在，现代主义建筑风格因被看作是资产阶级腐朽思想的表现而舍弃，但在紧张的经济形势下花费巨大且不实用的大屋顶形式也受到批评和否定，源自现代主义思想的工业化生产方式则逐渐获得了广泛运用。在毛泽东思想指导下，新中国成立后中国社会对于传统和现代的态度最终可总结为：取其精华，去其糟粕[③]，中国建筑的现代化历程正是在这种取舍之间曲折地前行。

　　林克明的建筑生涯跨越近代时期和新中国成立后国家建设时期这两大历史阶段，从他完成的各类作品以及发表的文章来看，传统和现代、民族性、工业化等方面的问题一直是他思考和探索的中心话题，也成为其学术思想的重要组成部分。他对这些问题的关注与社会文化发展的趋势息息相关，这也使得他的建筑思想具有较强的时代性和现实性。

二、家庭与成长经历的影响

　　除去时代发展的宏观因素，林克明的性格和成长经历对于他学术观点的形成也具有密切的、独一无二的作用。林克明出生于广东东莞一个商人家庭，父亲没什么文化，继承祖业但生意经营不利，家道日渐衰落。林克明为家中长子，从小并没有受到太多约束，反而与父亲一起来回东莞和香港两地奔波就学，这种四处奔走的求学经历虽然使学业进展无序，但也令少年林克明开拓了见识，增长了主见，十三四岁时便只身前往广州读书，入读了广东高等师范英语系。在广州求学期间，林克明与堂兄林直勉交往颇多，林直勉早年投身革命加入同盟会，曾参加广州黄花岗起义，他的进步思想极大地影响了林克明，他晚年回忆这一段经历时曾说："他的革命思想和行动使我树立了造福人民的理想，这段时间可以说是我的革命人生观的起点"。④同时，林克明的青少年时期正值"五四运动"和新文化运动蓬勃开展，新思想的传播令他与当时很多有志青年一样，树立了勤工俭学出国留学的想法。

林克明的家是一个典型的封建时代家庭，成员关系复杂，思想守旧，他曾说摆脱家庭也是自己当时希望外出求学的原因之一（图7-1）。所幸的是林克明的父亲对他比较放任，并未勉强他接手生意，母亲也很支持留学的想法，于是1920年林克明和14岁的弟弟林汉真一起赴法国留学。在法期间他通过林直勉的关系入读里昂中法大学学习语言，据说他原本想学的是哲学，但后来放弃，改为在里昂建筑工程学院学习建筑，这或许与他曾提及的幼时在香港对"画则师"工作的兴趣和向往有关。⑤林

图7-1　林克明亲友在越秀北路住宅前的合影
（右一为其长子）
（资料来源：林沛克先生提供）

克明在法学习期间既接受了学院派建筑教育，也与当时国际上开始流行的新建筑思想有所接触，关于这一阶段所受到的学术影响本书第三章第二节中已有详细分析，此处不再重复。总体来说，林克明求学之里昂建筑工程学院虽为欧洲学院派教育的大本营，但身处当时欧洲先锋文化艺术的中心法国，想必林克明对柯布西耶等人提出的新思想也并不陌生，正如他在回忆中对当时的老师托尼·戛涅评价道："……（老师）思想较开明，设计方法比较自由……要学生工作踏实，从实际出发，要考虑环境，令学生获益不浅"⑥，两种不同的建筑思想和设计方法都在林克明身上留下了痕迹，日后通过其建筑作品反映出来。1926年林克明在巴黎实习三个月后，接到家书得知父亲生意失败，承担全家生活开销的负担令年轻的林克明颇为彷徨，回国后立即设法寻找工作，先任职汕头市工务局，后调回广州市工务局工作，这一职位薪资优厚又相对稳定，令林克明感觉满意、愉快，得以迅速

进入个人创作最旺盛的一段时期。

从林克明少时的成长经历中可以发现，他是出身于封建商人家庭的长子，但并未受到过多旧礼教的束缚，相反由于父亲管教宽松，从小在生活上独立、自主性较强，且接触到堂兄等人进步思想的影响，令林克明的性格中既包含了旧式知识分子的谨慎求稳，又带有新青年的积极进取，庄少庞博士论文中分析他是"谨慎、责任与自立、激进并存的特征，带来灵活变通的人生态度和游刃有余的处事方式"[⑦]，甚为恰当。这种性格深刻地影响着林克明在创作实践上的价值取向和个人学术思想的形成，同时，留学期间接受专业教育时两种截然不同的理念的影响，使林克明形成了善于吸收、聪敏灵活的学习态度，他一方面通过学院派教育具备了扎实的造型能力和极高的美学造诣，一方面通过对于现代主义建筑思想的了解和认识，形成了注重经济性、功能性和技术合理性的设计观念。这一阶段的影响一直贯穿于林克明漫长的职业生涯当中，并通过他的建筑作品和学术文章不断体现。

三、职业历程的影响

与其他知名建筑师相比，林克明的职业生涯有着显著的特点，表现为历时长，阶段性明显，任职工作与政府关系密切。从1926年回国参加工作时计起，至1990年从广州市设计院退休，林克明从事建筑工作时间长达64年[⑧]，其中在政府部门工作时间约有三四十年之久，且新中国成立前后均有担任政府公职的经历。在长达几十年的职业生涯中，因工作岗位的原因林克明在设计思想上受到国家意识形态的约束较多，这一点对其建筑作品的影响较为明显——从新中国成立前对"中国固有式"风格的实践，至新中国成立后大量官方色彩强烈的作品。另一方面，在林克明的各类学术文章中，能够看出新中国成立后他对于建筑的关注点从风格演绎更多地转移到功能的适用性和经济原则上，这也是任职政府部门带来的影响之一。客观地说这种影响具有双方面的效果，一方面，政府工作背景令林克明在设计中更加注重建筑与社会整体文化思潮的契合，强调建筑设计要符合生产要求和使用要求，反对纯形式主义的浪费和不实用，提出从城市整体发展角度去考虑建筑单体设计，这些观点都具有相当宽广的视角和积极意义。但另一方面，长期从事政府项目导致设计中对于官方要求和集体意识过分强调，这在某种程度上磨灭了林克明个人创新的锐气，对他从思想上进一步探索现代主义建筑的内涵有所阻碍，后期他在学术思想和建筑创作中的保守既有时代的因素，也有这种工作经历的影响。

四、品德修养的影响

在学术思想沉淀与成形的过程中，林克明的个性因素也在其中发挥了一定的作用，这里所指的个性因素不完全是前文所总结的为人处事之道，而更倾向于他对待学术问题的专业态度和思考方式。对此，林克明本人在回忆录的结尾曾专门总结过自己的学术品德与修养，包括：廉洁奉公，平易近人，秉性刚直，不事奢华，敢于负责，助人为乐。[⑨]这些品质对林克明的学术实践活动有积极影响，比如说不事奢华本指他个人生活简朴，不贪图享乐，但反映到设计思想上即为"勤俭治国，设计时采用符合国情的设计手法"，这与林克明一贯主张的注重经济合理与技术可行的设计方针是吻合的。

秉性刚直与敢于负责反映出林克明对待学术问题的原则性和责任感，例如对于在中山纪念堂前建设35层金融大厦的方案他以会议发言后退场表示了强烈反对，对于白天鹅宾馆的选址也提出过不同意见，在北京的一个宾馆方案设计上，林克明坚持认为在火车站前和长安街上建设如此高层的大建筑并不合适，他的坦诚直言获得了同行们的赞扬和尊重。对于在设计中曾出现的缺漏，林克明表现较为坦然，勇于承担责任并总结经验，他在回忆文章中多次提及自己在一些项目中的失误，例如空军司令部办公楼和黄埔商业局冷藏库的钢筋配筋问题，羊城宾馆的耗资和延误问题等，毫不讳言的态度反映出一个知识分子的客观理性和气节。由此联系到曾经有一些说法认为林克明在新中国成立后从事的工作主要是领导而非设计师，甚至对其有"官僚"、"政客"等说法，实为不妥。因从客观情况来看，林克明在担任技术领导期间亲力亲为，一直工作在设计第一线，在可能的情况下坚持学术观点并勇于反思总结，已经很好地完成了作为一个建筑师的职责，脱离历史环境对其一味求全责备并非客观、合理的做法。

林克明学术上的包容性与他品格中的平易近人和助人为乐有关，据回忆他经常与其他技术人员一起商量问题，在与夏昌世第一次见面商谈办学事宜时也相处愉快。新中国成立后他曾对夏昌世等建筑师在设计上的革新做法持不同意见[⑩]，因其本人更偏爱民族古典风格，在讨论方案时也多保留己见，但以其当时建委副主任的职位，同样能接受其他建筑师的现代风格尝试[⑪]，这种宽容的态度是当时广州建筑师群体的共同特点，其中也有岭南传统文化兼容共存的观念的影响。

第二节　设计观念："传统"与"现代"的抉择

探讨林克明建筑设计理念的发展演变之路，实际上也是在探寻中国建筑的近代化和现代化历程。作为在20世纪前后中国建筑发展的两个重要阶段均有突出表现的建筑师，林克明对于设计思想和建筑风格的不断思索与尝试，是中国建筑师在中西建筑融合的动荡历史演进中尽力参与创作实践的集体缩影，在这个过程中他所面临的关于"传统"与"现代"建筑风格的抉择，也是那个年代中所有有追求的中国建筑师无法回避的共同问题。侯幼彬曾分析指出中国近代建筑价值观是"中西交融"，他认为这种"中西交融"的思想受到学院派建筑观的影响，渗透着浓厚的传统道器观念和本末观念，推延了中国接受现代建筑的时刻表。[12]不过，在关注民族性的同时，不应忽视中国近代建筑也有崇尚现代、追求科学的一面，这是中国近代建筑价值观的两种取向。在中西建筑文化相遇后，中国建筑师不可避免地碰到了如何看待传统建筑、如何看待西式建筑以及如何自主创作的问题。

一、林克明建筑风格和设计思想的发展演变

同处于近代以来中国建筑风格发展演变的大趋势下，作为独立个体的建筑师们在取舍和心态上又各有不同，以岭南近代建筑师为例，有从古典主义和折中主义过渡至民族主义的杨锡宗，也有如林克明这样从一开始即尝试中国传统风格的设计。林克明在建筑风格的演绎上有着突出的特点，作为一个受西方学院派教育的建筑师，他在设计之初即进行民族形式的尝试并达至风格的成熟，同时他又是在岭南传播现代主义建筑的先锋，新中国成立后在设计风格固定的表面下，林克明对于建筑创作的发展方向其实亦有深入思考，在思想观念上具备了完整性和延续性的特点。

（一）早期对中国传统风格的实践与认识

林克明对于中国传统建筑风格的实践，其起因和过程具有一定的特殊性。1928年林克明回国后加入广州市工务局承担政府项目的设计工作，其时正是"中国固有式"风格兴起的时期，具体表现为1925年孙中山陵墓设计公开招标，要求建筑形式为"中国古式"，最终建筑师吕彦直的方案脱颖而出获得头奖，这个作品成为20世纪"中国风格"建筑的范例，时隔一年吕彦直再次以一个"中国古式"的方案问鼎广州中山纪念堂设计竞赛。吕彦直曾留学于美国康乃尔大学建筑工程系（图7-2），回国后他协助茂飞完成了金陵女子大学的规划和设计，对中国传统建筑形式有比较深入、全面的了解。与吕彦直不同，林克明在回国前后均没有接触过中国传统建筑设计，但是在1930年，因吕彦直病逝，李锦沛接手中山纪念堂的后续工作，林克明也受邀担任了中山纪念堂建设工程顾问。这段经历对于林克明影响较深，他自己曾多次在回忆文章中提及通过这段经历思考和学习了很多传统建筑的设计问题。

图7-2　吕彦直在康乃尔大学学习期间的设计作业
（资料来源：《图解中国近代建筑史》）

　　吕彦直的设计手法与茂飞对中国传统风格新建筑的探索有关。茂飞对中国传统建筑的特性有过专门描述，诸如屋顶、秩序、结构、比例、色彩等，他为中国建筑完成了定型化的尝试，其努力可以被概括为"激励并推进中国以西方的方式完成建筑复兴的任务"。[13]吕彦直则在自己的传统形式设计中表达了正统的学院派建筑观，中山陵的某些灵感来源于克瑞设计的华盛顿泛美联合会大楼（1907年），例如它的三段式立面构成，规划布局则体现了新古典主义与中国传统手法的结合。林克明的特殊之处在于尽管他受教自古典学院派，却几乎没有做过一个纯正的古典主义作品（与杨廷宝的设计历程不同），也未曾像吕彦直那样有先期参与传统建筑设计的经历，仅仅通过对吕彦直设计手法的实地学习和自我思考，他就能够在自己的早期作品（中山图书馆和市府合署）中表现出对于传统建筑形式的熟练驾驭，这与他高超的形式把控能力和成熟的学习能力有关。[14]同时，从对建筑平面和立面形式的分析中我们也能发现，西学而来的古典理性仍然渗透在传统建筑形式之下，在国立中山大学石牌校区的项目中，林克明设计的生物地质地理教室与法学院大楼都采用了中国传统的重檐屋顶，并都被置于抬起的基座上，通向基座的台阶位于主立面的中心位置，壁柱、立柱以及檐下的斗栱充分表现了传统中国建筑装饰的主题。林克明成功地将中国传统建筑的精髓运用于现代功能的设计中，实际上，也许正是学院派的训练使他具有更好的能力，在对待轴线、对称性以及秩序等建筑元素时更加得心应手，因为这些刚好也是中国传统建筑所强调的元素。

　　林克明在"中国固有式"的设计中同样面临着这种建筑形式在经济性和实用性等方面的不合理，他曾在忆述中指出："中国传统建筑是以木结构作为承重体系，其平面、立面和各种构件的设计与木结构的特点是非常协调的，譬如屋顶的挑檐需用层层挑出的斗栱支承，因而，屋檐结构相当复杂。中山纪念堂和市府合署的结构都采用钢筋混凝土结构，但在檐口部位仍用层叠的仿木斗栱构件，造成不必要的浪费，也增加了施工的难度。"[15]对于这类矛盾早期建筑师已有体会，茂飞发现传统建筑形式对层高有限制，他将之看作了延续建筑传统而付出的小小代价，但随着"中国固有式"实践的日益深入，建筑造价之高逐渐成为阻碍建设的重要原因，以林克明设计的中山图书馆和市府合署为例，中山图书馆造价为10.484元/平方尺，远高于其后建设的摩登式建筑平民宫的4.538元/平方尺[16]，市府合署第一期历四年方成，也是由于造价导致的施工延误所致。这时对于"中国固有式"建筑的改良已经是普遍趋势，建筑师们试图发展一种不包括大屋顶在内的新的中国现代建筑语汇，从表面看是将西方建筑构成和空间布局原则与中国传统建筑元素相结合的产物。1932年，国立中山大学石牌新校的设计中，因杨锡宗设计的第一期工程造价过高，校长邹鲁改聘林克明担任第二期工程建筑师，林克明在设计中采用改良的方法以节约成本和便利施工，他回忆道："在我承担的中山大学第二期教学楼设计工作中，有意作了改进，如法学院教学楼、理学院四座教学楼和农学院两座教学楼都采用了简化仿木结构形式，取消了檐下斗栱而代之用简洁的仿木挑檐构件，使得这些教学楼既稳重恢宏又简洁大方，同时节省了材料，加快了施工进度"[17]，其他参与的建筑师也有类似做法，如郑校之采用平顶与大屋顶相结合的方法控制造价，胡德元、金泽光等则直接以"摩登式"的方式进行设计。

（二）岭南现代主义风格的引进与推广

　　作为"中国固有式"建筑的代表人物，林克明令人惊异之处在于他同样也是岭南早期摩登建筑的实践者，在民族主义最为盛行的1930年代，林克明设计了陈济棠拨款下的摩登建筑平民宫。或是为了和服务平民的性质相合，这个建筑没有采用官方倡导的传统建筑形式，也没有采用民间常用的古典主义或折中主义的简化形式，而是一座造价低廉、外形简洁轻快的钢筋混凝土建筑物，这说明作为政府建筑师，林克明对摩登建筑风格的认识至少在1930年已经成形。1933年，林克明发表了第一篇正式的学术论文，其中表现出对摩登建筑的关注和了解，文章发表在他任职的广东省立工专校刊上。从这篇名为《什么是摩登建筑》的文章内容来看，林克明深受柯布西耶建筑思想的影响——长远来说这种影响或许在他留法期间已经形成，因而他这样认识摩登形式："这种摩登格式，在本身确有一种专特的描写，它的形体系由交通的物象演化出来，例如火车的车辆、汽车、飞机、轮船等，它们动的样式，令人感觉着进步，感觉着美观……这不外是假借能动的交通的形式为不能动的建筑物的外形，而组成其美的原则"。[18]这种充满对"能动的交通的形式"的赞美的机器美学思想曾在柯布西耶著名的现代主义作品萨伏伊别墅中体现得淋漓尽致，而在林克明设计的平民宫和广州市气象台（1933年）中也出现了将建筑形式与现代交通工具联系起来的做法：跌级的平台、水平金属栏杆、船舷以及烟囱等均表达出对"轮船"的联想。可贵的是，林克明对摩登建筑的认识并不仅仅停留在形式层面上，他进一步指出现代建筑的设计原则："①现代摩登建筑，首要注意者，就是如何达到最高的实用。②其材料及建筑方法之采用，是要全根据以上原则之需要。③'美'出于建筑物与其目的之直接关系，材料支配上之自然性质，和工程构造上的新颖与美丽。④摩登建筑之美，对于正面或平面，或建筑物之前面与背面，绝对不划分界线……凡恰到好处者，便是美观。⑤建筑物的设计，须在全体设计，不能以各件划分界限而成为独立或片段的设计……构造系以需要为前提，故一切构造形式，完全根据现代社会之需要而成立。"[19]从文中可看出，"实用"、"符合目的"、"恰到好处"、"整体"、"合乎需要"是林克明对于现代建筑的认识和期许，虽说与现代建筑最深刻的思想理论根源仍有差距，但已经相当深入地触及新建筑的革命性本质。需要引起注意的是，林克明在其后长期的建筑实践中（包括新中国成立后被认为是保守的建筑设计在内）一直在"适用性"方面不断努力以求达到上述要求，而并非如很多人所认为的那样仅仅只进行了形式上的演绎和创新。

在"什么是摩登建筑"一文中林克明结合图片对摩登建筑的形式和手法进行了归纳总结："平天台式"；"大开阔度一片玻璃式"；"横向的带形的窗子式"；"实的面积较其所需要特别多，而有时应实者则特别实之，应空者则应特别空之"。[20]这些手法在实践中逐渐成为林克明早期现代主义设计的个人风格，并在勤勤大学新校建设中完成了更成熟的探索。1934年林克明与陈荣枝、黄森光、朱志扬等人一起参与了勤勤大学石榴岗校区的平面规划和建筑设计，建筑群表现出高度统一的摩登风格，实施建成的工学院、教育学院和学生宿舍与未实施的商学院、实验室等建筑均为简洁明快的形体，线条挺直，采用横向长窗结合遮阳板与水平体量相配合，无多余装饰，同时，建筑造型上的阶梯形组合和强调中轴对称等特点还反映出当时流行的装饰艺术风格的影响，这种风格与林克明的个人手法结合在一起，在此后完成的一系列剧院和住宅设计中反复出现。1935年林克明在越秀北路设计的自宅是一个真正意义上的现代主义作品，这个作品与其后他设计的徐家烈住宅共同反映出他在现代建筑设计上已经达到很高的造诣：他以现代建筑的思想方法处理基地——从剖面设计中可看出建筑与城市和道路的关系，新建筑五点中的底层架空、自由平面和自由立面等原则在设计中得到充分体现，依据功能以家具划分流动空间的手法表现出林克明对于当时国际上先进的现代主义思想的深刻理解。

　　除设计实践外，林克明对于现代主义的贡献更多表现在通过勷勤大学建筑工程系这个平台不遗余力地进行推广，开启了现代主义在岭南的传播和研究。1938年5月林克明为纪念CIAM成立10周年而写作了"国际新建筑会议十周年纪念感言（1928—1938）"一文，原计划在6月纪念日时发表，后因战乱《新建筑》停刊，1940年5月发表于重庆复刊的《新建筑》第7期，此时林克明已远走国外避难，到抗战结束后才见到发表的文章。此文属于在中国较早（一说为首次）以中文介绍CIAM的专著，从哲学、艺术的角度分析现代主义思想渊源，内容详尽、可信，且有结合中国现状进行的思考。在林克明等人的带动下，勷勤大学建筑系师生在推介现代建筑理论方面不遗余力，建筑教育上也树立起有别于学院派教育体系的现代主义教育思路和理念，这一点在本书第三章第四节中已有详细论述。总体而言，新中国成立前林克明在民族形式创作和现代风格实践中均完成了具有引领性的设计，尽管在不同的创作时期两种风格各有侧重，但并非顺序发展的结果，而是在不同类型的建筑中适应业主和社会需要而作的选择，因而也会出现同时期既有现代主义风格的作品又有"中国固有式"设计的状况。

（三）新中国成立后设计观念的新变化和发展

　　新中国成立后由于社会体制和经济状况的改变，中国建筑发展产生了阶段性的变化，但传统与现代的风格选择仍然是包括林克明在内的建筑师们当时最为纠结的问题之一：民族建筑形式担负着继承传统的重任，但却可能带有"复古主义"的嫌疑，造价也不符合建设之初的新中国；现代主义风格经济实用，适应工业化生产方式，但因与资产阶级思想有所联系而在意识形态上得不到推广——具体表现为在苏联影响下"民族形式社会主义内容"流行过一段时间，"反浪费"后大屋顶做法被批判，"大跃进"时期转而要求"多快好省"地进行建设，最终通过对风格、形式、功能和经济的多方面取舍，中国建筑界树立了"经济，适用，在可能的条件下注意美观"的设计原则，并延续了较长时间。新中国成立后林克明在建筑风格上受其职务影响，社会意识形态的反映显得更加强烈，官方色彩明显增强，采用风格多为改良的民族式，或是略带民族特点的现代风格和简省风格。与新中国成立前相比，这一阶段林克明在建筑形式上的个性因素和创新锋芒有所减弱，对于现代风格的演绎也显得保守了许多，而对于经济、施工、管理等方面的考虑和关注显示出他在建筑设计思想上的新变化。1956~1961年林克明发表了一系列论文，介绍他参与的一些新中国成立后广州重要的公共建筑设计，例如广州体育馆、中苏友好大厦等，文中除介绍各项目的基本情况外，对于技术指标和施工经验的总结尤为详尽，显示出他对于建筑技术的合理性和经济性的重视。在1959年的"十年来广州建筑的成就"一文中，林克明表达了加强对民族形式的理解和注意降低造价等思想，也较明确地指出应强化广州地方建筑风格。此外，在这篇文章中林克明提出了集体创作的观点，要求加强合作，淡化个人风格，这与当时国家的文化方针有关，也是建筑师们设计中个人色彩减弱的部分原因。

1961年发表的"关于建筑风格的几个问题——在'南方建筑风格座谈会'上的综合发言"一文是林克明在1960年代关于建筑创作问题的一次全面论述。时逢建筑工程部和中国建筑学会在上海召开关于住宅标准和建筑艺术的座谈会，确定了"新而中"的艺术观点，随后全国掀起了关于建筑新风格问题的讨论。广东建筑学会从1960年起，几乎每两个月即进行一次相关研讨，1961年4月省建筑学会举办了"南方建筑风格"大型座谈会，林克明在会上以广东省建筑学会理事长身份发表了总结发言，即为"关于建筑风格的几个问题"一文，他认为建筑风格是多方面的综合反映，包括生产关系、社会意识形态、结构技术和建筑材料等，这也正是林克明在新中国成立初的设计实践中着重关注的几个方面。他在文章中对于南方建筑创作的分析同样引人注目，南方建筑风格中重视总平面和庭园绿化的观点得到肯定，并提出应借鉴民居中的优秀传统，例如通透的形式、骑楼做法等，但是以夏昌世为代表的1950年代地域建筑创作中的遮阳技术探索则未得到重视，有研究者认为这或从一个方面导致了莫伯治在其后的创作发展中更注重传统建筑的空间经验而非夏氏技术实验。[21]此外，针对当时对于民族形式的争论，林克明提出了以传统为基础，以创新为主导的思想。从以上分析中可发现，尽管新中国成立后林克明在现代建筑形式的创新性表达上不突出，但他对建筑的功能、技术、材料、施工和经济方面则相当关注，事实上基于当时国内社会与经济发展水平，这种设计取向同样表现出了具有现实意义的一面，也是一种尽力适应工业化社会的现代建筑思想的体现。

"文革"十年浩劫结束后，1978年林克明在中国建筑学会建筑设计委员会召开的全国会议上发表了关于建筑现代化的讲话，发言不长，其中强调了建筑现代化与工业化水平的关系，提出统一制度、设计和投资，提高施工组织和管理水平。结合林克明完成的建筑作品、发言和各类文章或可发现，新中国成立后他对于现代主义的追求从建筑形式上转移到建造方式上，注重工程技术、组织管理和成本控制，认同和强调工业化对建筑业发展的巨大影响。这种做法或许是他在复杂的社会形势下所作的一种选择和应对：既不过多触及政治形态和思想斗争，也能符合国家现实条件的要求。在回忆自己当年的作品时，林克明用得最多的一个肯定词语不是"新颖"、"美观"或"现代"，而是"适用"，这同样也是上述思想观念的反映，在回看当年的作品时，不应仅因为建筑形式上的保守而忽视其中所包含的积极因素和现代意义。

1991年出版的《中国著名建筑师林克明》一书中集中收录了林克明关于城市建设和建筑风格等问题的几篇文章，可看作他本人对自己学术思想的归纳与总结。通过"广州城市建设的发展与展望——兼论广州市城市发展方向"、"对于建筑现代化问题一点浅见"、"建筑教育、建筑创作实践六十二年"这几篇文章，以及1995年发表于回忆录中的"对当前国内建筑创作的看法"一文，林克明逐渐开始从更广泛与宏观的角度去看待建筑问题，对于城市问题的关注深度也明显增加。文中反思"社会主义内容民族形式"的缺憾，批评了过于僵化的保守民族式的做法，更有意义的是，林克明此时对于建筑的传统与现代性问题有了新的看法。他认为"传统当然有建筑形式上的传统，但不能以'大屋顶'为传统的唯一手段。传统应包括古代和现代正在演变的各种手法和特点。传统的特点体现在建筑的内在方面，如功能、材料和建筑艺术、意识形态诸方面的内容上，同时体现于形式又不局限于形式"[22]，这种认识明显超越了以往传统风格建筑设计时单一的形式层面。随着思考的深入，林克明对于岭南传统民居中建筑与园林结合的做法较为认同，在此之前这种手法以岭南建筑师莫伯治的一些作品最有代表性，而在林克明晚期的几个设计例如佛山科学馆中也得到了运用。"现代建筑与传统庭院"是林克明去世前尚未完成和发表的最后一篇学术文章，从文章中看林克明晚年仍然对传统与现代问题不断思索着，并针对"庭院"这一设计要素有了更深入的学术研究，反映出他设计观念上的不断发展和深化。

二、林克明建筑设计观念总结及其影响因素分析

通过长期的设计实践和反思总结，林克明对于建筑创作逐渐形成了一套完整、成熟的设计观，其理念充分体现在他数量丰富的建筑作品中，总结起来大致有以下几点：

（1）强调建筑的现代性。在传统与现代的风格抉择上确立了现代主义的基本

思想，但并不排斥传统，以传统为基础，以创新为主导，认同"新而中"的创作观。同时，随着实践的深入对于如何继承传统建筑的思考也有从表面形式向空间特征的转变。

（2）强调建筑的统一性。建筑是功能、结构和艺术造型的统一，三者不可偏废，在创作中应视不同的建筑类型和性质以辩证统一的做法进行处理。

（3）强调建筑的适用性。即建筑创作要符合社会物质条件、经济条件和技术条件，也应符合所处的自然环境，其中尤其强调不应为追求外形盲目超越经济和技术水平。

（4）强调建筑的整体性。建筑是城市环境中的一部分，建筑的现代化不应仅仅从单体出发，设计应顾及全社会的公共福祉。

（5）强调建筑的技术性。加强对建筑技术的研究发展才能适应和推动建筑整体水准的进步。

除了注重实用、注重经济的务实建筑观之外，林克明建筑思想中最重要的观点来自于他对传统性和现代性问题的深入思考与抉择，从他撰写的众多文章中可知其对现代主义的认同和推崇，但若结合多年来的设计实践，则有一些令人疑惑的矛盾之处，主要集中于两点：①林克明在新中国成立前的大量"中国固有式"建筑作品；②新中国成立后林克明在现代主义创作上的保守。从表面上看这种情况似乎说明林克明对于"传统"和"现代"的取舍并不完全明晰，创作心态多变，但真实的状况和深层次原因还需要进一步具体分析。

对于上述第一个疑问，客观来说林克明的状况在当时并非偶然，以基泰工程司的著名建筑师杨廷宝为例，他在1947年为中央研究院社会科学所设计了一个中国传统风格的综合体，紧接着在同一个城市为行政院长孙科设计的则是国际风格的现代住宅（延晖馆）[23]，这两个建筑代表了杨廷宝两个极端的设计风格，表明他的思想可以在这两个极端之间自由驰骋。林克明1935年左右的状况与此类似，当他在勤勤大学石榴岗新校中完成岭南第一个摩登建筑群设计的同时，国立中山大学石牌校区（1933~1936年）的建筑项目却采用了纯熟的"中国固有式"手法，同时，在中大建筑群里他也有现代风格的设计，例如农林产制造工场（图7-3、图7-4）。这种不同风格的交替出现似乎表现了建筑师徘徊在民族主义的古典复兴和摩登形式之间的矛盾与摇摆，鉴于这种矛盾和摇摆具有上述的普遍性，因而这时建筑师对于不同风格的抉择反映出的不仅仅是个人的学术态度，也是中国建筑学界的整体设计状况。

本书第六章曾经分析过现代主义风格在中国传播的局限性，由于近代中国营建

图7-3　农林产制造工场现状鸟瞰

图7-4　农林产制造工场原貌
（资料来源：华南农业大学档案馆）

系统工业化的不发达，从建材的工业生产到建筑施工的机械化水平均不尽如人意，使"现代运动"所依赖的工业化程度无法达到，同时管理系统的标准体系也不完备，缺少规范统一的管理与衡量体制，这些都从技术层面和制度层面制约了现代主义运动在中国的深入进行，使之不得不流于形式上的模仿和小范围内的实验。更重要的是，社会公众和业界人士在价值系统方面存在疑问，由于中国早期的现代建筑作品是由原本精于古典主义风格的建筑师在受到西方影响后完成，他们的作品中仍带有古典风格的痕迹，现代主义表现出的更多是形式上的意义，大部分建筑师并未从理论深度认识现代主义理论的价值。例如，奚福泉的上海四明银行被称作是"取欧美新式样"，陆谦受的虹口中国银行被称为"属近代最新式"，林克明设计的平民宫入口的三个拱门，程天固称之为取三民主义之意，都未从现代主义的真正内涵去看待设计手法，而是以形式、式样或意识形态的意义进行解释。缺乏对现代主义深刻理解的结果致使设计者在创作中缺少坚定的主张，一些完成过现代主义风格作品的建筑师并不能始终如一地坚持这种追求，往往会迎合社会和业主对传统建筑形式的需要，在作品中表现出各种不同式样的折中性[24]，因而出现了上述多种风格杂陈的状况。

此外，中国近代建筑史上最为突出的一个特点是政治与建筑的二元对应关系。从晚清帝国复兴的梦想到国民政府民族主义的政治纲领，无一不折射至相应的建筑形态，这种对应关系甚至延续到1949年中华人民共和国成立之后，具体表现为对民族形式的大辩论和对现代主义的批判。建筑的近代化和政治的近代化从一开始就缠绕在一起，并贯穿中国近、现代建筑史之始末，这反映在建筑师的具体创作上不可避免地带有政治和官方印记，尤其是当设计项目为重要的公共性建筑而非商业、娱乐建筑时，这样的映射就更加明显和直接。可以说，在当时中国的创作环境中，"业主的好恶高于建筑师的审美，官方的意识形态要求高于建筑的专业标准，'继承传统'的呼声高于'创造未来'的呐喊"[25]，由此制约了公众和建筑师对于新建筑思想的深入追求和探索。一个典型的例子是由勤大学生创办的宣传现代主义思想的刊物《新建筑》，至1942年时重点内容已经不再是建筑了，林克明在"国际新建筑会议十周年纪念感言（1928—1938）"一文中对此表示了不加掩饰的批评："我国向来文化落后，一切学术谈不到获取国际地位，建筑专门人才向无切实联合，即过去的十年间建筑事业略算全盛时代，然亦只有各个向私人业务发展，盲目地、苟且地只知迎合当事人的心理、政府当局的心理，相因习成，改进殊少，提倡新建筑运动的人寥寥无几，所以新建筑的曙光，自国际新建筑会议后已成一日千里，几遍于全世界，而我国仍无相继响应，以至国际新建筑的趋势适应于近代工商业所需的建筑方式，亦几无人过问，其影响学术前途实在是很重大的。"㉖

虽说在作品的表现形式上二者兼顾，但从林克明发表的文章和言论中可知1940年代后他更倾向于新的建筑风格，这一点从其创办的勤勤大学建筑工程系的现代主义教学方向上也可以得到印证。在"国际新建筑会议十周年纪念感言（1928—1938）"一文中林克明列举了《首都计划》中关于建造"中国固有式"建筑的四条理由后说，"查以上所举理由，稍加思度已知其无一合理者，且离开社会计划与经济计划甚远，适足以做成'时代之落伍者'而已"㉗，明确表达了自己的学术态度和取向。但是，职业的社会属性令建筑师们不得不去迎合社会对"中国固有式"建筑的需要，官式建筑、商业建筑和一般建筑的类型之别往往是建筑采用何种风格的决定性因素，与之相比建筑师的个人追求并不能得到完全的反映。这种状况并非林克明所独有，几乎在当时大部分知名建筑师身上都有体现，除上文提及的杨廷宝外，华盖建筑师事务所、董大酉、李锦沛、奚福泉、范文照等人均是如此，由于在政治时局变迁中，意识形态长久地与科学技术、建筑设计处于纠缠不清的状态，第一代建筑师们很难有一种纯粹针对建筑设计单一层面的实践研究，话语权属的缺失和形式审美的集体无意识令建筑师们一方面在内心讴歌和赞美新建筑形式的到来，另一方面却做着旧有形式的复辟，这种矛盾交锋几乎贯穿了整个近代建筑史的发展历程。

对于第二个疑问，亦即新中国成立后林克明设计风格转为保守，亦与社会环境的影响和制约有很大关系。现代主义思想在中国的传播和研究本就不够深入、广泛，新中国成立后更因政治意识形态的差异而受到批判，令建筑师在这方面的探索和实践受到阻碍后趋于平淡，此外当时经济条件的制约也是一个重要因素。单从设计成果来看，林克明新中国成立后的作品在形式上显得更加中庸、平稳，创新不多，但是需要注意的是，此时林克明也并非像通常所认为的那样丧失了对于现代主义建筑设计的追求，只是并非完全着眼于形式创新，他从思想上重视建筑的适用性和经济性，关注施工技术与管理，提倡从社会和城市的整体角度考虑单体设计，这些观点从根本上与现代主义思想中服务大多数人、工业化生产、时代性等宗旨是相吻合的。

以上所述为社会整体环境对于林克明设计风格上的摇摆的影响，与同时代其他建筑师相比，林克明本人的性格和职业经历也是造成这一状况的因素之一。正如前文的分析，在家庭和成长经历的影响下，林克明的性格中既有旧式知识分子的谨慎圆滑，也有接受先进教育后的前卫创新，进取心与责任感兼具，这种性格与岭南人务实、高效、灵活、随势的传统结合起来，令林克明对于建筑设计采取了现实性与前瞻性并重的学术态度。而且从林克明对建筑的实用功能和经济原则的高度关注中可以看出，他更倾向于一个成功的建筑实践者而非坚定的理论开创者和传播者，多元的文化价值观导致其设计风格取向并非单一。此外不可忽视的是，比起一般建筑师，林克明在职业历程上与政府的关系更为紧密，长期担任行政职务令其设计意图和思路上必然会受到更多的官方意识影响，这些都是他的建筑思想和设计观念显得复杂多变的原因，应全面、客观地看待。总体而言，林克明在基本设计思想上认同现代主义建筑理念，但在实践中采取了灵活随势的方式，并不排斥民族形式和传统式样的价值，试图立足于现代风格的本土化来进行建筑形态的创新演绎，后期尽管在形式风格上偏向保守，但他长期以来对建筑功能性和经济性原则的关注中带有明显的现代建筑思想的影响，具有积极意义。

第三节 城市观念与教育观念

在中国建筑现代化体系形成的过程中，作为学界活跃多年的建筑师，林克明在建筑风格和形式表现上进行了令人瞩目的探索，与此同时，他在城市规划和建筑教育等方面也有颇多实践与思索，或许不如建筑作品那样广为人知，影响范围也相对狭窄，但对于全面廓清与把握其学术思想的基本观点和内在涵义而言，仍具有重要的参考和研究价值。

一、城市观念的形成与发展

严格来看，林克明并非今日所说的专业的城市规划师。1920年代在西方建筑文化的冲击和影响下，中国开始出现现代意义上的职业建筑师，第一代中国建筑师大部分均有留洋学习的经历，在这些最早出国学习西方建筑知识的人员当中，选择土木工程和建筑设计者相对较多，专门学习城市规划的则未见于记载。此后，20世纪40年代时留学欧洲的中国学生回国，他们带回了国际上流行的现代主义建筑思潮，也包括先进的城市规划思想，但是其后适逢国内局势动荡，实践机会较少。从中国近代建筑教育的发展中也可以看出，城市规划并未在教育体系中占据一个专门的位置（例如今日之规划系），但相关知识的传播和讲授基本得到保证——从最早创办的江苏省立苏州工业专门学校建筑科到林克明参与其中的勤勤大学建筑工程系，课程安排中均包括都市计划课程，其他院校的情况也大体如此。因此，从学缘背景和教育培养的角度来说，中国一直没有专业的城市规划师，在注册制度真正完善之前，城市布局和规划等工作是由类似林克明这样的建筑师来完成的，他们的思想理念或多或少会对城市的长远发展产生作用。

林克明的城市知识首先来自于他在法国留学期间所接受的教育和短暂的实习经历，他在里昂建筑工程学院的老师托尼·戛涅既是著名建筑师，也是城市规划理论家。"工业城"是托尼·戛涅于1901年提出的城市规划理论，阐述了未来大工业城市如何布局的问题，规划从工业发展的需要出发，对中心区、生活居住区、工业区等城市各功能要素均有明确划分，各区之间以绿带隔离，城市有便利的交通设施。托尼·戛涅在布局中重视规划的灵活性，为城市各功能要素留有发展余地，这一理论对当时欧洲的先锋建筑师诸如柯布西耶等人的城市思想均产生过影响。虽然林克明此后并未在文章和回忆中直接提及"工业城市"规划理论，但他曾专门说到过托尼·戛涅的教学对他的设计思想影响甚大，想来通过留学经历他对这一规划理论并不陌生。而且，从里昂建筑工程学院毕业后，林克明还曾在巴黎AGACHE建筑事务所有过短暂的实习经历，时逢事务所承担巴黎城市扩建的设计任务，他在回忆录中提到，"……得到前去参观AGACHE老师的城市扩建规划设计的机会，从中得到许多实际知识"[28]，虽无进一步详细说明，但可知林克明此时对城市规划工作并非一无所知。在林克明留学前的19世纪末20世纪初，正是西方城市规划理论发展较快的时期，除霍华德的"花园城市"规划理论（1898年）、托尼·戛涅的工业城市规划外，还有西班牙工程师索里亚·伊·马塔1882年提出的带形城市规划构想。以上三个城市设想是西方现代规划理论中最具代表性者，从林克明后期的文章和言论中推测，他对这些理论应该均有了解，尤其是"带形城市"理论，因为新中国成立后林克明曾经就广州城市发展整体方向提出"带形组团向东发展"的设想，对这种规划方式有自身的深入思考和理解。

林克明对于城市规划知识的涉猎从他回国后担任教职的情况中可以得到侧面印证。在广东省立勤勤大学建筑工程系任教时，林克明教授课程为建筑设计、建筑原理和城市规划，1946年回到中山大学任教时则教授建筑设计、建筑计划、都市计划和近代建筑，两个阶段中均是由他负责与城市规划相关的课程。虽然尚不清楚学校在授课教师安排时的考量细节，但想来应与教师的学缘背景、知识体系和擅长领域有一定关系，也应当颇能反映教师本人学术兴趣的方向，例如林克明对于建筑设计和城市知识相对关注，胡德元则是在建筑历史教学上有一定建树。

　　林克明对于城市规划的兴趣与他对城市建设的实际工作所负有的责任感和使命感有关，因他一直认为这是发挥专长、贡献社会的最好平台。[29]新中国成立前后林克明均有较长时间任职于政府部门，但在新中国成立前，城市布局与规划发展的主要决策权在城市领导者手中，1921年广州市长孙科运用近代西方城市规划原理对城市空间进行了综合设计，并聘请美国建筑师茂飞制订了初步城市规划，其后在林云陔、程天固、刘纪文等人任市长期间，广州各项市政建设加强，城市功能改造得到进一步发展。在这段时期内，林克明作为工务局技士，并无直接参与城市规划工作的记录，但他在完成重要公共建筑设计时，对城市整体格局有充分的顾及与考虑，他设计市府合署时在选址上有过修正，最终与中山纪念堂、中山纪念碑一起成为城市中轴线的一部分，这是政府意识在城市空间中的体现，也是设计师城市视野的体现，合署在建筑高度上对纪念堂的刻意配合同样反映了这一点。

　　新中国成立后林克明在广州城建系统担任技术领导工作，得以更直接地参与到城市整体规划布局的工作之中，关于他在这一时期参与城市规划项目的详细经过，本书第六章第四节中有过介绍，这时他的城市观点和设想通过具体方案和所著文章更加明显地体现出来。1981年《南方建筑》创刊号发表林克明与邓其生合著的"广州城市建设要重视文物古迹的保护"一文，在这篇文章中他主要强调文物保护工作在广州这个历史文化名城的发展和建设中所占据的重要性，文物分级和设立保护区等建议很有建设性。[30]1991年在《中国著名建筑师林克明》一书上发表的"广州城市建设的发展与展望——兼论广州市城市发展方向"一文可算是林克明对广州城市规划设想和个人城市观点的总结。他在文章中回顾了广州城市发展的历史轨迹，指出城市目前面临的主要问题，并提出了涵盖旧城改造、城市布局、环境、建筑、文物、土地和管理体制等众多方面的想法和建议，文章中林克明对未来城市建设工作的多项提议反映出他对这个问题的长期思虑和高度关注。此外，林克明多次在各种场合和文章中提出建筑设计应从城市整体角度出发，应以城市公众福祉为准绳，亦是其城市观念的具体反映。

　　林克明的城市观念和实践或许不如其建筑设计作品那样引人注目，但作为建筑师，他自职业生涯早期开始即能够从城市角度理性地对待建筑单体的设计，是非常可贵的，而且这种趋势随着他的职业经历与城市发展的结合日渐紧密而越来越强烈。通过新中国成立后参与的一系列城市工作，林克明对于城市规划问题形成了自己的观点，他清楚在城市规模逐渐扩大的情况下，传统结构形态已不适用，进而明确了在新的子母城市形态中交通系统应具有的重要地位和作用。或许是得益于多年城市管理工作的经验，林克明对于城市问题的思考比较全面，并不仅仅局限于格局或形态上，而是对于土地管理、市政管理、法制法规等制度层面的建设均有研究和见解，显示出超出建筑师视野的开阔思路。

二、注重技术、重视实践的教育观

林克明对于岭南建筑教育的贡献不可不谓之卓著，在创立和发展广东省立勤勤大学建筑工程系的过程中，他的建筑教育观念也在逐渐地成形并结出成果。本书第三章第四节中专门讨论过勤勤大学建筑教育的特点，简略来说即为有别于当时流行的"鲍扎"式教育体系，不采用学院派古典主义教学方式，注重工程技术和实践能力的现代主义建筑教育。文中也进一步分析过勤勤大学之所以能形成这种独特的教学模式的原因，与教师的学缘背景有关，与岭南地区的社会状况有关，也与创办者所持的建筑理念密切相关，实际上这正是林克明本人建筑观念的集中反映，重技术、重工程的概念与岭南地区务实、实干的传统性格结合在一起，对岭南建筑教育发展的影响是长期性和持续性的。

除1930年代创办勤勤大学建筑系以及在战后重返中山大学任教外，林克明在新中国成立后相当长一段时期内远离教学岗位，虽说任职政府部门期间也曾兼任过建筑工程学校、业余大学等培训班的教学工作，但始终非主业。1979年林克明成为华南工学院建筑系兼职教授，并开始招收研究生，通过他本人和学生的回忆得知，林克明晚年在教学中所秉持的教育理念与勤勤大学建筑工程系时期正是一脉相承的，例如要求学生多参与实践，参加实际工程；强调学校教育要能适应社会需要，能为社会工作打好基础；采用讨论式教学，鼓励独立思考和创新等[31]，这些观念无论在当时还是现在，无疑均十分有益。此外，林克明要求学生综合吸收和运用其他学科诸如社会学、心理学、环境学等方面的知识来解决建筑中的问题，这是教育的时代发展的体现。

在写于1989年10月的"建筑教育、建筑创作实践六十二年"一文中，林克明通过第6节"对建筑教育体制改革的几点意见"集中表达了自己的教学观念和对未来教育发展的期望。[32]从文中可以看出，林克明对建筑教育生发出新的思考和体会，除提出要加强专业理论修养和责任心外，更强调教育要适应新技术发展和多学科要求，要培养综合型的建筑专业人才。文中提出修改建筑系学制设置是基于学习国外先进教学方法的想法，这或许是1985年赴新加坡大学考察之后续思考的结果，当时他了解到新加坡大学"建筑系学制6年，前3年在学校学习，第4年便到事务所去见习一年，在取得私人事务所的成绩后再回学校，最后以一年时间做毕业设计……学生以模型教育为主，教授有专职坐班的，可以随时回答学生的提问"[33]，觉得此方式甚好，专业性强，因而与时俱进地针对国内的建筑教育现状提出了建议。

综观林克明在建筑教育上的作为和言论，可以说从新中国成立前创办勤勤大学建筑系之初始他就持有先进的教育理念，提倡现代主义建筑思想的教育观为岭南近现代建筑教育奠定了正确的发展方向。而随着社会与时代的前进，拓展知识面和多学科综合教育、加强自我思考和实际操作能力、学习国际先进教学模式等思路均显示出林克明在建筑教育思考与实践层面上的不断深化。此外，值得注意的是，对林克明建筑教育观的研究和考察能进一步证实他本人所持的建筑观念是非常清晰的，也可以从侧面回答本章第二节关于林克明在"传统"与"现代"风格取舍上的疑问。他在教学中对现代主义思想的大力推广和传播说明这种风格在林克明心目中已经完全超越了流于时尚的形式意义，具有科学性、合理性和引领时代的理论价值，是未来建筑学术的发展方向，认清这一点，对于全面理解林克明建筑风格和设计思想的转变是非常重要与必要的。

第四节　林克明学术思想比较研究与定位

与许多同时代的建筑师相比，林克明的建筑实践历程持续且丰富，他经历过新中国成立前和新中国成立后两个集中的发展时期并均有代表性设计作品和学术观点发表，这是他能够充分发挥才干、扩展影响力的客观基础。本节将就林克明的建筑思想及其表征在设计手法上的特色与其他同时代的相关建筑师进行比较，从而更好地认识中国近现代建筑发展的背景、过程和动因，以及确立林克明的学术思想及其建筑作品的历史价值定位。

一、林克明与近代岭南建筑师设计历程之异同

20世纪20年代至30年代是广州城市建设发展迅速的时期，身处岭南的建筑师们在这一阶段中获得了较多的实践机会，第一代建筑师也因此得到了展示其建筑思想和设计能力的广阔舞台，而且由于地域关系，相对于遥远的北方建筑界人士，岭南建筑师在实践活动和职业经历上往往会产生更多的关联和交集，在独具个性色彩的建筑观念和设计探索上的比较因而具有更清晰的指向性和实际上的参考意义。

（一）杨锡宗

杨锡宗为广东中山人，1889年12月出生，1918年毕业于美国康乃尔大学，与近代著名建筑师吕彦直就读于同一间学校，他的作品在岭南分布广泛[34]，类型繁多，风格多样。杨锡宗是岭南本土建筑师留洋后服务地方的杰出代表，他和林克明一样曾经任职于广州市工务局，其后自主开业，因历史的机缘，他与林克明在两个岭南近代重要项目中有过合作或相关的设计经历，一个是黄花岗七十二烈士陵园，一个是国立中山大学校园建筑设计。

杨锡宗本人的建筑生涯从设计手法和风格偏重上可划分为几个阶段，他初期的设计为比较典型的折中主义和新古典主义风格，他喜欢采用曲线的构成和巴洛克式的涡卷，建筑常以石砌券廊为基座，上部以壁柱或竖线条强化划分[35]，这类设计体现了他在康乃尔接受的学院派教育的影响，而他本人也是岭南为数不多的运用纯正西洋风格进行设计的本土建筑师。1920年代中期后，杨锡宗进入了个人建筑实践的高峰期，他一方面继续发展着古典学院派的手法，另一方面在市政当局推崇"中国固有式"建筑的大背景下，也开始形成自己在中国传统复兴建筑上的设计风格，1930年代后更进一步拓展了对摩登形式的尝试。1925年，杨锡宗参加了中山陵设计竞赛（获得第三名），其后他又参加了中山纪念堂设计竞赛（获得第二名），这是他对"中国固有式"建筑的早期尝试和探索，1930年代初，他完成了国立中山大学石牌校区总体规划和一部分建筑单体设计，从作品上可看出他对于中国传统建筑形式的运用及其与西式建筑构图方式的结合已经相当熟练，正是在这个项目中，他的作品和林克明的设计产生了交汇。从1930年代中后期开始直至抗战胜利后，杨锡宗在创作中逐渐摆脱战前的折中主义的痕迹[36]，更加注重建筑的功能要求、实际使用和环境气候，造型简洁明快，显示出他在现代主义风格上的日渐成熟。

尽管同为岭南近代重要的建筑师以及有着相似的建筑教育背景和职业经历，且在设计生涯中有过多次的合作或者竞图关系，但在回国后的实践中杨锡宗和林克明在设计风格与美学取向上的差别还是可以区分的。首先，杨锡宗在建筑界开始活跃的时间比林克明更早，1918年他即开始在广州进行设计工作，在林克明于1926年回国之前，杨锡宗已经完成了他设计生涯的第一个阶段。他在这一时期的作品大多具有纯正的西洋古典风格，这一状况和当时中国建筑界活跃的设计师以西方建筑师为主，以及中国传统建筑复兴的浪潮还没有掀起有关，不过从杨锡宗设计生涯完成的作品来看，他本身对于古典学院派建筑形式的追求也是贯穿始终的。林克明则在1926年回国后直接进入了"中国固有式"建筑设计的实践，他的设计取向由此和杨锡宗产生了一定差异。

在黄花岗七十二烈士墓设计中，陵园的规划和墓园建筑主要由杨锡宗完成，林克明则负责设计了陵园大门。^{③⑦}杨锡宗在设计中采用了古典主义手法，陵园内的建筑物形式上以巴洛克风格为主，通过柱式、雕刻等古典建筑元素，以精美的装饰和稳重的形象表达了一种凝重恒远的纪念性意象。要考察这里出现的西式风格，不能不注意到自由女神像、方尖碑等明显的、能令人联想到西方自由民主思想的元素，这其实反映出当时的国民政府要以美国作为中国现代化典范的思路^{③⑧}，因此杨锡宗对古典主义建筑风格的采用，也就不仅仅是一次纯粹出自个人爱好的选择。林克明设计的陵园大门相比之下更加偏向传统门楼的简化，是岭南新古典主义建筑风格的代表之一，这从一个局部反映出两位建筑师不尽相同的美学追求。

国立中山大学校园规划和建筑设计是杨锡宗对于中国传统建筑风格的一次集中实践，他不仅完成了整个校园规划，还设计了入口石牌坊（1934年），农学院农学馆（1931年），电气机械工程系馆（1933年），工学院土木系馆（1933年）以及一批实验室、工场、教工和学生宿舍等（图7-5）。在主要建筑电机馆和土木系馆中，杨锡宗发展了曾在仲元图书馆中使用过的以门廊作抱厦的处理手法，但整体比例更加大方合宜，出檐深远，造型稳重，反映出他在"中国固有式"设计手法上已逐渐成熟，能够将西洋古典美学与中国传统形式较协调地融合在一起。几乎在同时，林克明为国立中大设计了二期的部分建筑单体，与杨锡宗从西洋古典主义风格逐渐向"中国固有式"过渡、并达至完善成熟的过程不同，林克明留学回国后并没有进行太多纯正的古典建筑设计，他在第一个主要作品中山图书馆中即开始尝试"中国固有式"设计手法，在国立中大的建筑单体设计中，他和杨锡宗在作品的整体风格形式上没有太明显的区别，主要不同体现在建筑平面、立面和装饰等细节上。例如，杨锡宗设计的建筑平面多为传统合院式，立面装饰相对丰富，脊饰喜用羊，檐下彩画为预制琉璃构件，林克明设计的建筑平面则多为"一"字形或"工"字形，造型和装饰更简洁，檐下彩画也以价格更低廉的洗石米取代，通常认为这些区别说明林克明的设计更倾向于现代式，且更能注意到造价、施工等实际问题，最终校方以林克明取代杨锡宗成为二期校园建筑的主要设计者，也正是出于这些方面的考虑。

相较于林克明和其他岭南建筑师，杨锡宗在大尺度空间的把控上更有优势，规划中尤其注重古典主义的形式美感，以黄花岗七十二烈士陵园为例，杨锡宗在陵园规划中依托山坡将陵门、甬道、合葬墓、记功坊等沿中轴设置，形体最为复杂的合葬墓亭和记功坊屹立在道路轴线的尽端，于绿树掩映下尽显肃穆恢宏，整个建筑群轴线鲜明，形式严整，空间气氛舒展平和，令人感受到一种条理分明的秩序之美（图7-6）。

图7-5 国立中大入口石牌坊
（资料来源：广州市档案馆）

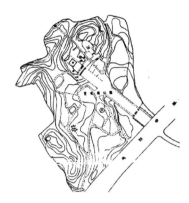

图7-6 黄花岗七十二烈士墓总平面
（资料来源：《中国著名建筑师林克明》）

而在国立中山大学石牌校园规划中，杨锡宗采用了一个更具象征意义的钟形平面来暗示学校的历史渊源和孙中山先生的遗训（图7-7），他对形式构图的偏爱在此处表现得更为明显。

其实，杨锡宗理想化的设计倾向和对形式感的唯美追求同样也在建筑单体设计中有所体现，他的作品普遍尺度合宜，风格华丽，不论是早期的西洋古典风格建筑，还是后来的"中国固有式"建筑，都带有一种独具特色的秀丽和隽永，令人印象深刻。若进一步加以比较会发现，杨锡宗和林克明分别对传统形式的新风格进行平行探索的时候，相似的学院派教育的影响令他们整体上都遵从着古典主义

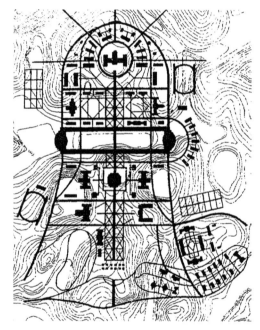

图7-7 国立中大校园总平面（1930年）
（资料来源：《华南农业大学百年图史1909~2009》）

构图法则的指导，他们的中国传统形式作品同样都具有符合西式建筑构图的协调的比例关系，只不过杨锡宗所接受的折中主义风格的影响更大，他的建筑作品中形式化的倾向更加明显，当中更多展现的是个人风格而不是制式特征。作为岭南近代最纯粹的古典学院派建筑师，杨锡宗作品中表现了不同于林克明或是其他建筑师的强烈的个人印记，但是另一方面，对古典主义形式美的追求使得杨锡宗在传统形式的把握上存在局限性，例如他在早期"中国固有式"建筑设计中对传统造型元素的运

用比较生硬[39]，在国立中大项目中对建筑造价缺乏考虑等。相对而言林克明则更加灵活务实，能比较迅速地适应各种不同类型的建设项目，他注重在不影响外形特色的前提下努力改善传统建筑空间浪费、造价高、不经济等缺点，简化平面，简化装饰，简化施工，提高使用率，尽管从某种意义上来说他的作品在风格上不如杨锡宗的精致华丽，但是却更能符合当时业主们对于"中国固有式"建筑的要求，表现出较强的适应性。可以这样说，杨锡宗和林克明的建筑探索具有相似的受教背景和思想基础，他们关注重点的不同表现出当时建筑师们在中国古典风格新建筑的设计手法和建筑风格上的不同取向与追求，这些或相异或类同的建筑物共同构成了岭南近代建筑的发展轨迹。

（二）郑校之

郑校之，广东中山人，1889年出生，1908年毕业于朝鲜国家专门学校土木工程科，是最早一批留洋学生。他毕业后在香港的Palmer&Turner工程师事务所见习[40]，并积极参与资产阶级民主革命，后在国民党内任职。[41]1932年他和林克明、杨锡宗一样也参与了国立中山大学石牌校区项目，设计了文学院和天文台等，这是目前他唯一知名的作品，其后个人职业经历不详。[42]

由于设计作品流传并不多，郑校之的设计风格和建筑思想只能从国立中大几个建筑的设计图纸以及现存实物中察看和分析。[43]文学院伫立在校园（现华南理工大学内）一平缓山坡上，建筑坐北朝南，平面沿东西方向展开，青色的琉璃屋顶起翘轻盈，脊饰为青色的孔雀，建筑前部鹅黄色门廊形式奇特，立柱和楼梯装饰有新艺术运动的特色，整个造型传统中富含新意（图7-8~图7-11）。在校园规划上郑校之设计的文学院与林克明设计的法学院一文一武，遥遥相对，沿中轴线对称设置，建筑体量也大体相当，但建筑风格和具体手法则颇为不同——实际上文学院在当时国立中大的一大批建筑当中都显得与众不同，日据期间日寇称之为"华丽的宫殿式的文学院"。国立中大第一期和第二期的建筑主要为杨锡宗和林克明设计，他们的设计在风格细节上虽有不同侧重，但整体表现均为稳重大方，比例协调，极具古典风格的形式美感，同时对于传统建筑造型元素两位建筑师也有相似的选取和运用，例如斗栱和檐下彩画，朱漆立柱，汉白玉栏板上的雕刻图案等，这使得他们的建筑风格基本可算相似和一致。相对来说，郑校之的设计特色则更为分明，文学院的设计手法虽然也是以中式建筑符号置换西式建筑的常用方式，但与其他人不同的是，郑校之在设计中还加入了古希腊和古埃及的象征符号[44]，对这些古老文化中的装饰元素的采用带有新艺术运动的风格，例如文学院立面造型上最突出的部分——门廊，采用的是希腊廊柱的形式，承托檐部的四根棱柱上端顶扁形圆盘，这使得整个

图7-8　日据时期的文学院
（资料来源：明信片）

图7-9　文学院外观
（资料来源：《国立中山大学工学院概览》，1935年）

图7-10　文学院室内

图7-11　文学院屋顶脊饰

建筑于古朴庄严中表露出了一种异样的情调。

　　仔细核对文学院的蓝图和实际建成效果，发现郑校之对门廊比例进行过修改，原设计图中门廊高宽比为1：1.6，这接近在西方古典建筑中广泛使用的黄金分割比，建成的实物则次间柱距缩窄，柱径加粗，从比例上看似乎是建筑师选择了更早期的希腊多立克风格，这一点从比例粗重的柱身和柱头扁平的圆盘形式上也能看出

图7-12　文学院立柱上的图案

来。而且，郑校之在实际建造时去掉柱础构造、简化柱头纹饰、不使用中式彩画、门廊次间变窄，这些改动显示着他在中西两种语汇之间反复进行着选择，倾向希腊柱式特征的同时也保留了中式建筑的一些做法[45]，是典型的折中主义手法。除门廊及廊柱的独特形式外，建筑墙面上的装饰也很特别，不是一般建

筑中常用的中式彩画，而是鹅黄色批荡所做的造型特异的图案，如"飞机大炮"、"火炬"和"悬剑"等（图7-12），这些图案还未找到完全契合的传统图案原型[46]，也没有任何建筑师本人的言论可以佐证，只能从整体的建筑风格来推测其中深意：或许这些形式既象征了古希腊的自由平等精神（圣火），也是在警醒学子国家和民族正面临危难（剑、飞机大炮等战争元素）。[47]

　　文学院不仅具有独特的造型和装饰特色，它也能从很大程度上体现郑校之的现代主义建筑观念和勇于创新的精神。文学院的二层阳台及一层台基部分在蓝图上被称为"骑楼"，这一称谓反映设计师对阳台及其下空间的定位是作用相似的半户外连续空间，既能遮阳挡雨，又具流动性和开放性，这种颇有南方特色的做法在国立中大其他的"中国固有式"建筑中没有出现过（图7-13）。林克明设计的法学院大楼没有外廊，他的其他设计如农林化学馆虽有外廊，但方式属传统立面的虚实处理，生物地质地理教室做法与文学院最为接近，都有入口门廊和二层悬挑的外廊式阳台（图7-14），不同之处在于生物地质地理教室的外廊阳台分列门廊两侧，主要起到调节立面视觉比例的作用，门廊的完整性没有被破坏，建筑立面各部分的形体比例和象征意义在设计中仍很突出。反观文学院的"骑楼"完全从门廊下穿过，不在意影响了门廊的视觉完整性，阳台之上有屋檐可为之遮雨，空间尺度适宜停留，这些做法反映建筑师对现代使用感的重视，超过了对传统符号意向的表达意愿。

　　同样的情况还可以在屋顶部分的处理中发现。在原方案中屋顶并非现状的歇山式，而是"平天台"[48]，结合白色的墙裙和黄色的栏板，在水平方向延展开来，对横向线条的强调和赖特的草原住宅类似，这种舒展凝练的艺术效果是文学院独有的建筑特色，也能在当时的早期现代主义作品中找到类同，例如上海之江大学的建筑师黄作燊的某些作品。[49]其后由于"中国固有式"建筑要求必须冠戴中式屋顶，文学院建成时改为了歇山顶，但是观察其屋顶比例可发现屋脊明显低矮，坡度平缓，或许这是建筑师为了强调设计的现代感和特色而刻意弱化了屋顶的分量（图7-15）。

　　总之，若将郑校之在广州的建筑实践与林克明相比，他所发挥的影响和对市政发展起到的作用要微弱得多，因作品较少也难以窥见其设计思想和手法的一贯性，但与林克明或是杨锡宗等人不同，郑校之在设计上并未过多强调对传统中式意向的模仿，代之以更具现代特色的功能和形式表达，对西洋建筑的取法也不仅是古典主义构图法则和黄金比例，而是古埃及、古希腊这类更早期建筑文明中的造型元素，这显示了他所接受的不一样的留洋教育背景，且他在"中国固有式"建筑中的设计思路和方式也与林克明等人不同，表现出较强的独创性和地域特色，只可惜未能留

图7-13　文学院外廊式阳台做法　　　　图7-14　生物地质地理教室外廊阳台做法

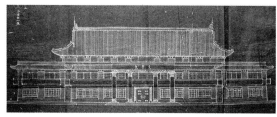

图7-15　文学院蓝图与实际建成效果对比
（资料来源：华南理工大学档案馆）

下更多供研究与解读的作品。

（三）陈荣枝

　　陈荣枝，广东台山人，早年曾留学美国，就读于密歇根大学建筑科，1929年回国，他也曾在广州市工务局工作过，作为政府建筑师，他和林克明一起完成了1930年代前期大部分公有建筑的设计。与林克明多进行公共建筑设计不同，陈荣枝擅长于对各种类型的建筑作出形式各异的表现，尤其是商业建筑，例如他1933年设计的广东省府及广州市府宾馆（今广州市迎宾馆旧楼）是"西班牙式"的，而他的代表作广州爱群大厦是摩登风格的作品。此外，陈荣枝对中国传统建筑也具相当认识，他曾在1935年应邀参加"南京国立中央博物院"方案全国设计竞赛，评委认为作品"对于清式建筑有极可佩之认识，亦本次应征之佳构也。"[50]

　　1932年，陈荣枝为广东省立勤勤大学做了校园总体规划，并设计了校园内的师范学院、体育馆、金木土工实验室等建筑[51]，但最终由于建设地址更改等原因，方案未实施，林克明重新做了规划，从两次的设计图来看，他们二人设计思想取向上有一定差异，陈荣枝的设计采用的是巴洛克式的古典构图，对称布局，工整严谨，学院派的影响很明显。陈荣枝在美国学习期间，正是学院派建筑教育盛行的年代，20世纪初，巴黎美术学院毕业的400多位建筑师主宰着美国建筑界，由鲍

图7-16 雅礼大学规划鸟瞰图（左）、金陵女子大学陶谷校区规划鸟瞰图（右）
（资料来源：中南大学湘雅医院网站（左）、Martha Smalley.Hallowed Halls.Hong Kong:Old China Hand Press，1998（右））

扎建筑师学会（Society of Beaux-Arts Architects）组织的巴黎大奖设计竞赛的要求影响着全美各个学校建筑系的课程制订，巴黎美院的课程成为美国所有建筑院校的必修课。[52]由于接受了正统的学院派建筑教育，陈荣枝具备深厚的古典建筑功底，能从其作品协调、严整的比例构图看出一二。当然，如果把这份平面图和当时其他大学的总平面比较一下就会发现这种布局的出现并不偶然（图7-16），例如茂飞1914年在中国的第一个作品清华大学扩建工程，也是他制订的第一个校园总体规划，布局和建筑都沿用了美国大学的模式，属于欧洲古典折中主义作品。[53]林克明的设计与陈荣枝很不一样，作为一位也曾接受过学院派建筑教育的建筑师，林克明最终倾向了一种更加摩登的风格，这或许可以体现出他与陈荣枝的不同倾向，但是应该注意的是，陈荣枝在其后的爱群大厦项目中，也运用了摩登风格进行设计，因此勤勤大学校园规划风格的变更，更大程度上应是与当时建筑界思想潮流的改变有关。

　　从设计时间上看，陈荣枝的图纸是在1932年11月市第四十一次行政会议通过改变校址的提议后完成的[54]，时间应该在1932年年底。林克明的设计时间没有明确记录，但是从校舍最终建成的时间来推算，应该是1934或1935年左右[55]，而1933年正是现代主义建筑理论开始传入中国的重要一年。1933年年初，美籍瑞典裔建筑师林朋（Carl Lindbohm）加入了上海的范文照建筑师事务所，他的到来在中国建筑界掀起了现代主义思想的波澜。同年4月的《时事新报》和5月、8月的《申报》上，发表了一系列报道，林朋在文中对"国际式"建筑进行推介，对古典主义风格提出了批评。此后，这两家上海最著名的报纸又陆续刊登了很多介绍现代主义建筑理论的文章和译文。[56]大众传媒对现代主义建筑思想的集中报道，一方面将之作为一种重要的建筑观念呈现给社会，另一方面也传递了这样一个信号：现代主义作为一种新的建筑文化开始为中国社会所接受。一批专业的学术刊物和专著进一步深度传播了现代主义建筑思想，时间也是在1934~1935年左右，这些介绍现代建筑运动及其发展状况的文章和著作包括：过元熙的《新中国建筑之商榷》、何立蒸的《现代建筑概论》、杨哲明的《现代美国的建筑作风》、锈生的《现代合用之建筑》等[57]，种种状况显示着现代主义建筑思想已经得到中国建筑界的关注、了解和接受，林克明在这时选择现代主义风格来规划和设计勤勤大学校园，既有个人对新潮流的热烈响应，也可能是希望借助学校建筑的风格表现为建筑学子的设计取向起到指引和示范作用。

陈荣枝在岭南建筑教育的培育上也有贡献，他曾于1930年代与林克明共事，在勤勤大学建筑工程系任教授。战争期间陈荣枝在香港注册成为开业建筑师，战后短暂回粤，新中国成立前赴香港继续设计生涯[58]，在岭南建筑界夏昌世、陈伯齐、龙庆忠等新生力量逐渐开始活跃，建筑风格也转向注重技术的现代主义。新中国成立后林克明继续在广州城建系统任职，因此新中国成立后二人对于岭南建筑界的影响不可同日而语。

（四）胡德元

胡德元是四川塾江人，留学于日本东京工业大学建筑科，他协助林克明创办了岭南第一个建筑系，从省立工专期间开始，直至成立广东省立勤勤大学，他一直担任建筑工程学系教授，在任教期间长期从事中外建筑史学等课目的教学和研究，是岭南近代建筑史教育的开创者之一。

勤勤大学的前身广东省立工业专科学校是广东高级别的工业学校，从它最初成立也就是仍然为广东工艺局的时候（1910年）始，教员即由东京高等工业学校毕业生担任，这所学校正是其后胡德元留学的东京工业大学的前身，日本教育的影响使得省立工专一直以来均有教学严格、实践性强和重视工业技术等特点，它的教学传统和发展模式带有日本工业教育的显著痕迹。在这种背景下，胡德元作为林克明创系时期的合作者，在建筑系教学体系和教育模式的创立以及延续过程中发挥了重要作用。

胡德元1929年从日本东京工业大学毕业，在东京清水组和日本铁道省建设局实习几个月后[59]，随即被聘为省立工专建筑系教授。日本的建筑教育和欧美不太一样，它具有鲜明的自身特点，1938年担任国立中山大学建筑系教授的胡兆辉也毕业于东京工业大学，他与任宗禹等人合写的"日本建筑界之演进"一文中总结了日本建筑教育的特点："设计制图、构造演习（应用构造力学以事精密之设计计算）与材料实验三方并重，均为必修课予同格重视"，他进一步指出日本教育中这种特点与日本多震灾的状况有关，"仅求设计制图之美观建筑，而不解构造计算材料试验及演习等，实不济事，是其建筑家必须具材料构造双方之充分知识也"。⑥⑩徐苏斌关于此也有相似的论述，他甚至更进一步指出东京工业大学"更重实践"，要培养"懂得建筑工程的人才，能担负整个工程从设计到施工的全部工作。"⑥⑪由此可见，日本建筑教育的传统是重视工程技术、重视实践，这种受教背景使胡德元在教育思路上偏重于实践型工程人才的培养，这与林克明的设想吻合⑥⑫，因此在勤勤大学的课程设置中，材料、结构、构造、实验等课程比重较大，建筑系的教学也因此走上一条不同于当时大多数学院的道路（具体可参见本书第三章第四节）。1935年胡德元和林克明一起前往日本参观考察，从考察归来后公布的新课程表中可以发现，这次对于日本现代建筑以及胡德元母校的访问可能从某种程度上促使了勤勤大学的课程体系进一步往强化材料构造和结构设计的方向发展。

除设计外胡德元还在勤勤大学从事建筑史论课程的讲授，他在这个方面着力推动了对新思潮的引进和介绍，曾和林克明一起从日本购进大量新书。⑥⑬1935年，胡德元在《勤勤大学季刊》中发表"近代建筑样式"一文，文章中详细介绍了欧洲建筑的发展以及新风格样式出现的背景、原因和特点，并对国际式给予了较高评价。这种在建筑史学教育中对现代主义产生发展的历史必然性所作的积极引导和正面评价，使现代主义思想在勤勤大学得到普及和推广，进一步推动了现代主义学术风尚在勤大建筑系中的形成。抗战爆发后，勤勤大学被迫向后方转移，在此期间胡德元一直带领着学校师生艰难跋涉，经历了十分艰辛的岁月，1938年秋胡德元受命将勤大建筑系带入国立中山大学，并任教授兼系主任，1941年前后辞职回川。⑥⑭

担任教职的同时，胡德元于1934年登记成为广州市工务局执业建筑师，成立胡德元建筑师事务所，并完成了国立中山大学工学院强电流实验室、日晷台、电话所和教职工宿舍等建筑设计，他在回四川后还设计了雅安的老电影院（图7-17~图7-20）。和不少本土建筑师一样，胡德元战后在岭南建筑界销声匿迹，他在广州的作品遗存也并不多，但是他对岭南建筑教育作出的贡献是不可磨灭的。

近代时期外地建筑师在岭南执业的并不多，除上述建筑师外，还有李锦沛、范文照、吴景祥、吕彦直等人。除了吕彦直广为人知的著名设计之外，1933年李锦沛设计了广东浸信会教堂，教堂位于东山区，周围多教会学校，从而形成广州近代教会事业的中心区。范文照设计了北京路新华书店（原中华书店），吴景祥则作为海关总署建筑师，设计了海口旧海关大楼，据说这是他回国后的第一个作品。

相对其他近代建筑师，林克明和广州城市建设的结合更加紧密，作品多，影响深，范围广。在政府项目中的出色表现令他得以在众多重要的公共建筑工程中施展

图7-17　国立中大法学院前日晷台

图7-18　国立中大电话所

图7-19　国立中大918路24号教工宿舍

图7-20　雅安电影院

才华，成为执业建筑师后长袖善舞，又在城市建设的不同方面都留下了具有个性的作品。林克明在设计中受到学院派影响较深，强调对建筑形式的推敲演绎，在建筑观念上表现出现代主义新风尚的倾向，其注重实际、勇于创新、灵活随势的建筑风格和设计中的城市视野均是日后学术思想发展成形的重要基础。

二、林克明与夏昌世、莫伯治创作实践和思想比较

新中国成立后，与很多近代建筑师消失于建筑界的状况不同，林克明是为数不多的继续活跃在城建工作第一线的建筑师，他在这一阶段的创作实践虽因受到制约而显得创进不多，但学术思想和建筑观念上的发展仍一脉相承。在考察新中国成立后岭南建筑师群体的设计创作时，由于年龄等方面的原因，通常与林克明进行比较的是夏昌世、莫伯治这两位建筑师，例如华南理工大学庄少庞的博士论文"莫伯治建筑创作历程及思想研究"，文中就以上三位建筑师的创作个性进行了对比。本节

尝试以林克明的学术思想和设计策略为出发点，比较三位建筑师在建筑创作观念上的异同，从而明确林克明在中国建筑现代化发展中的特点、贡献和缺憾。

（一）成长经历和创作历程的比较

夏昌世1903年出生，比林克明年轻3岁，他出生于一个华侨工程师家庭，幼时在湖南念了7年私塾，后到广州读书，1918年进入广州陪正学校（今陪正中学），1922年毕业后自费赴德国留学，最初拟读生物专业，后转学建筑，1925~1928年在卡尔斯鲁厄工业大学学习，毕业后获得工程师资格，1929年在蒂宾根大学艺术史研究院攻读博士学位，1932年回国。回国后，夏昌世先后在上海启明建筑师事务所、南京铁道部、交通部平汉铁路管理局、广州新建筑工程师事务所任职[65]，但是受日本侵华战争的影响，他并未有充分机会发挥所学。广州沦陷后，夏昌世被迫转往西南地区，在国立艺专、中央大学、重庆大学等院校任教，却因坚持与学院派不同的现代主义教育方法而遭到排挤，1945年抗战胜利后返回中山大学任教。新中国成立后从1950年代开始是夏昌世个人创作的黄金时期，在此期间，他设计了华南土特产展览会水产馆、华南工学院2、3号教学楼、中山医学院第一附属医院、中山医学院生理生化楼、药物教学楼、病理学教研室等建筑以及鼎湖山教工休养所。夏昌世在设计中能够将德国建筑的理性实用与中国传统建筑的自然灵巧结合起来，水产馆是他探索岭南现代建筑的开端，该作品功能流线合理，造型简洁轻快，富于想象力和表现力，将传统的园林空间融入到建筑布局中，充满了自然情趣和地域特色。鼎湖山教工休养所的设计与当时建筑界普遍强调对称构图的设计方式不同，而是依山就势，因地制宜，造型轻快宜人，具有浓郁的亚热带建筑风情。1955年设计的中山医学院第一附属医院集中体现了夏昌世对建筑技术的关注，他在这个设计中结合构造和施工方式对建筑遮阳问题进行了全面探索，反映出结合现代建筑手法与岭南地域特点的尝试日趋成熟，他对亚热带建筑创作的理解和认识也达到了新的深度。通过以上建筑实践夏昌世发表了"鼎湖山教工休养所建筑纪要"（1956年）、"中山医学院第一附属医院"（1957年）、"亚热带建筑的降温问题——遮阳、隔热、通风"（1958年）等文，从理论上对自身的设计特点进行了总结。此外，新中国成立后夏昌世致力于将勤勤大学开创的现代主义教育风尚继续发扬和强化，为岭南建筑教育和岭南建筑学派的学术发展培育了土壤。

莫伯治1914年出生于广东东莞，在上述三位建筑师中最为年轻。他出生于一个殷实的地主家庭，幼时在风景优美的农村长大，并在新式学堂接受了启蒙教育。1926年莫伯治获得资助转到广州南海中学就读，这所优秀中学的教育令他获得了更全面、完善的知识结构，1932年他顺利入读中山大学土木工程系，在学校学习期间，"不仅学习了土木工程方面的建筑结构、水土结构、公路、铁路、桥梁等课程，而且学习了建筑构图原理、建筑制图、建筑设计和城市规划等课程"[66]，这种知识积累成为他日后转入建筑创作的有利条件，1936年莫伯治大学毕业并留在工学院任助教。抗战开始后满怀热情的莫伯治积极参与到道路、桥梁、机场等国家战略设施的修建工作中，积累了丰富的工程经验，战后移居香港，在华侨营造厂任工程师。1949年新中国成立，莫伯治举家迁回广州参与广州的恢复建设工作，并任职于政府城建管理部门，从1952年回国直至2003年去世，他的绝大部分建筑创作均与广州这座城市息息相关。园林酒家是莫伯治建筑创作高峰期的开端，他以广泛的酒家和庭园调查为基础，完成了在岭南建筑中结合庭园设计的初步实践，之后在"广交会"推动下的旅馆建设中，这种地域性建筑的探索得到了进一步深化和完善，白天鹅宾馆由此成为岭南现代建筑的一个重要里程碑。1984年莫伯治应邀到新成立的华工建筑设计院任兼职教授，并开始招收研究生，在此之后他与何镜堂等青年建筑师合作，老中青共同完成了不少具有岭南特色的代表作品，例如南越王墓博物馆、岭南画派纪念馆等。改革开放后莫伯治曾与佘畯南一起出国考察，这次经历对他在建筑创作思想上的转变有一定的影响。1995年，莫伯治以个人名义开设建筑事务所，建筑表达上进入大胆的多元表现时期，由文化隐喻转为具象的模拟直译，这一变化显示出他在建筑设计上积极求变的创作热情，不断变化、勇于创新的艺术追求一直延续至最后。

林克明、夏昌世和莫伯治三人在家庭背景与成长经历中的差异，令他们的个人性格和处事方式有所不同，这种不同又影响了他们对建筑的职业认知。林克明的性格如前所述是谨慎、责任与激进、革命并存，丰富的职业经历令其具有灵活、变通的设计态度，为人处事也能拿捏得当，游刃有余，颇有领导才能。夏昌世出身于工程师家庭，在科技理念先进的德国学习，他和林克明一样都接触到了当时欧洲最先进的建筑思想和艺术潮流，比之林克明，理性、严谨的现代主义思想在他身上留下的影响更为强烈，后来他在设计中对技术路线的偏爱和坚持也反映了这种创作取向。同时，夏昌世成长环境较为顺畅，使其养成了率性、自信的性格，回国后职位变动频繁且发展不顺的经历反映出他个性中不圆融的一面，不如林克明处事圆滑、慎重。莫伯治家庭富裕，从小生活状况较好，性格乐观、开朗、随和，经历战争洗礼后又添专注与坚强，在社会工作中既能坚持自我亦可包容他人，且他并不是建筑专业出身，建筑学修养更多地来自于田野调查、人文修习和设计实践而非课堂上的书本知识，这令他的学术思想兼容性较强，不易受束缚且勇于改变、创新。

由于年龄的关系，夏昌世和莫伯治二人在新中国成立前均没有太多丰富的建筑设计经历，其中夏昌世虽与林克明年龄相差不大，但博士毕业学成回国后适逢战乱，不似林克明般有机会一展所长，年轻十岁的莫伯治更是只在战争期间的市政项目中积累了工程经验，他们二人的建筑成就均在新中国成立后取得。新中国成立后由于岗位的不同，夏昌世和莫伯治比起在政府管理部门任职的林克明来说，思想上受到政治和文化路线方针的影响相对小，设计的自由度更大一些。当时现代建筑受到来自意识形态上的批评，民族形式的发展又因造价等问题备受责难，反而是地域建筑避免了以上争论，在夹缝之中获得亮眼的发展，夏昌世和莫伯治也就此作出了独特的创作尝试，达到了林克明未能到达的岭南现代建筑的探索深度。同时，仍是出于年龄的原因，莫伯治建筑创作的发展时期与林克明差异较大，改革开放后的大量设计机会令其能进一步更新设计思路，对于建筑形式的创新和发展作出更多贡献。

（二）建筑思想策略的异同

林克明、夏昌世和莫伯治三位岭南建筑师在少年时期与成年后均经历了战局动荡、国家积弱的岁月，也接触过进步思想的影响，由此而来他们对于实现社会的发展、公平和福祉富有较强烈的使命感，这种责任与动力令他们在建筑设计策略上形成了关注经济性与技术性、注重工程实践、强调满足社会需求等共同特征，同时，在国家文化方针的限制相对严紧的情况下，他们对待具体设计时也多采取灵活、务实、随势的态度，当然这一特点应该是来自于三个人共同的岭南传统文化背景。

还应看到，在林克明、夏昌世和莫伯治三人的建筑思想中，有一个重要的共同点，即为对现代主义思想的认可、推广和实践。在林克明的设计生涯中，"中国固有式"和新古典主义风格的大量出现虽然在他对现代主义的推崇和引进中显得不太协调，但前文已分析过这种状况的产生有其客观原因，而综合林克明长期以来的作品、论著和行为，可知他从根源上更倾向于现代主义思想，在开创岭南现代建筑的源流上也有开创性的贡献。不过，从林克明早期具有现代主义风格的设计作品来看，他较为侧重的是建筑形式，长期沿用中轴对称式平面和三段式立面构图均体现出他在设计手法上深受学院派影响，而对于空间变化、环境处理等方面则不太强调。新中国成立后林克明对建筑的施工、造价等技术问题十分重视，他试图通过工业化建造方式推动建筑的现代化发展，但形式上的僵化却开始显现，且未能在建筑与地域的结合上有所突破，作品中对传统建筑特征的吸取也多体现在符号化的运用上，思想策略中务实、折中的特点表现明显。

与林克明相比，夏昌世失去了新中国成立前现代主义在中国迅速发展的创作时机，但应当说他对现代主义建筑的理解更能触及本质（图7-21）。夏昌世在设计中强调要以克服不利气候、创造健康舒适的人居环境为主导，因而他针对岭南地区天气炎热、潮湿、曝晒的特点，从当前建筑技术和资源的合理利用出发，做出了科

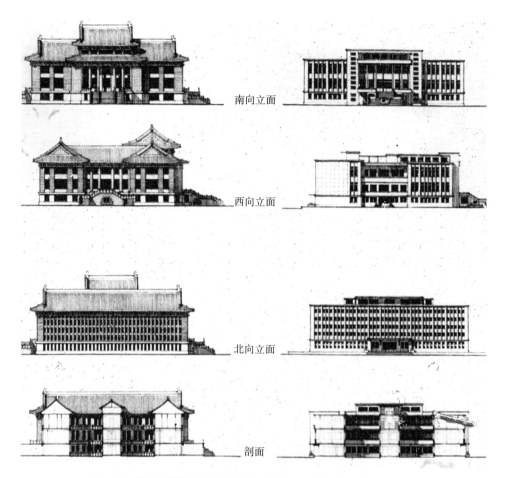

南向立面

西向立面

北向立面

剖面

图7-21 华南工学院图书馆设计方案对比（左：林克明，右：夏昌世）

（资料来源：华南理工大学档案馆）

学、可行的设计。在对于岭南建筑传统的批判吸收和创新上，夏昌世没有单纯搬用表面的形式符号，而是从中抽离出基于地域特点的基本原则，把符合传统特色的、通透灵活的建筑形态和适应气候的遮阳、隔热、通风等技术措施作为现代建筑思想与岭南地域的契合点[67]，奠定了岭南现代建筑的发展基调，同时也正是他首次从学理层面定义了"岭南建筑"这一概念。[68]夏昌世对莫伯治的建筑思想有很大影响，他们二人在设计工作上的交集也较多，但独特的生活环境和职业经历令莫伯治在思想策略上形成了"富有人本内涵的建筑思想和灵活兼容的总体策略"。他的作品中形式特征相对突出，所体现的人性关怀和文化含义也更加鲜明，在立足于传统文化的基础上"追求自然人性的解放和文化价值的认同，在功能、技术、经济合理性之外，重视物理层面上的宜人活动环境，也关注人性情感的愉悦和文化的传承与认同"。⑥莫伯治与夏昌世重视改善建筑的物理环境不同，他更强调吸收地方建筑传统中的审美意象和文化特征（如传统庭园）来营造舒适的人文空间，因此他并未在由夏昌世所开创的遵循技术理性的生态建筑之路上继续前进，而是在建筑的空间意象和文化内涵的演绎上实现了岭南建筑的进一步发展。

三、林克明学术思想的历史定位与价值定位

建筑师的个体创作活动构成了建筑发展进程中最具活力的组成部分，若以岭南近现代建筑发展为研究对象，林克明的创作实践和学术理念在其中应当具有重要价值与地位。近代时期，林克明、杨锡宗、陈荣枝等岭南建筑师在几乎平行的时段内通过各自的实践活动为岭南建筑的近代化勾勒出丰富多变的轮廓，其中既有"中国固有式"建筑的兴盛，也有现代主义在岭南的早期传播和发展；新中国成立后，在对岭南现代建筑发展影响最大的三位建筑师林克明、夏昌世和莫伯治中，他们的创作历程和时段并不完全相同，岭南的现代主义建筑思想是林克明自1930年代勤勤大学时期即开始提倡并付诸实践的，夏昌世从结合岭南传统与气候条件的角度出发，在技术层面上实现了岭南现代建筑的地域特征，在此之后，他和莫伯治通过对岭南庭园的调查研究，将学术视角由技术手段"转移到空间分析和设计应用上……引领了岭南建筑从物质技术层面向关注空间及其文化意涵的转变"⑦，这带来了岭南现代建筑新的成熟，也切合了现代建筑对于空间意义的关注。

对于林克明在岭南近现代建筑发展过程中作用的定义，首先应充分肯定其在两个社会环境截然不同的历史时段（新中国成立前，新中国成立后）内均完成了大量实际工作，并作出了引领性的贡献。在新中国成立前官方提倡的中国传统风格新建筑的创作中，林克明实现了对传统形式与现代功能相结合的积极探索，"中国固有式"建筑的出现尽管有其特定的历史背景，但在相关实践中林克明表现出的对民族建筑传统的吸取和改良，具有先进意义。另一方面，他并未局限于传统建筑形式，而是宣传与实践国际先进的建筑理念和风格，尤其是在现代主义思想引入中国的早期，林克明不仅以建筑作品和文章来推广现代主义风格形式，更通过他参与创办的勤勤大学建筑工程系这一学术平台传扬现代主义的思想理论，为岭南建筑教育的现代主义特色奠定了基础。新中国成立后由于种种原因，林克明在岭南现代建筑风格发展上的突破较少，对于地域建筑的实践相对不够深入，但应该看到，即使抛开时代与社会因素，林克明的建筑思想和观念中仍有闪光之处。或许是对于建筑单体的形式探索被更为整体的发展取向思考所取代，林克明这一时期表现出比其他建筑师具有更加开阔的城市视野，能够从工业化和社会经济的角度评判与对待设计工作，

关注建筑对实现社会福祉的影响，这与现代主义思想中重视生产方式、服务大众的核心内涵是一致的，其积极意义也不容忽视。总体而言，林克明的建筑思想和学术理念表现出开创性、先锋性和宏观性的特点，在不同的历史阶段均发挥出重要作用，他关注与实践现代主义思想，但并不排斥古典形式和民族传统，在保证建筑的经济合理与技术可行的基础上以灵活、务实的态度融合二者，这种思想观念和做法至今仍极具借鉴价值与现实意义。

林克明学术思想的局限性表现在他在建筑创作上更加侧重于形式演绎，作品中带有比较强烈的学院派痕迹，而空间层面和技术层面上的探索尚不够深入，这也反映出他早期对于现代主义的认识仍有局限之处。新中国成立后或因官员身份影响到作为独立建筑师的思考，林克明在建筑设计上显得较为保守，官方风格突出，自主创新不足，单从设计角度而言此时期的作品仍是以形式、比例、式样上的推敲为多，对于本土环境和物质技术的关注不够。若与夏昌世、莫伯治等人相比，仅就结果而言似乎林克明对于岭南现代建筑探索的主动性和深入度不如后二者，但需要注意到林克明在活跃年代、个人经历和工作职位上与他们的差别，而且随着"文革"结束后社会环境的宽松和文化思想的逐渐解放这种保守与缺陷也有所转变，因而对于林克明建筑局限性的认识应充分考虑社会背景和时代因素，同时还应看到他个人对于思想束缚的逐渐突破。

林克明的建筑作品、理论文字和学术思想固然已经随着20世纪的消逝而远去，但其核心观念对于今时日益开放且面临着复杂的国内外创作环境的中国建筑学人而言，仍具有丰富的内涵和启示价值，主要表现为：

（1）建筑设计应重视基本的使用功能和实用性，这是建筑设计之根本，也是建筑师在作品中应尽力实现的主要目标。

（2）建筑产业是社会工业化的组成部分之一，建筑物从设计到施工均应重视对经济性和技术性的考虑，注重施工的组织和管理。

（3）对于建筑设计中传统与现代的矛盾应以辩证的态度取舍，采用灵活、务实的方式找寻二者合适的契合点。

（4）建筑是城市中的建筑，单体设计不能脱离城市环境的要求，个体建筑不应损害社会整体福祉。

（5）建筑教育是建筑未来发展的基石，从学校教育阶段即应以国际先进思想理念为指引，重视专业教育和人才培养。

［注释］

① 彼得·罗，关晟. 承传与交融：探讨中国近代建筑的本质与形式［M］. 北京：中国建筑工业出版社，2004：9.

② Spence. The Search for Modern China［M］：312.

③ 毛泽东在1940年写的"新民主主义论"一文中说："外国的东西就像我们的事物，我们必须消化它们，从而取其精华，去其糟粕。"他进一步指出作为糟粕的封建主义应该受到压制，要吸取的是作为精华的民主精神。

④ 林克明. 世纪回顾——林克明回忆录［M］. 广州：广州市政协文史资料委员会编，1995：3.

⑤ 林克明在回忆录中提过，"我喜欢画画，我渴望有朝一日成为一名画则师……梦想有朝一日能为人民设计建造出舒适、漂亮的房子，提供良好的居住条件，造福人类，所以我在少年求学时代就立志要干建筑这一行"。详见：林克明. 世纪回顾——林克明回忆录［M］. 广州：广州市政协文史资料委员会编，1995：2.

⑥ 林克明. 世纪回顾——林克明回忆录［M］. 广州：广州市政协文史资料委员会编，1995：8.

⑦ 庄少庞. 莫伯治建筑创作历程及思想研究［D］. 广州：华南理工大学博士论文，2011：205.

⑧ 在此期间，抗日战争和"文化革命"时均有几年（1938~1945年/1966~1972年）没有从事建筑工作。

⑨ 林克明. 世纪回顾——林克明回忆录［M］. 广州：广州市政协文史资料委员会编，1995：82-84.

⑩ 参见：施亮. 夏昌世生平及其作品研究［D］. 广州：华南理工大学硕士学位论文，2007.

⑪ 石安海主编. 岭南近现代优秀建筑1949—1990［M］. 北京：中国建筑工业出版社，2010：5.

⑫ 侯幼彬. 文化碰撞与中西建筑交融［J］. 华中建筑（第二次中国近代建筑史研究讨论会论文专辑），1983（3）.

⑬ 彼得·罗，关晟. 承传与交融：探讨中国近代建筑的本质与形式［M］. 北京：中国建筑工业出版社，2004：51.

⑭ 林克明对于传统建筑的兴趣和学习还可通过一个事例验证：据陈家祠原副馆长崔惠华就《关于陈氏书院建筑设计的调查》在1989年9月16日访问林克明的记录显示：1933年，时任广东省立勷勤大学建筑系主任的林克明率学生前往惠福东路大佛寺附近，拜访了陈家祠总设计师黎巨川。

⑮ 林克明. 建筑教育、建筑创作实践六十二年［J］. 南方建筑，1995（2）：47-48.

⑯ 彭长歆. 岭南建筑的近代化历程研究［D］. 广州：华南理工大学博士论文，2002：254.

⑰ 林克明. 建筑教育、建筑创作实践六十二年［J］. 南方建筑，1995（2）：47-48.

⑱ 林克明. 什么是摩登建筑［J］. 广东省

立工专校刊，1933：76.

⑲　林克明. 什么是摩登建筑 [J]. 广东省立工专校刊，1933：78-79. 参见：彭长歆. 岭南建筑的近代化历程研究 [D]. 广州：华南理工大学博士论文，2002：258.

⑳　林克明. 什么是摩登建筑 [J]. 广东省立工专校刊，1933：75.

㉑　庄少庞. 莫伯治建筑创作历程及思想研究 [D]. 广州：华南理工大学博士论文，2011：39.

㉒　林克明. 对于建筑现代化问题一点浅见 [M]//中国著名建筑师林克明. 北京：科学普及出版社，1991：48.

㉓　王建国主编. 杨廷宝建筑论述与作品选集 [M]. 北京：中国建筑工业出版社，1997：84-85，87-89.

㉔　例如华盖的建筑师在设计商业、娱乐建筑时基本采用现代形式，而设计政府建筑时依然是"中国固有式"，基泰工程司的情况也大致如此。

㉕　赖德霖. 中国近代建筑史研究 [M]. 北京：清华大学出版社，2007：291.

㉖　赖德霖. "科学性"与"民族性"——近代中国建筑的价值观（下）[J]. 建筑师，1995（63）：72.

㉗　林克明. 国际新建筑会议十周年纪念感言（1928—1938）[J]. 新建筑（战时刊），1942.

㉘　林克明. 世纪回顾——林克明回忆录 [M]. 广州：广州市政协文史资料委员会编，1995：8.

㉙　详见：林克明. 世纪回顾——林克明回忆录 [M]. 广州：广州市政协文史资料委员会编，1995：26. 他说，"我个人志愿在于参加城市建设的实际工作，感情长期在教育岗位，没有得到发挥自己专长的机会。"

㉚　林克明，邓其生. 广州城市建设要重视文物古迹的保护，广州：南方建筑，1981创刊号

㉛　林克明. 世纪回顾——林克明回忆录 [M]. 广州：广州市政协文史资料委员会编，1995：103，107-108.

㉜　杜汝俭等编. 中国著名建筑师林克明 [M]. 北京：科学普及出版社，1991：13-14.

㉝　林克明. 世纪回顾——林克明回忆录 [M]. 广州：广州市政协文史资料委员会编，1995：79.

㉞　杨锡宗作品分布在广州、佛山、汕头、韶关、江门等岭南主要城市中。

㉟　这类设计包括他回国后的第一个作品广州中央公园、黄花岗七十二烈士墓、嘉南堂东楼西楼以及南华楼。详见：彭长歆. 岭南近代著名建筑师杨锡宗设计生平述略 [J]. 华中建筑，2005（7）：121.

㊱　抗战期间建筑营建较少，关于"杨锡宗画则工程师"事务所的设计活动的记录也几乎为零。

㊲　根据林克明本人回忆确定设计权属。

㊳　余齐昭. 黄花岗七十二烈士墓今昔 [M]//余齐昭. 孙中山文史图片考释. 广州：广东省地图出版社，1999：21-35.

㊴　例如，对于传统建筑构件斗栱，杨锡宗更注重其装饰性而不是内在的力学联系，在一些作品中将其"拼贴"在立面上。

⑩ Palmer&Turner工程师事务所为一间在东南亚有多个分部的国际建筑设计事务所。

㊶ 在港期间参加"现身说法社",并加入同盟会。1912年二次革命失败后入狱。出狱后从1917年开始,在国民党内任职。其间担任过广州市工程测量师公会会长、广州市市政厅工务局代理副局长、广州黄埔陆军军官学校营缮科上校科长。1926~1928年任南京总理陵墓监工委员会监工委员。

㊷ 在1948年(民国37年)第二届《广州市建筑师工会》名册中能查到郑校之的名字,时年61岁,为最年长者,其后职业经历不详。

㊸ 除文学院和天文台外,郑校之在国立中大还设计了研究院(今华南农业大学动物医院)以及几个教职工住宅。

㊹ 文学院室内立柱上有古埃及的纸草花雕刻和图案。

㊺ 例如柱子带有中式梭柱的特征,建筑心间加宽,符合中式建筑"高不越间"的传统。

㊻ 在整个国立中大的校区中都没有发现其他建筑有类似的图案。

㊼ 赵一澴.试评国立中山大学文学院[D].广州:华南理工大学硕士课程论文.

㊽ 1934年(民国23年)8月13日给郑校之公文[Z].

㊾ 黄的作品中有这种类似赖特作品风格的意向,并通过他学生的忆述得到证实。

㊿ 李海清.中国建筑现代转型[M].南京:东南大学出版社,2004.

○51 谢少明.中国近代建筑的先驱城市广州(第二章)[M]//杨秉德主编.中国近代城市与建筑.北京:中国建筑工业出版社,1993:22.

○52 邓文坦.图解中国近代建筑史[M].武汉:华中科技大学出版社,2009:149.

○53 董黎.岭南近代教会建筑[M].北京:中国建筑工业出版社,2005:82.

○54 广州市政府训令第[1294]号,公函第[740]号,1932年11月7日。

○55 新校舍在1936年秋启用,而林克明的回忆文章中曾说施工用了一年多的时间,由此而推断大致的设计时间。

○56 如勒·柯布西耶著、卢毓骏译的《建筑的新曙光》,黄影呆的《论万国式建筑》,影的《论现代建筑和室内布置》,钦的《机械时代中建筑的新趋势》,琴译的《论现代化建筑》,Cheney著、沈一吾译的《新世界之建筑》等。

○57 赖德霖.中国近代建筑史研究[M].北京:清华大学出版社,2007:227.

○58 台山文史,1987(8).

○59 广东省立工专.广东省立工专校刊,1933:164.

○60 彭长歆.中国近代建筑教育一个非"鲍扎"个案的形成:勷勤大学建筑工程学系的现代主义教育与探索[J].建筑师,2010(4):89.

○61 徐苏斌.中国近代建筑教育的起始和苏州工专建筑科[J].南方建筑,1994(3):17.

○62 林克明曾在文章中指出,"不能单考虑纯美术的建筑师,要培养较全面的人才,结构方面也一定要兼学",这反映他对于教学的设想应是比较偏重实际的工程能力。

○63 见:林克明.世纪回顾——林克明回忆

录［M］. 广州：广州市政协文史资料委员会编，1995：17.

㉔ 胡德元. 广东省立勤勤大学建筑系创始经过［J］. 南方建筑，1984（4）：25.

㉕ 庄少庞. 莫伯治建筑创作历程及思想研究［D］. 广州：华南理工大学博士论文，2011：205.

㉖ 莫伯治. 建筑创作的实践与思维［J］. 建筑学报，2000（5）：5-12.

㉗ 肖毅强，施亮. 夏昌世的创作思想及其对岭南现代建筑的影响［J］. 时代建筑，2007（5）：36.

㉘ 庄少庞. 莫伯治建筑创作历程及思想研究［D］. 广州：华南理工大学博士论文，2011：213.

㉙ 庄少庞. 莫伯治建筑创作历程及思想研究［D］. 广州：华南理工大学博士论文，2011：211.

㉚ 庄少庞. 莫伯治建筑创作历程及思想研究［D］. 广州：华南理工大学博士论文，2011：212-213.

第八章
结语

本书在现有研究基础上，概括、总结了20世纪中国与广州建筑发展的整体状况和背景因素，对其中林克明多年的建筑实践经历进行了调查和梳理，还原重要作品的历史建造过程，并通过对具体建筑作品进行定性、定量的技术分析，归纳林克明建筑风格和设计手法的特点。

林克明作为建筑师的特殊之处在于丰富的职业经历以及与城市产生的紧密联系，本书针对这两个特点展开深入挖掘，使建筑研究不局限于形式层面，对建筑师的研究也不仅限于单纯的作品整理，而是对建筑思想、城市建设和教育传承等多方面情况的综合探讨。从动态发展的角度解读林克明实践创作的手法方式和思想策略，从而清晰地梳理出包含在其建筑观念中的内在逻辑和社会因素，进一步揭示林克明建筑实践历程、学术思想和创作特色的历史价值与当代启示。

1. 林克明是岭南近现代建筑发展历史上最具开创意义的建筑师，也是最具影响力的重要建筑师之一，职业生涯历时长，个人创作的阶段性与近现代建筑历史发展相关

无论是作品的重要性，还是建筑实践的时长和范围，抑或是设计对于城市的影响和意义，林克明在岭南近代建筑师中均为最具开创意义、最有代表性者，在中国近现代建筑发展史上也有相当重要的影响。近代时期，林克明在"中国固有式"和现代风格两个领域的建筑实践中均完成了引领性的设计，尤其是对现代主义建筑思想在岭南的传播和研究更是具有开拓性的贡献；新中国成立后，他的作品多为当时广州有代表性的公共建筑物，风格上充分反映时代文化思潮和意识形态的要求，表现出特定历史时期下中国建筑的主要发展方向。此外，林克明开创了岭南最早的专业建筑教育，他在城市规划与城市发展研究方面的工作也具有相当的前瞻性。

林克明的一生（生于1900年，逝世于1999年）贯穿了中国建筑发展最为起伏的20世纪，他从事一线建筑工作时间亦长，从1926年回国起，至1980年后仍有建筑作品问世，职业经历几乎涵盖了不同年代中中国建筑师最普遍从事的行业，且在这些领域中均有建树，作品风格与不同历史时期的社会现状相关，因而其设计经历和成果可看做岭南近现代建筑发展的代表与缩影，同时也不可避免地带有一定的历史局限性。

2. 林克明在建筑设计上认同现代主义的观念取向，但也不排斥民族形式，采用灵活、务实的态度，立足传统进行建筑新形式的风格演绎

林克明建筑设计思路受客观环境的综合作用，形成了注重工程实际、功能至上、经济合理的设计观念。早期，他在"中国固有式"建筑中采用的设计策略反映出西方学院派教育和中国建筑传统的共同影响，是在中西建筑文化冲击、交融下对中国传统风格新建筑进行规范化设计的尝试，此后，"中国固有式"设计中的改良做法反映了林克明讲求实际的创作思路，摩登风格作品则体现出他对现代主义思想的积极实践。新中国成立后林克明的设计在形式创新上不明显，但其中体现的功能追求、经济原则和技术路线仍然极具现代主义的思想特征。总之，从新中国成立前后的设计经历以及各类作品、著作文章中可发现，林克明在思想理念上更加认同现代主义建筑观，但亦能立足于民族化和本土化来探求建筑发展方向，从形式风格的演绎上推动中国现代建筑的演变与革新。

3. 林克明的建筑实践与广州城市和建筑的发展息息相关，从这个角度而言对其作品的解读可以为广州城建研究提供新的视角

林克明作为个体建筑师的特殊之处体现于他的设计对于特定城市产生了持续性的影响。近代时期，林克明以政府建筑师的身份完成的作品多为对于广州城市功能改造和格局改造意义重大的公共性、纪念性建筑，同时通过数量众多、类型丰富的建筑创作，他的设计实践与广州近代建筑的风格演变和技术革新产生了紧密联系。新中国成立后林克明对于广州城市规划和建设的直接参与更多，既有总规层面的城市发展研究，也有对于城市区域建设至关重要的建筑单体设计。在长期的职业生涯中，林克明的建筑实践与广州城市建筑发展关系密切，对其相关作品的解读能够为城市研究提供新的视角和更加鲜活的细节，这是个体建筑师研究在城市角度上的创新意义，同时这种经历也赋予了林克明对待建筑创作时的城市视野和整体观。

4. 在长期创作过程中林克明形成了完整、全面的学术思想和建筑观念，这一思想体系的形成既有客观基础，也是在不断的实践探索中发展而来，具有历史价值与现实意义

林克明通过众多作品和不断发表的学术文章，逐步建立起个人的完整建筑观念，包括设计思想、城市观点和教育理念，这体现出林克明建筑实践活动的全面性与丰富性。在学术思想形成的过程中，岭南地区独特的经济状况、思想潮流和文化传统是其客观背景与社会基础，而建筑师的成长环境、职业经历和个性特征也有着明显的影响，并且随着建筑活动的进行，学术思想体系得到了不断地发展与深化。与同时代岭南其他建筑师相比，林克明的建筑思想具有视野开阔、宏观全面、开拓性强的特点，在设计观念上表现为重视建筑的现代性、适用性、经济性与整体性，在城市规划中注重制度层面的城市建设研究，并有重实践、重技术的现代主义建筑教育理念，这些观点中虽带有一定的时代局限，但仍具有较强的现实意义和借鉴价值。

5. 林克明的建筑创作对岭南当代建筑创作和建筑教育的启示

1）对建筑教育的启示

林克明参与创办的广东省立勤勤大学建筑工程系开创了近代岭南的建筑专业教育，当时林克明没有跟随最常见的学院派教育体系，而是依据世界先进的现代主义建筑思想来设置课程，形成了重视工程实践和建筑技术的教学特点，这一方向的奠定使岭南建筑教育在其后的发展中相对平稳，自身优势与特色明显，培养出了大量社会急需的专业人才。通过对建筑教育的参与和关注林克明逐渐形成了结合实际的教育观，提出学校教学的方针在于适合社会需要、教育理念要符合世界先进建筑潮流、应注重综合能力和实践能力的培养等观点，今日对于逐渐与国际接轨的中国大专院校建筑学教育而言，这些观点仍十分适用。

同时，从林克明的自身成长中发现，他出身于学院派古典教育体系，却能依靠实践中的自学和思考来完善中国传统风格新建筑的创作，同时又积极实践和推广现代主义建筑，这种学习能力和适应力既得益于留学期间培养的扎实的美学功底和形式能力，也因为在留学期间并非完全封闭于学校教育，而是通过开明的老师、社会实习等多种途径接触到国际新思想。由此可知，建筑教育不应放松对基本建筑能力和艺术修养的培训，但也应当以更开放的思路鼓励学生广泛吸纳，增强自我学习能力。

2）对建筑创作的启示

作为成功的职业建筑师，林克明一生重要作品颇丰，也形成了关于建筑设计的固有观念，因其工作时期的社会文化状况和经济条件，他在设计时极为重视建筑的功能适用、经济合理和技术可行，体现出在时代背景下对于建筑工业化和现代化发展的个人思路和主动应对。尽管今日建筑的创作环境和经济条件已与以前大不相同，但鉴于一些建筑创作当中为追求标新立异而罔顾实际需求和施工造价的情况时有发生，这种对于建筑设计本质要素的把握和重视仍能引发思索与启迪。

同时，林克明强调要从城市整体环境和社会公众福祉的角度看待单体设计，强调在尊重环境的基础上仔细推敲建筑本身的形式和构图关系。在当前的高速发展过程当中，城市环境日益恶化，建设速度虽快但城市面貌雷同，个性特征缺失，个别建筑甚至有哗众取宠的设计倾向，针对这一状况林克明基于整体的设计观点大有裨益和可借鉴之处。

从另一方面来说，林克明后期的作品因过于强调官方意识形态特征而固步不前，遭人诟病，这种局限和缺憾令人更加明确保持设计师独立思考和自由创作环境的重要性，也是进一步推动建筑创作繁荣发展的思想认识和前提基础。

附 录

附录1　林克明建筑设计作品汇总表①

项目名称	设计时间	建设时间	地点	风格	承担职务	合作者	备注	照片/图片
汕头市政府工务科时期（及之前）								
天喜堂商店	1926年	—	广州市下九路117号	传统式	设计	—	回国后第一个设计。5间铺位的商住楼，后林克明建筑事务所设在这里。已拆，现址为荔湾广场	
汕头市公园规划	1926~1927年	1928年	汕头市	—	参与设计与选址	—	今中山公园	—
汕头街区规划	1926~1928年	—	汕头市	—	参与设计	—	调研后认为当时沿街退缩的方式不可取	—
广州市工务局时期								
中山图书馆	1928年	1929年	广州市文德路	中国固有式	设计	—	原广府学宫旧址	
中山纪念堂	1927年4月	1928~1931年	广州市东风中路	中国固有式	技术审核及施工监理	—	设计者为吕彦直	

① 根据《中国著名建筑师林克明》、《广州中山纪念堂》、《世纪回顾——林克明回忆录》、《广州市中山纪念堂（1920—1938）》、《岭南近现代优秀建筑1949—1990》、《林克明年表及林克明文献目录》、《林克明早年建筑活动纪事》、《岭南近现代优秀建筑1949—1990》和实地调研整理绘制。图片来源：实地拍摄，《中国著名建筑师林克明》、《岭南近现代优秀建筑1949—1990》、《广东百年图录》、旧期刊（《新建筑》、《良友画报》、《广州民国日报》、《广州市工务报告》、《广州指南》），网络图片。

续表

项目名称	设计时间	建设时间	地点	风格	承担职务	合作者	备注	照片/图片
广州市市府合署	1929年8月～1929年10月	1931年4月～1934年10月	广州市越秀区府前路	中国固有式	设计	唐锡铸，谭励臣（助手）	设计竞赛第一名。今市府大楼	
平民宫	1929～1930年	1930～1931年	大南路高第街旧军事厅	摩登式	设计	—	尚存，面貌改变较大	
天文台办公楼	1930年	—	广州市	摩登式	设计	—	—	
市立二中教学楼	1930年	—	广州市黄沙大道54号	西洋古典	设计	—	今广州市第一中学。而现在的广州二中则是原市立一中，校址互换	
市立医院化验室	1932年	—	广州市盘福路1号	—	设计	—	已拆。1952年市立医院与方便医院合并为今广州市第一人民医院	—
唐拾义商店之一	1932年	—	广州市下九路	—	设计	—	—	—

续表

项目名称	设计时间	建设时间	地点	风格	承担职务	合作者	备注	照片/图片
黄花岗七十二烈士墓规划	1932年	1932～1933年	广州市先烈中路黄花岗	—	参与设计	杨锡宗	—	
黄花岗七十二烈士墓牌楼	1932年	1932～1933年	广州市先烈中路黄花岗	新古典	参与设计	杨锡宗	—	
勷勤大学工学院教学楼	1933年	1933～1935年	广州市海珠区石榴岗	摩登式	设计	黄森光、朱志杨	此外设计了校园总体规划。现为军事禁区	
勷勤大学师范学院教学楼	1933年	1933～1935年	广州市海珠区石榴岗	摩登式	设计	黄森光、朱志杨	—	
勷勤大学第一、第二宿舍	1933年	1933～1935年	广州市海珠区石榴岗	摩登式	设计	—	—	

续表

项目名称	设计时间	建设时间	地点	风格	承担职务	合作者	备注	照片／图片
林克明建筑工程师事务所时期（抗战前）								
国立中大农学院教学楼	1933年	1933~1935年	广州市石牌	中国固有式	方案设计	—	未实施。还有部分小建筑此处未列，详见第三章表3-2	
国立中大农学院农林化学馆	1934年	1934~1935年	广州市石牌	中国固有式	设计	—	今华南农业大学工程学院2号楼，工程学院	
国立中大理学院化学教室	1933年	1933~1934年	广州市石牌	中国固有式	设计	—	今华南理工大学建筑红楼6号楼。一说非林克明作品，因图纸不存，难证实	
国立中大理学院生物地质地理教室	1934年	1934~1935年	广州市石牌	中国固有式	设计	—	今华南农业大学5号楼，环境资源学院	
国立中大理学院物理数学天文教室	1934年	1934~1935年	广州市石牌	中国固有式	设计	—	今华南农业大学生物系4号楼，生物系	

续表

项目名称	设计时间	建设时间	地点	风格	承担职务	合作者	备注	照片/图片
国立中大理学院化学工程学教室	1933年	1933~1934年	广州市石牌	中国固有式	设计	—	今华南理工大学7号楼	
国立中大法学院教学楼	1933年	1933~1935年	广州市石牌	中国固有式	设计	—	今华南理工大学12号楼	
国立中大男生宿舍	1934年	1934~1935年	广州市石牌	中国固有式（有简化）	设计	—	今华南农业大学学生第一、第二、第三、第四宿舍	
国立中大膳堂	1934年	1934~1935年	广州市石牌	中国固有式	设计	—	今华南农业大学校园咖啡馆	
林直勉住宅	1933年	—	广州市梅花村	现代	设计	—	已拆，原址位于陈济棠公馆东侧，1991年拆除建住宅楼	—
李扬敬住宅	1933年	—	广州市梅花村	现代	设计	—	已拆，原址位于陈济棠公馆西南侧	—

续表

项目名称	设计时间	建设时间	地点	风格	承担职务	合作者	备注	照片/图片
蒋光鼐住宅	1933年	—	广州市梅花村	现代	设计	—	已拆	—
刘纪文住宅	1933年	—	广州市梅花村	现代	设计	—	已拆	—
黄居素住宅	1933年	—	广州市梅花村	现代	设计	—	已拆	—
张景陶住宅	1933年	—	广州市竹丝岗	—	设计	—	—	—
卢德住宅	1933年	—	广州市新河埔	—	设计	—	—	—
黄巽住宅	1933年	—	广州市	—	设计	—	—	—
何炽昌住宅	1934年	—	广州市西关	—	设计	—	—	—
麦韶住宅	1934年	—	广州共和路	—	设计	—	—	—
国民党党委办公楼	1934年	—	广州市	—	方案设计	—	未实施	—
唐拾义商店之一	1934年	—	广州市西濠口	—	设计	—	—	—

续表

项目名称	设计时间	建设时间	地点	风格	承担职务	合作者	备注	照片/图片
留法同学会	1934年	—	广州市文德路75号	现代	设计	—	曾改作广东省文联办公用	
金星戏院	1934年	—	广州市第十甫恩宁路265号	装饰艺术风格	设计	—	后改名为金声电影院，现拆除后剩沿街立面	
模范戏院	1934年	—	广州市第十甫	—	设计	—	已拆	—
大德戏院	1934年	—	广州市解放南路	装饰艺术风格	设计	—	已拆	
新星戏院	1934年	—	广州市中山五路与起义路交界处	—	设计	—	1994年地铁1号线建设时已拆	—

续表

项目名称	设计时间	建设时间	地点	风格	承担职务	合作者	备注	照片/图片
东乐戏院	1934年	—	广州市中山四路，文德路对面	—	设计	—	已拆。后改为红旗剧场，演出粤剧	
广东省教育会会堂	1935年	—	广州市教育路	现代	设计	—	今南方剧院，面貌已改	
林克明住宅之一	1935年	—	广州市越秀北路394号	现代	设计	—	广州私人住宅设防空室之首创，仍存	
知用中学教学楼	1935年	—	广州市百灵路83号	现代	设计	—	周围均树，难拍全貌	
知用中学实验楼	1935年	—	广州市百灵路83号	现代	设计	—	—	—
市立女子中学	1935年	—	广州市小北路	现代	设计	—	今广州空军驻地，军事区	—

续表

项目名称	设计时间	建设时间	地点	风格	承担职务	合作者	备注	照片/图片
广东省府合署	1935年	—	广州市石牌	中国固有式	设计	—	设计竞赛金牌奖，未实施	—
大中中学校舍	1936年	—	广州市越秀区小北路216号	装饰艺术风格	—	—	今广州市第17中学 外墙原为黏土红砖，现改为贴面砖	
邹爱孚住宅之一	1936年	—	广州市德政中横街	—	设计	—	—	—
邹爱孚住宅之二	1936年	—	广州市德政中横街	—	设计	—	—	—
林克明某住宅	1937年	—	广州农林下路	—	—	—	因林克明其后自己不愿提起，关于此处建筑情况不详	—
林克明建筑工程师事务所时期（抗战爆发后至新中国成立前）								
翟瑞元住宅	1947年	—	广州市	—	设计	—	—	—
唐太平医院	1947年	—	广州市和尚冈	—	设计	—	平房式	—

续表

项目名称	设计时间	建设时间	地点	风格	承担职务	合作者	备注	照片/图片
徐家烈住宅	1947年	—	广州市越秀北路243号	现代	设计	—	已拆。多处文献记为1937年，后从回忆录中分析是在医院之后建，从蔡德明处证实	
林克明住宅之二	1947年	—	广州市越秀北路400号	—	设计	—	已拆。瓦屋面砖木结构平房，后林克明长期居住于此	—
张宗锷住宅	1947年	—	广州市豪贤路48号	现代	设计	—	风格类似394号住宅，但更简陋一些	
黄埔建港管理局规划处时期								
黄埔旧港规划	1950年	—	广州市黄埔港	—	主持方案设计	莫俊英等	对发展规模、交通等方面做了规划设计，后未完全实施	—
长洲海军基地	1950年	—	广州市长洲岛	—	兼职	罗明燏	—	—
城市建设计划委员会时期								

续表

项目名称	设计时间	建设时间	地点	风格	承担职务	合作者	备注	照片/图片
广州市总体规划初稿	1951~1952年	—	广州市	—	指导设计	谭天宋、罗明燏、陈伯齐、夏昌世、梁亮槛等	划定工业区，道路系统的初步规划	—
旧工人住宅，十个新村规划	1951~1952年	—	广州市区内	—	指导设计	—	参照天津的设计，由工建会完成	—
华南土特产展览会总平面	1951~1952年	1951~1952年	广州市西堤二马路37号	—	主持设计	陈伯齐、夏昌世、杜汝俭、谭天宋、冯汝能、余清江、朱石庄、黄远强、郭尚德等	今文化公园。新中国成立初期的第一项工程，以专家为首集体创作的先例	
华南土特产展览会工矿馆	1951~1952年	—	广州市西堤二马路37号	现代	设计	—	又名生产资料馆或生产器材馆，1980年拆除	
华南土特产展览会剧院	1951~1952年	—	广州市西堤二马路37号	—	设计	—	又名文化娱乐部	—

续表

项目名称	设计时间	建设时间	地点	风格	承担职务	合作者	备注	照片/图片
华南土特产展览会门楼	1951~1952年	—	广州市西堤二马路37号	现代	设计	—	—	
海珠广场规划	1951年	—	广州市海珠区	—	参与设计	—	没有采用高标准	—
建筑工程局时期（局长兼设计院院长）								
*中山纪念堂维修②	—	1953、1957、1963年	广州市东风中路	—	指导维修	—	—	—
*光孝寺维修	—	—	广州市越秀区光孝路	—	指导维修	现场负责 余清江	主要解决白蚁蛀蚀问题	—
*广州农民运动讲习所	—	—	广州市中山四路	—	指导维修	—	基本按照原样维修	—
*中共广州市委办公楼	1952年	—	广州市越华路	—	指导设计	—	—	

② #号为方案评定和审议项目，*号为项目指导设计，非主要设计人。

续表

项目名称	设计时间	建设时间	地点	风格	承担职务	合作者	备注	照片/图片
市建筑工程局办公楼	1954年	—	广州市广卫路	—	设计	—	—	—
南方大厦修复	—	1954年	广州市西堤二马路34号	—	主持设计	杨元熙、佘畯南、陈维新、谭伯康、麦禹喜、朱石庄、张普光等	国内首例维修加固遭受烧后的高层建筑物工程	
中苏友好大厦	1955年	1955年	广州市流花路	现代	方案及主持设计，设计施工总负责	麦禹喜、佘畯南、金泽光、莫耀铭、杨永棠、王绥之等	原貌不存，现址为中国出口商品交易会展馆。设计追求减少装饰，节省费用。总负责人：麦禹喜	
华侨大厦	1956年	1957年	广州市海珠广场侨光路8号	现代	方案及主持设计	麦禹喜、朱石庄、伍诚信、郭汉昌等	已拆，原址建华夏大酒店。为广州第一间专门接待海外侨的宾馆。总负责人：麦禹喜	
广州体育馆	1956年	1957年	广州市解放北路与流花路交界处	现代	主持设计	杨思忠、龙炳芬、谭伯康等	已拆，钢筋混凝土大屋架当时属国内之最，全国九大薄壳结构建筑中的第一个。总负责人：杨思忠	

续表

项目名称	设计时间	建设时间	地点	风格	承担职务	合作者	备注	照片 / 图片
*广州市总工会办公楼	1956年	—	广州市东风西路	—	指导设计	—	总负责人：麦禹喜	—
*广州市总工会礼堂	1956年	—	广州市东风西路	—	指导设计	—	总负责人：莫耀铭	—
广东科学馆	1957年	1958年	广州市越秀区连新路171号，中山纪念堂西侧	改良的民族式	设计	谭荣典、丘文博等	全国第一个科学馆，风格与中山纪念堂协调	
华侨新村	1957年	1957~1964年	广州市环市东路	现代	参与设计	黄适、陈伯齐、金泽光、佘畯南、麦禹喜、余清江、姚集衡	—	
*广东省归国华侨联合会办公楼	1958年	—	广州市海珠广场	—	指导设计	—	总负责人：麦禹喜	—

续表

项目名称	设计时间	建设时间	地点	风格	承担职务	合作者	备注	照片/图片
中国出口商品陈列馆	1958年	1959年	广州市海珠广场	现代	方案及主持设计	麦禹喜、朱石庄、刘耀等	俗称起义路陈列馆，今为海印缤缤广场，室内保存较好，外观改动不大。广东"十大工程"之一	
人民大会堂	1958年	—	北京市	现代	参与方案	—	—	—
*广东科学馆招待所	1959年	—	广州市东风路科学馆院内	—	指导设计	—	—	拍照
广州氮肥厂前区及住宅	1959~1961年	—	广州市车陂	现代	主持设计与施工	—	已拆，原址作房地产开发	
广州重型机械厂	1959年	—	广州市河南	—	主持设计与施工	—	已拆，原址建光大花园住宅小区	—
海军医院综合病区	1959年	—	广州市河南海珠区石榴岗路	现代	设计	—	现为军事区	
*广东地志博物馆	1957~1959年	1959年	广州市文明路215号原广东贡院旧址	改良的民族式	指导设计	朱石庄	后改名为广东省博物馆，下辖鲁迅纪念馆。广东"十大工程"之一	

续表

项目名称	设计时间	建设时间	地点	风格	承担职务	合作者	备注	照片/图片
*广东省农业展览馆	1960年	1960年	广州市先烈中路100号	改良的民族式	指导设计	伍诚信	今中国科学院中南分院。总负责人：伍诚信。广东"十大工程"之一	
羊城宾馆	1960年	1961年	广州市越秀区流花路120号	现代	方案及主持设计	麦禹喜、朱石庄、黄浩、黄扩英、叶乔柱、赵永权、何球、李应成等	今东方宾馆东楼，前加建了裙楼和入口。广东"十大工程"之一	
广州火车站	1960年	1975年	广州市环市西路	现代	方案及主持设计	莫耀铭、黄扩英、祁溦芬等	1975年建成，广东"十大工程"之一	
*越秀宾馆	1960年	—	广州市小北路	—	指导设计	—	总负责人：朱石庄	—
*谊园	1960年	—	广州市海珠广场	—	指导设计	—	—	—
*北京路商店建筑群	1961年	—	广州市北京路	—	指导设计	—	总负责人：莫耀铭	—

续表

项目名称	设计时间	建设时间	地点	风格	承担职务	合作者	备注	照片/图片
*广东迎宾馆二号楼	1961年	—	广州市解放北路	—	指导设计	—	—	—
*市二轻局百货大楼	1961年	—	广州市沿江路	—	指导设计	—	总负责人：蔡德道	—
*市工人医院	1961年	—	广州市长堤	—	指导设计	—	总负责人：蔡德道	—
*市第一人民医院五号楼	1962年	—	广州市人民路	—	指导设计	—	—	—
*中南林学院校舍规划	1962年	—	广州市郊黄婆洞	—	指导设计	—	—	—
*中南林学院教学楼	1962年	—	广州市郊黄婆洞	—	指导设计	—	—	—
*中南林学院住宅	1962年	—	广州市郊黄婆洞	—	指导设计	—	—	—

续表

项目名称	设计时间	建设时间	地点	风格	承担职务	合作者	备注	照片/图片
白云机场候机楼	1964年	—	广州市白云机场	—	参与方案	—	—	—
广州市城市建设委员会时期（副主任）								
*友谊剧院	1965年	1966年	广州市人民北路	现代	指导设计	麦禹喜、佘畯南、朱石庄等	总负责人：佘畯南　方案有特色，南方风格	
*第一人民大桥	1965年	—	广州市	—	指导设计	金泽光	预制装配式桥梁结构	
*新爱群大厦	1965年	1965年	广州市长堤二马路	现代	指导设计	莫伯治、黄俊英、吴威亮、蔡德道、郑昭、黄汉炎等	—	
*广州宾馆	1965年	1968年4月	广州市起义路、海珠广场东北角	现代	指导设计	莫伯治、黄俊英、吴威亮、蔡德道、郑昭、黄汉炎等	高27层，全国首次建设的高层宾馆	

续表

项目名称	设计时间	建设时间	地点	风格	承担职务	合作者	备注	照片/图片
外贸工程设计组时期（组长）								
*流花宾馆北楼	—	1972年10月	广州市环市西路194号	现代	指导设计	—	负责人：黄炳兴	
流花宾馆南楼	1972年12月	1973年	广州市环市西路194号	现代	设计	陈金涛、黄扩英、莫炳文等	南楼为当时的二期建筑，今广州流花服装批发市场，已加建裙楼。负责人：黄炳兴	
*白云宾馆	1973年	1975年	广州市环市中路	现代	指导设计，参与方案	莫伯治、吴威亮、林兆璋、陈伟廉、郑昭、黄汉炎等	经济、适用的原则	
*中国出口商品交易会展馆	—	1974年	广州市流花路北路与解放北路之间	现代	指导设计	—	负责人：陈金涛等	
邮电大楼	1973~1975年	—	广州市	—	方案研究	—	—	—
广州基本建设委员会时期（副主任兼总工程师）								
*杭州宾馆	1976年	—	杭州市	—	方案评议	—	—	—

续表

项目名称	设计时间	建设时间	地点	风格	承担职务	合作者	备注	照片/图片
#长沙火车站	1976年	—	长沙市	—	方案评议	—	—	—
#上海火车站	1978年	—	上海市	—	方案评议	—	—	—
华工建筑设计研究院时期（院长）								
#深圳城市总体规划	1979年	—	深圳市	—	方案评议	陈开庆、杜汝俭等	提出原则性意见	—
#广州城市总体规划	1982年	—	广州市	—	方案评议	—	第15个规划方案	—
*深圳兴业大厦	1980年	—	深圳市	—	指导设计	—	与香港校友合作设计	—
*暨南大学职工住宅	1980年	—	广州市石牌	—	指导设计	—	总负责人：萧裕琴、贾爱琴	—
广州华侨医院	1981年	—	广州市黄埔大道西613号	现代	设计组负责人	夏昌世、杜汝俭等负责，郑鹏、罗宝钿、赵伯仁、冯硕铭等参与	华工设计院、建筑系与香港华工校友合作设计。现入口处有改动	

续表

项目名称	设计时间	建设时间	地点	风格	承担职务	合作者	备注	照片／图片
*台山剧院	1981年	—	广东省台山县	—	指导设计	—	总负责人：孔忠成	—
*台山园林宾馆	1981年	—	广东省台山县	—	指导设计	—	总负责人：左萧思	—
佛山科学馆	1982年	1983年	佛山市汾江中路101号	现代	设计	马端祥等	6000m²规模	
*深圳科学馆	1982年	—	深圳市	—	指导设计	—	总负责人：何镜堂	—
*华南工学院招待所	1982年	—	广州市五山	—	指导设计	—	总负责人：陈开庆	—
*葵花宾馆	1983年	—	广东省新会县	—	指导设计	—	—	—
中山大学铁琚礼堂	1982年	1983年	广州市河南康乐中山大学内	现代	设计与总负责	傅肃科、刘炳炽、郑爱群、魏长文等	装修从简，适用。仅次于中山纪念堂的第二大礼堂	

续表

项目名称	设计时间	建设时间	地点	风格	承担职务	合作者	备注	照片/图片
广州大学实验楼	—	1983年	广州市麓景西路41号	现代	设计	马择生、杨造伟等	今广州市广播电视大学实验楼，现状保存较好。拟订学校总体规划	
华南理工大学23号教学楼	1984年	1986年	广州市五山	现代	设计	孙文秦、张发明等	采用了民族式的装饰细部以配合法学院大楼	
*华南理工大学建筑设计院办公楼	1984年	—	广州市五山	现代	指导设计	—	总负责人：林永祥	—
市人委礼堂	1985年	—	广州市	现代	方案设计	—	—	—
扑文化假日酒店	1985年	—	广州市环市东路	现代	方案审定	—	与新加坡建筑师合作设计	
爱华医院	1986年	—	广州市执信路	—	设计	—	未实施	—

附录2　林克明生平事迹[①]

1900年7月11日

出生于广东省东莞县石龙镇一个商人家庭。8岁时在香港入读私塾。稍后进入香港圣士提反英文书院学英文。14岁时考入广东高等师范学校附中。

1908年

在香港读私塾，后入读圣士提反英文书院。

1913年

入读广东高等师范附属中学。

1918年

考入广东高等师范学校英语系。

1920年7月

赴法国马赛勤工俭学。

1922年6月24日

考入里昂中法大学，在里昂中法大学学习法语一年。

首先攻读中国哲学，并准备写作关于孔子的论文。然而，在里昂美术专科学校接触到建筑学之后，他放弃哲学专业开始到里昂建筑工程学院进修建筑学，导师是里昂著名建筑师Tony Garnier。

1926年

法国里昂建筑工程学院毕业。随后在巴黎AGASCHE建筑设计事务所实习。

同年暑假回国，在广州为友人设计在广州下九路"天喜堂"5座5层商住楼的改建工程。

1926年冬~1928年

出任广东省汕头市政府工务科科长。参与制订汕头市街道规划。负责道路工程及城市规划方案。参与设计规划了公共公园（现中山公园）。

1928~1933年

任广州市工务局设计课技士。其间，还先后兼任或受聘广州中山纪念堂工程顾问，省立建筑专门学校和工业专门学校（勤勤大学工学院前身）教授，市立第一职业学校部分钟点讲座。完成中山图书馆工程建筑方案、广州市政府合署办公楼建筑方案（并获第一名）、广东省政府合署方案（获金牌奖）等项目。

其中，1929~1931年

任广州中山纪念堂建设委员会顾问工程师。

1929~1931年

任广东省立工业专门学校兼职教授。

1931~1938年

出任广东省立勷勤大学建筑工程系系主任、教授。

1934年

辞去广州工务局公职，专任广东省立勷勤大学工学院建筑工程系教授兼系主任。

1933~1949年

成立林克明建筑工程师事务所，对外承接建筑工程设计，承担了国立中山大学农学院、理学院和法学院共7座教学楼和若干座学生宿舍、会堂以及广州多间学校、戏院和高级住宅（包括林直勉、刘纪文、蒋光鼐等人的高级公馆）的工程设计。事务所于1949年结束。

1935年

自费赴日本考察，与胡德元教授同行。

1937年

抗战爆发，勷勤大学内迁。

1938年

广州沦陷，云浮受轰炸，勷勤大学裁撤，工学院并入国立中山大学，建筑工程系成为中大工学院新设的专业。

1938~1945年

辞去教职后抗战8年间辗转于广西、云南、越南海防、西贡等地，后避居越南乡间，并在西贡开设皮革小厂，以做猪皮制革为生。

1946~1950年

光复后重返广州，出任国立中山大学工学院建筑工程系教授。

1949年

广州解放，被推荐为中大接管委员会委员。

1950年

出任广州市黄埔建港管理局规划处处长。

1951年

出任广州市港务局计划处处长。

1950~1952年

任广州市城市建设计划委员会副主任，市码头整理委员会委员。其间，还被聘为海军广州基地总工程师。规划设计了黄埔港码头工业区和生活区，海军医院门诊部和住院部等一系列民用和军用设施，还拟定了一份《广州市城市总体规划初步设想方案及说明书》。主持了华南土特产展览会、海珠广场、工人住宅小区的设计施工工作。

1950年11月～1952年12月

连续出任广州市第三、第四、第五届各届人民代表会议代表，在第三届时被推荐为协商委员会委员。

1952年

出任广州市建筑工程局设计处处长。

1952～1959年

组建广州市设计院，出任院长、总建筑师。其间，主持了广州中山纪念堂、光孝寺、广州农民运动讲习所等著名建筑物的维修工程，先后设计了中苏友好大厦、广州体育馆、华侨大厦、广东科学馆等项目。1958年，受中央和建工部之邀，赴北京参加首都迎国庆10周年十大建筑的评议暨人民大会堂草图方案的设计工作。主持了广州"迎国庆十大工程"的设计与施工，先后完成了中国出口商品陈列馆、广州火车站、农业展览馆、鲁迅纪念馆、羊城宾馆（今东方宾馆）、水上居民住宅等多项工程的设计与建造。

1953～1955年

出任广州市建筑工程局副局长。

1955～1964年

出任广州市建筑工程局局长。

1952～1981年

出任广东省建筑学会理事长。

1953～1978年

出任中国建筑学会常务理事、副理事长。

1954～1966年

连续当选为广州市第一届至第六届市人民代表大会代表，全国第一届至第三届人民代表大会代表，并被选为第一至第六届广州市人民政府委员会委员。

1955年

出任广州市城市建设委员会副主任。参加以城市建设部部长万里为团长的中国建筑界访苏代表团，赴前苏联访问考察。

1957年

加入中国共产党。出任广州市城市建筑设计院院长。

1958年

兼任广州市土木建筑工程技术学校校长。

1959年

出任广州市城市规划委员会专职副主任。出席国家建工部在上海召开的全国建筑艺术座谈会。

1960年

出任广州市委副主任委员。

1963年

出席在古巴哈瓦那举行的第七届国际建筑师协会（UIA）会议。

1964～1965年

出任广州市建筑科学研究所所长。

1965～1968年

调任广州市城市建设委员会副主任，广州基本建设委员会副主任。其间，出任广州市人民大桥指挥部副总指挥，主持了人民大桥的设计和施工，参与了新爱群大厦（即人民大厦）的方案设计。

1966～1972年

"文革"期间"靠边站"，下放"五七"干校。

1972～1974年

出任广州市设计院革命委员会副主任、总工程师，副院长，广州外贸工程领导小组成员兼设计组组长，先后主持与指导设计了白云宾馆、广州交易会新展馆、流花宾馆等项工程。

1974～1984年

恢复广州市基本建设委员会副主任职务，任总工程师，负责计委列项工程及设计院工程设计的审批工作。

1978年

出任广州市科协副主席。出席在北京举行的全国科学大会。

1978～1983年

当选为全国政协第五届委员会委员，增补并连任政协广州市委员会第四届、第五届副主席。

1979～1984年

受聘为华南理工大学（当时称华南工学院）建筑系教授。组建成立华工建筑设计研究院并任首任院长。其间，单独或与人合作设计了佛山科学馆、广州华侨医院、华工大23号教学楼、中山大学梁铢琚礼堂、广州大学实验楼等工程项目。参与论证和制订深圳特区的建市规划。

1983~1990年

出任广州市设计院顾问。

1983年

当选为政协广东省第五届委员会常委。

1986~1990年

参与广州文化假日酒店设计方案的审定及工程竣工验收。

1990年

在广州市设计院退休。

同年，广州市建筑学会、广州市设计院、华工建筑设计研究院、广州市规划局等5个单位联合举办了"林克明90岁寿辰祝寿大会"，以表彰他为我国的建筑事业所作出的突出贡献。

1990年7月

为表彰对工程技术事业所作的突出贡献，被授予中华人民共和国国务院政府特殊津贴并获颁证书。

1992年

被中共广州市委、广州市人民政府授予年度广州市优秀专家、学者称号。

同年，一本由科学普及出版社出版的反映林克明历年建筑作品的专辑画册——《中国著名建筑师林克明》出版。

1999年3月2日

病逝于广州，终年99岁。

附录3　林克明学术文章与著作

序号[②]: 1

标题: 什么是摩登建筑

发表于:《广东省立工专校刊》

时间: 1933年7月

内容简介: 本文首先介绍了摩登形式的艺术由来以及何为摩登形式, 并结合作者的理解对之进行总结, 认为"假借能动的交通的形式为不能动的建筑物的外形"是摩登建筑组成美的原则, 其后针对摩登建筑的设计提出应注意的几个问题, 包括注重实用性、全面性和材料的恰当运用等。最后对摩登建筑的形式风格和手法进行分类, 以四张图片配合说明此四类设计手法, 分别为: 平天台、大片玻璃、横向带形窗和虚实分明。本文是林克明发表的第一篇学术论文, 文章通过对摩登式建筑设计的介绍和分析开启了现代主义建筑思潮在岭南的传播。

序号: 2

标题: 国际新建筑会议十周年纪念感言(1928—1938)

发表于:《新建筑》[③]

时间: 1940年5月20日

内容简介[④]: 20世纪20年代末期, 受科技发展与社会科学的革新思想及印象画派对建筑造型等的影响, 新建筑在孕育成长。作者1920~1926年在法国留学, 亲历其境。1928年组成国际新建筑会议(CIAM), 反对学院派(Beaux-art), 讨论科技进步对建筑的影响, 指出建筑师的使命是表达时代精神, 反映现代物质生活。建筑形式应随社会经济等因素而变。按此理念, 当时我国某些建筑脱离实际, 已成为"时代的落伍者"。

序号: 3

标题: 广州中苏友好大厦的设计与施工

发表于:《建筑学报》

时间: 1956年3月

内容简介: 从基地选择、平面布局、土建装修等方面详细介绍了1950年代广州的重要建筑中苏友好大厦的设计细节, 并着重介绍了如何从实际出发, 经济、高效地完成具有适应性的方案, 对设计中的不足之处也进行了总结。因该建筑按照要求在短时间内建造完成，造价合理，符合使用要求，因此文章最后介绍了施工中采用的施工方法和技术手段，尤其在施工流程安排和特殊的构造做法上进行了详细、深入的阐述，体现出作者相当重视结合实际的合理的设计手法，对当时其他建筑设计具有较强的借鉴价值。

序号：4

标题："我对展开"百家争鸣"的几点意见

发表于：《建筑学报》

时间：1956年7月

内容简介：本文是特殊政治年代中的一次针对性发言，严格意义上并非学术论文，不过文章比较集中地围绕在建筑设计的优劣评判和如何提高创造性等方面讨论，提出影响设计水准的几个问题，包括：建筑师的技术水平和艺术修养不足，设计力量薄弱，迷信权威、盲从业主、无主见，过于主观、不参与合作。最后，文章认为建筑中的"争鸣"就是要多讨论，多交流，提高建筑师的积极性和创造性。

序号：5

标题：广州体育馆

发表于：《建筑学报》

时间：1958年6月

内容简介：本文是广州体育馆设计工作的介绍与总结，主要介绍了建筑的总体布置、平面布局和外观造型，由于体育场馆设计的特殊性，文章中对视线、疏散、采光、通风和音响等功能设备方面的设计情况、造价情况和材料使用介绍颇为详尽，总结了施工中的宝贵经验，指出广州体育馆是一个造价经济、功能适用的建筑，这些经验对于当时重要的公共建筑的设计很有参考价值。

序号：6

标题：十年来广州建筑的成就

发表于：《建筑学报》

时间：1959年8月

内容简介：本文分别从国民经济恢复时期（1949～1952年）、第一个五年计划（1953～1958年）、"大跃进"时期（1958年后）三个阶段总结了广州市在城市建设和工业与民用建筑发展等方面的各种成果，在总结中强调了对民族形式的理解和降低造价、反对浪费的原则，提出对广州地方建筑形式和风格的研究要进一步加强，要重视城市规划的作用，在建筑设计中应加强合作和集体创作等观点。

序号：7

标题：广州几项公共建筑设计

发表于：《建筑学报》

时间：1959年8月

内容简介：本文与佘畯南、麦禹喜合写，介绍了参与设计的广州几项比较重要的公共建设项目，分别是市委招待所、羊城宾馆、广州铁路车站、广东歌剧院、农业展览馆、广东省地志博物馆和中国出口商品陈列馆新厦，对于每个建筑的规模、平面布局、外形设计、装修材料和造价等均作了简介，这些作品是林克明新中国成立初期比较具有代表性的建筑设计，文章具有较强的资料价值。

序号：8

标题：关于建筑风格的几个问题——在"南方建筑风格座谈会"上的综合发言

发表于：《建筑学报》

时间：1961年8月

内容简介：本文是林克明在1960年代关于建筑风格和建筑创作问题的一次全面而具体的论述，反映了他在当时对于这些问题的观点和想法。首先，对于建筑风格，他认为在共同的方针下应允许不同风格存在，但应以集体创作为主，不应过于追求个人意识。其次，文章分析了建筑风格的客观基础是多方面的综合反映，首要是生产方式和社会意识形态，但建筑结构和材料的影响也不可忽视。文章强调应把握传统与革新的正确关系，以传统为基础，以革新为主导，最后针对南方建筑的具体风格特点，对以下几方面问题进行了深入分析：总平面布局和园林绿化，个体建筑的平面布局，造型设计、遮阳降温和骑楼的做法。

序号：9

标题：关于建筑现代化和建筑风格的一些意见

发表于：《建筑学报》

时间：1979年1月

内容简介：粉碎"四人帮"后，中国建筑学会建筑设计委员会于1978年10月22日在广西南宁召开恢复活动大会，并就建筑现代化和建筑风格问题进行座谈讨论，全国各地设计系统的主要负责人均发表了谈话。本文并非正式发表的论文，而是整理集结了座谈会上的讲话。林克明的发言不长，首先强调了建筑现代化离不开工业化，因而施工组织和管理水平必须重视提高，其次提出建筑的现代化需要从规划和城市管理的整体角度出发，国家要有统一的制度、投资、设计和施工。

序号：10

标题：广州城市建设要重视文物古迹的保护

发表于：《南方建筑》创刊号⑤

时间：1981年

内容简介：本文与邓其生合写，详细介绍了广州历朝城市建设的历史和留存的文物建筑状况，结合实例对文物古迹保护现状进行了说明，并进一步论述了保护文物古迹的重要性和必要性，提出文物保护的做法和对策，例如从城市规划建设的角度开展工作，进行文物建筑普查分级和划分保护区，做好旧城区的改造，尽量挖掘发展文物建筑和旧区的文化特色。

序号：11

标题：广州中山纪念堂

发表于：《建筑学报》⑥

时间：1982年3月

内容简介：本文全面介绍了广州著名近代建筑中山纪念堂的建筑设计特点，包括纪念堂的选址、总平面布局和建筑设计构思，集中阐述了中山纪念堂在设计中如何将民族形式运用于特大体量的会堂建筑中。文章的后半部分则详细介绍纪念堂在新中国成立后进行修缮的相关情况，主要集中于对建筑结构和音质、空调等现代化设备进行维修、改善和增加的过程细节，是一篇关于中山纪念堂建筑设计与修缮的技术性文章。

序号：12

标题：广州市政建设几项重点工程忆述

发表于：广州文史资料·南天岁月第37期

时间：1987年11月

内容简介：本文主要介绍陈济棠主粤期间林克明在工务局担任技士时参与的几项广州重要的市政建设工程的具体情况，包括市立中山图书馆、中山纪念堂、市府合署、国立中山大学石牌新校区和海珠桥的建设。此外，对于当时市政府完成的全市道路交通系统的全面规划和街线整理以及内港的建设工作也在文中进行了介绍。

序号：13

标题：陈济棠与勤勤大学

发表于：广州文史资料·南天岁月第37期

时间：1987年11月

内容简介：本文为新中国成立前广东省立勤勤大学的筹措和创办过程介绍，而且比较详细地讲述了陈济棠提议创办勤勤大学的缘由和其中的历史渊源，以及勤勤大学在政局变动中的发展经过和最终裁撤停办的整个历史过程。

序号：14

标题：广州城市建设的发展与展望——兼论广州市城市发展方向

发表于：《中国著名建筑师林克明》

时间：1991年9月

内容简介：本文从历史和现实的角度研究广州城市发展的轨迹，并对未来的发展方向提出设想。文章首先回顾了广州历史上尤其是新中国成立以来城市建设的基本情况，并针对城市现状问题提出加强旧城改造，调整城市布局，控制城市人口，加强环境规划，控制建筑物高度，保护文物古迹，改革土地使用，加强城市规划管理体制等多条切实、深入的意见，并对广州城市结构的发展提出了以带形组团向东发展的设想，希望建立起从广州到香港的城市走廊。最后，对于未来广州的城市规划和建设工作高瞻远瞩地从资金、教育和公众评议等几方面指出了应注意的问题。

序号：15

标题：对于建筑现代化问题一点浅见

发表于：《中国著名建筑师林克明》

时间：1991年9月

内容简介：本文是对于建筑的现代化和民族性等问题的思索和讨论。文章认为建筑不仅是艺术还有功能要求，因而建筑的外在和内在上都应合乎科学规律，满足功能、经济、技术等要求。此外，建筑的现代化还包括建筑工业的现代化，要从整体环境和城市角度考虑建筑的现代化而不仅是从个体建筑出发。关于建筑的民族性文章认为传统应当继承但不应局限于形式，应从平面、绿化、小品、装修等多方面综合学习传统建筑的技巧，因地制宜，反对全盘西化，反对千篇一律，加强交流和创新。

序号：16

标题：建筑教育、建筑创作实践六十二年

发表于：《中国著名建筑师林克明》[⑦]

时间：1991年9月

内容简介：本文写于1989年10月，为林克明对自己长期从事建筑设计和建筑教育工作的历史回顾与总结。文章首先通过对职业历程中的重要阶段的回忆，分析和总结其中代表建筑项目的设计过程和经验，得出作者本人对于建筑创作、传统创新、建筑环境、建筑艺术和建筑技术等方面的观点和心得。其次总结了建筑设计中采用的基本方法，包括设计的规律和表现，设计时需要进行的分析和新设计方法的应用等。最后对建筑师素质培养和建筑教育改革等问题提出看法和意见。这篇文章既是个人职业生涯的基本总结，也详尽、深入地反映了林克明在建筑设计和建筑教育等多方面的学术观点。

序号：17

标题：对当前国内建筑创作的看法

发表于：《世纪回顾——林克明回忆录》

时间：1995年12月

内容简介：针对1990年代国内建筑创作出现的繁荣发展的局面，本文在肯定成就的基础上从几个方面提出了建筑创作中应注意的问题，包括要符合国情不应攀比浪费，要考虑环境效益注重整体，要有文化内涵不要盲目崇洋，要从实际出发不要形式主义，最后结合以上思考提出了对建筑作品的评价标准问题。

序号：18

标题：现代建筑与传统庭院

发表于：《南方建筑》[⑧]

时间：2010年3月

内容简介[⑨]：现代建筑以人为本，核心是空间，包括形状、尺度、界面处理（虚与实）、相互关系等。建筑三要素的"分量"要恰如其分，不应片面，免伤及其他。创新应从本土工业化水平、社情民意、自然与资源条件、文化渊源等出发，不应是对外来理念与形式的强求。庭院能使室内空间"解放"，接近大自然。现代技术与材料进步，传统庭院大有发展。

序号：19

标题：《世纪回顾——林克明回忆录》[⑩]

出版时间：1995年12月

内容简介：本书为林克明九旬高龄时在他人帮助下所著的回忆录，内容包括了从他少年时期赴海外求学直至80多岁从教学和科研岗位退休这段几乎跨越了一个世纪的漫长的人生履历，详细记录了他在不同的历史年代从事各种类型的工作时所完成的建筑实践活动和经历的社会变迁，尤其是对新中国成立后参与的政府工程和学术活动等方面的记录尤为详尽，是一份难得的了解20世纪建筑从业者和知识分子经历与心路历程的历史文献，具有较高的史料价值。

[注释]

① 根据《世纪回顾——林克明回忆录》、《中国著名建筑师林克明》、《林克明年表及林克明文献目录》、广州档案馆、里昂中法大学（1921~1946年）回顾展（http://www.bm-lyon.fr/lyonetlachine/vc/linkeming.html）、城市规划网、广州市政府市政公报等相关资料整理。

② 序号按照文章发表或写作时间排序。

③ 文章写作于1938年5月，因战乱原因于1940年5月在《新建筑》第7期上发表，《南方建筑》2010年第3期重新刊登，原文有删节，附图省略，到会各国官员名单及会议日程时间表均略去。

④ 论文在《南方建筑》重新发表时由蔡德道整理、添加摘要，此处抄录。

⑤ 《中国著名建筑师林克明》一书中收录。

⑥ 同上

⑦ 《南方建筑》杂志1995年第2期发表。

⑧ 本文为作者去世后遗物中发现的手稿，未发表，未注明写作时间，据推断应为1980年代中期，后经蔡德道整理后发表于《南方建筑》，发表时将文中失去时效性的一些评述略去。

⑨ 本文在《南方建筑》重新发表时由蔡德道整理、添加摘要，此处抄录。

⑩ 此为林克明回忆录非学术文章，故置于最后。

参考文献

1. 学术著作

[1] Jeffrey W. Cody. Building in China—Henry K.Murphy's "Adaptive Architecture", 1914—1935 [M]. Hong Kong: The Chinese University Press; Seattle: University of Washington Press, 2001.

[2] Joseph W. Esherick. Remaking the Chinese City: Modernity and National Identity, 1900—1950 [M]. Honolulu: University of Hawaii Press, 2000.

[3] （美）施坚雅主编. 中华帝国晚期的城市 [M]. 叶光庭等译. 北京: 中华书局, 2000.

[4] （瑞）龙思泰. 早期澳门史 [M]. 北京: 东方出版社, 1997.

[5] 彼得·罗, 关晟. 承传与交融: 探讨中国近代建筑的本质与形式 [M]. 成砚译. 北京: 中国建筑工业出版社, 2004.

[6] 程天固. 程天固回忆录 [M]. 北京: 龙门书店有限公司, 1978.

[7] 程天固. 广州工务之实施计划 [Z], 1930.

[8] 陈代光. 广州城市发展史 [M]. 广州: 暨南大学出版社, 1996.

[9] 陈学洵. 中国近代教育史教学参考资料 [M]. 北京: 人民教育出版社, 1987.

[10] 崔勇. 中国营造学社研究 [M]. 南京: 东南大学出版社, 2004.

[11] 杜汝俭, 陆元鼎, 郑鹏等编. 中国著名建筑师林克明 [M]. 北京: 科学普及出版社, 1991.

[12] 董黎. 岭南近代教会建筑 [M]. 北京: 中国建筑工业出版社, 2005.

[13] 邓文坦. 图解中国近代建筑史 [M]. 武汉: 华中科技大学出版社, 2009.

[14] 顾馥保主编. 中国现代建筑100年 [M]. 北京: 中国计划出版社, 1999.

[15] 《广州建筑实录》编委会. 广州建筑实录 [M]. 广州: 广州南风窗杂志社, 1989.

[16] 广州市地方志编纂委员会编. 广州市志 [M]. 广州: 广州出版社, 1999.

[17] 广州市政协文史资料委员会编. 广州文史 [M]. 广州: 广东人民出版社, 1995.

[18] 广州历史文化名城委员会等. 广州十三行沧桑 [M]. 广州: 广东省地图出版社, 2001.

[19] 广州指南 [M]. 上海: 上海新华书局, 1919.

[20] 广州市政府编. 民国十八年广州市市政府统计年鉴 [M], 1929.

[21] 广州市政府编. 广州市政府新署落成纪念专刊 [M], 1934.

［22］　广州市政府编. 广州市政府三年来施政报告书［R］, 1935.

［23］　广州市工务局编. 广州市工务报告［R］, 1933.

［24］　广州市工务局. 广州工务实施计划［Z］, 1930.

［25］　广州市立中山图书馆特刊［M］.

［26］　广东省立勤勤大学教务处编. 广东省立勤勤大学二十五年度概览［M］, 1937.

［27］　广东省立勤勤大学工学院特刊［M］, 1935.

［28］　广东省立工专编. 广东省立工专校刊［M］, 1933.

［29］　广东省立中山图书馆编. 广东百年图录［M］. 广州：广东教育出版社, 2002.

［30］　广东省立中山图书馆编. 羊城寻旧［M］. 广州：广东人民出版社, 2004.

［31］　国家基本建设委员会建筑科学研究院. 新中国建筑［M］. 北京：中国建筑工业出版社, 1976.

［32］　国立中山大学工学院现状［M］. 广州：国立中山大学出版社, 1937.

［33］　国立中山大学工学院概览［M］, 1936.

［34］　黄义祥. 中山大学史稿［M］. 广州：中山大学出版社, 1999.

［35］　近代广东教育与岭南大学［M］. 上海：商务印书馆, 1995.

［36］　赖德霖. 中国近代建筑史研究［M］. 北京：清华大学出版社, 2007.

［37］　赖德霖. 近代匠哲录——中国近代时期重要建筑家、建筑事务所名录［M］. 北京：中国水
　　　　利水电出版社, 2006.

［38］　赖德霖. 杨廷宝与路易·康［M］//潘祖尧, 杨永生主编. 比较与差距. 天津：天津科学
　　　　技术出版社, 1997.

［39］　李海清. 中国建筑现代转型［M］. 南京：东南大学出版社, 2004.

［40］　李学通. 近代中国的西式建筑［M］. 北京：人民文学出版社, 2006.

［41］　李士桥. 现代思想中的建筑［M］. 北京：中国水利水电出版社, 知识产权出版社, 2009.

［42］　李卓彬主编. 城市文化与广州城市发展［M］. 香港：天马图书有限公司, 2001.

［43］　李宗黄. 模范之广州市［M］. 第三版, 1929.

［44］　林克明. 世纪回顾——林克明回忆录［M］. 广州：广州市政协文史资料委员会编, 1995.

［45］　梁嘉彬. 广东十三行考［M］. 广州：广东人民出版社, 1999.

［46］　卢杰峰. 广州中山纪念堂钩沉［M］. 广州：广东人民出版社, 2003.

［47］　刘怡, 黎志涛. 中国当代杰出的建筑师、建筑教育家杨廷宝［M］. 北京：中国建筑工业出
　　　　版社, 2006.

［48］　陆元鼎. 岭南人文·性格·建筑［M］. 北京：中国建筑工业出版社, 2005.

［49］　马秀之, 张复合等主编. 中国近代建筑总览——广州篇［M］. 北京：中国建筑工业出版
　　　　社, 1993.

［50］　彭长歆. 现代主义与勤勤大学建筑工程学系［M］//中国近代建筑研究与保护. 北京：清
　　　　华大学出版社, 2004.

［51］　钱峰，伍江．中国现代建筑教育史（1920—1980）［M］．北京：中国建筑工业出版社，2008．

［52］　沙永杰．"西化的历程"——中日建筑近代化过程比较研究［M］．上海：上海科学技术出版社，2001．

［53］　石安海主编．岭南近现代优秀建筑1949—1990［M］．北京：中国建筑工业出版社，2010．

［54］　舒新城．中国近代教育史资料（中册）［M］．北京：人民教育出版社，1961．

［55］　汕头市建设委员会编．汕头市建筑业志［M］，1989．

［56］　孙科．都市规划论［M］．上海：上海建设社，1919．

［57］　孙中山．建国方略［M］．武汉：武汉出版社，2011．

［58］　唐孝祥．岭南近代建筑美学研究［M］．北京：中国建筑工业出版社，2003．

［59］　汤开建．澳门开埠初期史研究［M］．北京：中华书局，1999．

［60］　王焕琛．中国留学教育史料［M］．台北：台湾编译馆，1980．

［61］　王绍周．中国近代建筑图录［M］．上海：上海科学技术出版社，1989．

［62］　王璐．重大节事影响下的城市形态研究［M］．北京：中国建筑工业出版社，2010．

［63］　吴庆洲．广州建筑［M］．广州：广东地图出版社，2000．

［64］　夏昌世，莫伯治．岭南庭园［M］．曾昭奋整理．北京：中国建筑工业出版社，2008．

［65］　夏昌世．园林述要［M］．广州：华南理工大学出版社，1995．

［66］　许乙弘．Art Deco的源与流——中西"摩登建筑"关系研究［M］．南京：东南大学出版社，2006．

［67］　肖自力．陈济棠［M］．广州：广东人民出版社，2002．

［68］　新广州建设概览［M］，1947．

［69］　杨秉德主编．中国近代城市与建筑［M］．北京：中国建筑工业出版社，1993．

［70］　杨秉德，蔡萌．中国近代建筑史话［M］．北京：机械工业出版社，2004．

［71］　杨秉德．中国近代中西建筑文化交融史［M］．武汉：湖北教育出版社，2003．

［72］　杨永生．中国四代建筑师［M］．北京：中国建筑工业出版社，2002．

［73］　杨永生，顾孟潮编．20世纪中国建筑［M］．天津：天津科学技术出版社，1999．

［74］　杨万秀，钟卓安．广州简史［M］．广州：广东人民出版社，1996．

［75］　燕果．珠江三角洲建筑二十年［M］．北京：中国建筑工业出版社，2005．

［76］　张镈．我的建筑创作道路［M］．北京：中国建筑工业出版社，1994．

［77］　周霞．广州城市形态演进［M］．北京：中国建筑工业出版社，2005．

［78］　赵辰，伍江．中国近代建筑学术思想研究［M］．北京：中国建筑工业出版社，2003．

［79］　赵春辰．岭南近代史事与文化［M］．北京：中国社会科学出版社，2003．

［80］　郑时龄．上海近代建筑风格［M］．上海：上海教育出版社，1999．

［81］　邹德侬．中国现代建筑史［M］．天津：天津科学技术出版社，2001．

［82］ 张复合. 近代建筑史研讨会第一、二、三、四、五次会议论文集［C］.

2. 期刊论文

［1］ Canton's New Maloos［J］. The Far Eastern Review, 1922: 22-24.

［2］ Canton in the Changing［J］. The Far Eastern Review, 1921: 705.

［3］ Canton City Wall Replaced by Road［J］. The Far Eastern Review, 1920: 100.

［4］ 艾定增. 神似之路: 岭南建筑学派四十年［J］. 建筑学报, 1989（10）: 20-23.

［5］ 蔡德道. "文革"中的广州外贸工程记事（1972—1976）［J］. 羊城古今, 2006（2）: 23-28.

［6］ 蔡德道. 广州建筑多年见闻［J］. 南方建筑, 2008（1）: 54-57.

［7］ 蔡德道. 往事如烟——建筑口述史三则［J］. 新建筑, 2008（5）: 16-19.

［8］ 蔡德道. 林克明早年建筑活动纪事（1920—1938）［J］. 南方建筑, 2010（3）: 5-9.

［9］ 蔡德道. 两座旧住宅的推断复原［J］. 南方建筑, 2010（3）: 14-16.

［10］ 蔡文俊. 原国立中山大学法学院建筑手法剖析［J］. 南方建筑, 2015（5）: 124-127.

［11］ 蔡志昶. 评"学院派"在中国近代建筑教育中的主导地位［J］. 新建筑, 2010（4）: 71-74.

［12］ 陈世民. 试谈公共建筑创作中的几个问题［J］. 建筑学报, 1979（1）: 18-25.

［13］ 故吕彦直建筑师传［J］. 中国建筑, 1933, 1（1）.

［14］ 关于建筑风格的讨论［J］. 建筑学报, 1961（6）: 35.

［15］ 广交会大事记［J］. 中国外资, 2006（10）: 44-45.

［16］ 广州市设计院羊城宾馆设计组. 广州羊城宾馆［J］. 建筑学报, 1962（11）: 29-30.

［17］ 顾孟潮. 关于现代建筑"三个百年"的思考［J］. 建筑学报, 2002（2）: 54-55.

［18］ 黄敏德. 中国建筑教育溯往［J］. 建筑师, 1985.

［19］ 何镜堂. 岭南建筑创作思想——60年回顾与展望［J］. 建筑学报, 2009（10）: 39-41.

［20］ 黄明同. 岭南文化的三次大兼容与三个发展高峰［J］. 学术研究, 2000（9）: 98-101.

［21］ 侯幼彬, 李婉贞. 一页沉沉的历史——纪念前辈建筑师虞炳烈先生［J］. 建筑学报, 1996（11）: 47-49.

［22］ 吉国华. 20世纪50年代苏联社会主义现实主义建筑理论的输入和对中国建筑的影响［J］. 时代建筑, 2007（5）: 66-71.

［23］ 卢德. 发刊词［J］. 广东省立勤勤大学工学院（建筑图案设计展览会）特刊, 1935.

［24］ 赖德霖. 杨廷宝与路易·康［J］. 潘祖尧, 杨永生主编. 比较与差距. 天津: 天津科学技术出版社, 1997.

［25］ 赖德霖. 阅读吕彦直［J］. 读书, 2004（10）: 75-81.

［26］ 赖德霖, 王浩娱, 袁雪平, 司春娟. 中国近代时期重要建筑家［J］. 世界建筑, 2004（6-12）.

［27］　赖德霖 . 关于中国近代建筑教育史的若干史料［J］. 南方建筑，1994（3）: 8-9.

［28］　赖德霖 . 从宏观的叙述到个案的追问：近十五年中国近代建筑史研究评述［J］. 建筑学
报，2002（6）: 59-62.

［29］　赖德霖 . 梁思成"建筑可译论"之前的中国实践［J］. 建筑师，2009（1）: 22-30.

［30］　赖德霖 . 鲍希曼对中国近代建筑之影响试论［J］. 建筑学报，2011（5）: 94-99.

［31］　李海清 . 哲匠之路——近代中国建筑师的先驱者孙支厦研究［J］. 华中建筑，1999（2）:
127-128.

［32］　李锦全 . 从兼容性与开放性看岭南文化的发展历程［J］. 岭南学刊，1999（2）: 82-87.

［33］　冷天 . 墨菲与"中国古典建筑复兴"——以金陵女子大学为例［J］. 建筑师，2010（4）:
83-88.

［34］　郦伟 . 岭南建筑学派的研究文化转向——2012"岭南建筑学派与岭南建筑创新"学术研
讨会评析［J］. 学术研究，2013（1）: 157-158.

［35］　林克明 . 国际新建筑会议十周年纪念感言（1928—1938）［J］. 蔡德道整理 . 南方建筑，
2010（3）: 10-11.

［36］　林克明 . 建筑教育、建筑实践创作六十二年［J］. 南方建筑，1995（2）: 45-54.

［37］　林克明 . 广州市政建设几项重点工程忆述［J］. 广州文史资料·南天岁月，（37）: 210-
218.

［38］　林克明 . 陈济棠与勤勤大学［J］. 广州文史资料·南天岁月，（37）: 331-333.

［39］　林克明 . 广州中山纪念堂［J］. 建筑师，1982（3）: 33-41.

［40］　林克明 . 广州中苏友好大厦的设计与施工［J］. 建筑学报，1956（3）: 58-67.

［41］　林克明 . 我对展开"百家争鸣"的几点意见［J］. 建筑学报，1956（6）: 50-51.

［42］　林克明 . 广州体育馆［J］. 建筑学报，1958（6）: 23-26.

［43］　林克明 . 十年来广州建筑的成就［J］. 建筑学报，1959（8）: 6-9.

［44］　林克明，佘畯南，麦禹喜 . 广州几项公共建筑设计［J］. 建筑学报，1959（8）: 15-18.

［45］　林克明 . 关于建筑风格的几个问题——在"南方建筑风格座谈会"上的综合发言［J］. 建
筑学报，1961（8）: 1-4.

［46］　林克明等 . 关于建筑现代化和建筑风格问题的一些意见［J］. 建筑学报，1979（1）: 27.

［47］　林克明 . 现代建筑与传统庭院［J］. 南方建筑，2010（3）: 12-13.

［48］　林克明，邓其生 . 广州城市建设要重视文物古迹的保护［J］. 南方建筑，1981（创刊号）.

［49］　林沛克，蔡德道 . 林克明年表及林克明文献目录［J］. 南方建筑，2010（3）: 17-19.

［50］　林克明同志生平［J］. 南方建筑，1999（1）: 91.

［51］　刘碧文 . 重新认识古建筑与仿古建筑——读林克明作品随笔［J］. 南方建筑，2001（3）: 46.

［52］　刘宇波 . 回归本源——回顾早期岭南建筑学派的理论与实践［J］. 建筑学报，2009（10）:
29-32.

［53］　刘亦师．从近代民族主义思潮解读民族形式建筑［J］．华中建筑，2006（1）：5-8．

［54］　陆元鼎．创新，传统，特色——略谈广东近几年建筑创作发展［J］．建筑学报，1984
　　　　（12）：70-74，88．

［55］　麦禹喜．广州中国出口商品陈列馆［J］．建筑学报，1958（12）：23-25．

［56］　彭长歆．现代主义与勤勤大学建筑工程学系［J］．中国近代建筑研究与保护．清华大学出
　　　　版社，2004．

［57］　彭长歆．岭南著名建筑师杨锡宗设计生平述略［J］．华中建筑，2005（7）：121-124．

［58］　彭长歆，杨晓川．勤勤大学建筑工程学系与岭南早期现代主义的传播和研究［J］．新建
　　　　筑，2002（5）：54-56．

［59］　彭长歆．20世纪初澳大利亚建筑师帕内在广州［J］．新建筑，2009（6）：70-74．

［60］　彭长歆．中国近代建筑教育一个非"鲍扎"个案的形成：勤勤大学建筑工程学系的现代主
　　　　义教育与探索［J］．建筑师，2010（4）：89-96．

［61］　汤国华．三访林克明教授［J］．南方建筑，1999（1）：92-95．

［62］　唐孝祥．试论岭南建筑及其人文品格［J］．新建筑，2001（6）：63-65．

［63］　唐孝祥，郭谦．岭南建筑的技术个性与创作哲理［J］．华南理工大学学报（社会科学版），
　　　　2002（9）：34-37．

［64］　唐孝祥，李孟．早期岭南建筑学派的思想渊源［J］．南方建筑，2016（1）：65-73．

［65］　田磊．广交会的前世今生［J］．南风窗，2006（10下）：26-31．

［66］　王伟鹏，陈伯超．中国近代建筑的"中国观"初探［J］．华中建筑，2006（11）：183-184．

［67］　王晓莺．晚清时期岭南出国留学生在中国近代留学史上的地位与作用［J］．华侨华人历史
　　　　研究，2003（4）：54-61．

［68］　王鲁民．观念的悬隔：近代中西建筑文化融合的两种途径研究［J］．新建筑，2006（5）：
　　　　54-58．

［69］　王方戟．一张时间表——对夏昌世先生专业旅程的认识过程［J］．南方建筑，2010（2）：
　　　　30-35．

［70］　王旭，赵秋菊，董霖．林克明的建筑造诣与历史成就［J］．兰台世界，2014.No.447（25）：
　　　　118-119．

［71］　温玉清，王其亨．中国近代建筑师注册执业制度管窥——以1929年颁布《北平特别市建筑
　　　　工程师执业取缔规则》为例［J］．建筑师，2009（2）：43-46．

［72］　伍江．近代中国私营建筑设计事务所历史回顾［J］．时代建筑，2001（1）：12-15．

［73］　徐苏斌．近代中国建筑学人留学日本小史［J］．建筑师，1997（10）．

［74］　徐苏斌．中国近代建筑教育的起始和苏州工专建筑科［J］．南方建筑，1994（3）：15-18．

［75］　夏昌世．亚热带建筑的降温问题——遮阳·隔热·通风［J］．建筑学报，1958（10）：
　　　　36-39．

[76]　肖毅强，施亮. 夏昌世的创作思想及其对岭南现代建筑的影响 [J]. 时代建筑，2007（5）：32–37.

[77]　肖毅强，冯江. 华南理工大学建筑学院建筑教育与创作思想的形成与发展 [J]. 南方建筑，2008（1）：23–27.

[78]　肖毅强. 岭南现代建筑创作的"现代性"思考 [J]. 新建筑，2008（5）：8–11.

[79]　杨秉德. 关于中国近代建筑史时期民族形式建筑探索历程的整体研究 [J]. 新建筑，2005（1）：48–51.

[80]　杨秉德. 早期西方建筑对中国近代建筑产生影响的三条渠道 [J]. 华中建筑，2005（1）：159–163.

[81]　姚燕华，陈清. 近代广州城市形态特征及其演化机制 [J]. 现代城市研究，2005（7）：32–39.

[82]　张镈. 从回忆中思考建筑师的修养 [J]. 建筑师，1982（12）.

[83]　张捷，张培富. 留学生与中国近代建筑形式的发展 [J]. 徐州师范大学学报，2006（5）：7–11.

[84]　张复合. 中国近代建筑史研究之回顾与展望 [J]. 南方建筑，1994（2）：3–12.

[85]　张帆. 梁思成中国近代建筑研究初探 [J]. 建筑师，2010（4）：77–82.

[86]　朱朴. 广州华侨新村 [J]. 建筑学报，1957（2）：17–37.

[87]　周琦，庄凯强，季秋. 中国近代建筑师和建筑思想研究刍议 [J]. 建筑师，2008（8）：102–107.

[88]　邹德侬，张向炜，戴路. 20世纪50—80年代中国建筑的现代性探索 [J]. 时代建筑，2007（5）：6–15.

[89]　庄少庞. 三位岭南建筑师思想策略的异同解读 [J]. 华中建筑，2011（10）：21–27.

[90]　庄少庞. 变与不变——莫伯治先生建筑创作的脉络析读 [J]. 建筑师，2011（12）.

3. 学位论文

[1]　程慧超. 20世纪20—30年代广州城市近代化研究 [D]. 广州：广州大学硕士学位论文，2005.

[2]　陈吟. 岭南建筑学派现实主义创作思想研究 [D]. 广州：华南理工大学硕士学位论文，2013.

[3]　陈智. 华南理工大学建筑设计研究院机构发展及创作历程研究 [D]. 广州：华南理工大学硕士学位论文，2009.

[4]　方拥. 童寯先生和中国近代建筑 [D].

[5]　冯健明. 广州"旅游设计组"（1964—1983）建筑创作研究 [D]. 广州：华南理工大学硕士学位论文，2007.

［6］　胡惠芳．建筑大师莫伯治的地域化之路［D］．广州：华南理工大学硕士学位论文，2005．

［7］　黄惠菁．岭南建筑中的现代性研究［D］．广州：华南理工大学硕士学位论文，2006．

［8］　刘业．现代岭南建筑发展研究［D］．广州：华南理工大学博士学位论文，2001．

［9］　刘才刚．近代广州建筑风格及其美学特征［D］．广州：华南理工大学硕士学位论文，2004．

［10］　林少宏．毕业于宾夕法尼亚大学的中国第一代建筑师［D］．上海：同济大学硕士学位论文，2000．

［11］　彭长歆．岭南建筑的近代化历程研究［D］．广州：华南理工大学博士学位论文，2004．

［12］　沈振森．中国近代建筑的先驱者——建筑师沈理源研究［D］．天津：天津大学硕士学位论文，2002．

［13］　施亮．夏昌世生平及其作品研究［D］．广州：华南理工大学硕士学位论文，2007．

［14］　孙杨翎．华南理工大学校园早期建筑文脉研究［D］．广州：华南理工大学硕士学位论文，2014．

［15］　唐孝祥．近代岭南建筑美学研究［D］．广州：华南理工大学博士学位论文，2003．

［16］　王浩娱．中国近代建筑师执业状况研究［D］．南京：东南大学硕士学位论文，2002．

［17］　王河．岭南建筑学派研究［D］．广州：华南理工大学博士学位论文，2011．

［18］　卫莉．留学生与中国近代建筑学的体制化［D］．太原：山西大学硕士学位论文，2004．

［19］　谢少明．广州建筑近代化过程研究［D］．广州：华南工学院硕士学位论文，1987．

［20］　杨文君．1951年华南土特产展览交流大会建筑研究［D］．广州：华南理工大学硕士学位论文，2015．

［21］　张海东．广州市设计院的机构发展及建筑创作历程研究（1952—1983）［D］．广州：华南理工大学硕士学位论文，2009．

［22］　张异响．林克明国立中山大学法学院与勷勤大学工学院建筑设计法比较研究［D］．广州：华南理工大学硕士学位论文，2015．

［23］　周宇辉．郑祖良生平及其作品研究［D］．广州：华南理工大学硕士学位论文，2011．

［24］　庄少庞．莫伯治建筑创作历程及思想研究［D］．广州：华南理工大学博士学位论文，2011．

［25］　朱振通．童寯建筑实践历程研究（1931—1949）［D］．南京：东南大学硕士学位论文，2006．

［26］　宗净．中国近代史中的现代建筑及其影响［D］．天津：天津大学硕士学位论文，1999．

4. 报刊文献

［1］　Canton Adopts New "City Plan"［N］．New York Times, 1927-13．

［2］　广州市工务局季刊，1929（创刊号）．

［3］　广州市市政（厅）府．广州市市政公报［N］，1920~1930年代．

［4］　广州民国日报［N］, 1925～1936.

［5］　广东省立勤勤大学. 勤大旬刊.

［6］　国立中山大学. 国立中山大学日报.

［7］　郭毓玲. 几千年文化积淀而成的艺术氛围［N］. 南方都市报, 2002-12-11.

［8］　喝彩声中爆破的广州体育馆［N］. 南方都市报, 2012-02-23.

［9］　今昔广州（广州体育馆）［N］. 南方都市报, 2011-09-08.

［10］　今昔广州（越秀北林宅）［N］. 南方都市报, 2012-03-29.

［11］　良友画报, 1926.

［12］　莫冠婷. 建筑大师故居建有防空洞［N］. 广州日报, 2012-02-13.

［13］　秦鸿雁. 陈家祠变脸, 犹思原始设计图［N］. 南方都市报, 2009-07-21.

［14］　史丽萍. 广州老体育馆就要光荣退休［N/OL］. 大洋网, 2001-04-28.

［15］　现代岭南建筑开创者, 穿梭古典与摩登之间［N］. 南方都市报, 2008-10-22.

［16］　新建筑出版社. 新建筑, 1936～1938, 1946.

［17］　中国建筑师学会. 中国建筑, 1920～1930年代.

［18］　广州市政府合署征求图案条例［S］, 1929.

［19］　广州市政府市行政会议. 市政合署案［Z］, 1929.

［20］　广州市技师技副姓名清册［Z］, 1934.

［21］　广州市工务局建筑师开业申请书（甲等）［Z］, 1946.

［22］　广州市工务局建筑师开业申请书（乙等）［Z］, 1946.

［23］　基泰工程司广州事务所致京所函分抄沪所［Z］, 1946.

［24］　国立中山大学教职员、学籍等档案［Z］.

致　谢

　　本书是在我于2013年完成的博士论文的基础上修改完善而成的。源于对近现代建筑这一段历经曲折同时又叠映着中国波诡云谲的政治风云从而显得格外复杂多变的历史的探究之心，博士论文选择了近代建筑师这个研究方向。在风云际会的宏大历史画卷中，个体的实践有时是书写历史的，有时是微不足道的，有时是彰显自我的，有时又是随波逐流的，各种错综复杂的因素交织在一起，既写就了人生的篇章，也铸成了历史的长河。剥茧抽丝，林克明正是这样一个在岭南近现代建筑发展过程中扮演了重要角色的个体，通过对他生平历程的梳理和设计思想的分析，不仅从一个侧面揭示出岭南近现代建筑发展之路，也令我深深感受到老一辈建筑师们在时代洪流挟裹下实践创作之不易。

　　在论文的写作过程中，获得了导师吴庆洲教授的谆谆教诲和细致指导，自论文写作伊始，吴先生就提示我要注意从时代的角度客观为研究对象定位，其后又在资料上和行文上给予了帮助。入学以来，吴先生潜心治学的研究态度、淡泊名利的学者风范和诲人不倦的教育精神均令人感佩景仰，使我在建筑历史的求索道路上受益匪浅。同时，还要感谢师母长期以来的关心和照顾。

　　华南理工大学建筑学院的程建军教授、唐孝祥教授和郑力鹏教授均对博士论文的写作提出了许多有益的建议。程建军教授帮助我从思路上理清了研究重点，唐孝祥教授关于论文结构的建议非常有建设性，郑力鹏教授接受访谈并提供了有价值的观点和资料。感谢他们在工作和学习过程中对我的长期帮助。

　　我曾与林克明长子林沛克先生及其夫人在他们位于越秀区的家中进行过一次谈话，这里是广州的老城区，距离林克明几个著名的作品都不算远。林沛克先生与夫人详尽回答了我的一些疑问，并告知了许多关于林先生的往事，令我获益良多。蔡德道先生和陈开庆教授是广州建筑界的知名老建筑师，都曾参与众多重要建设项目，他们是时代的见证者，也是亲历人。蔡先生长期关注近现代岭南建筑业的发展，已做出相当详细的资料搜集和调研，思考深入，见解精辟，且他乐于提携后学，与我两次交流知无不言，并慷慨赠予相关资料和图片，与他的谈话不仅是对论文资料上的充实，更有观念上的关键性启示。陈开庆教授的访谈令我对林先生新中国成立后的工作状况和心态更加了解，陈教授本人在岭南现代建筑领域亦有切身实践和深刻思索，他的谈话为论文写作提供了丰富的素材与独到的见解。

感谢我的同事冯江博士为论文提出了详尽的修改意见，感谢肖旻、刘晖、张智敏、徐好好、王凌、赵建华、郭祥、许自力、戚冬谨、赵一云等学友在与我日常讨论中给予的建议和启发，以及提供了资料上和调研中的具体帮助。感谢东方建筑文化研究所的全体同事和这个团结、宽容、进取的集体。感谢所有关心支持我的同事朋友。

为论文提供图书、档案资料的单位包括：华南理工大学档案馆、华南农业大学档案馆、广州市档案馆、广东省档案馆、孙中山文献馆特藏部、广州市图书馆、广东省立中山图书馆、香港中央图书馆，在此一并致以感谢。

本书得以问世，还要感谢唐孝祥教授的支持与帮助，感谢中国建筑工业出版社的唐旭主任和张华编辑辛勤而细致的工作。

最后，衷心感谢家人由始至终的关怀照顾，他们是我的最大依靠与动力。感谢我的父母，他们对我的爱护难以言表，感谢我的先生一如既往支持我的学业，感谢我的女儿心绎，在我完成博士答辩两个月后女儿出世，感谢她为我的人生翻开新的一页！

刘虹

2017年8月